中南民族大学法学文库

中国
"拜杜规则"的
二元审视

张军荣 骆严 ◎ 著

中国社会科学出版社

图书在版编目（CIP）数据

中国"拜杜规则"的二元审视/张军荣，骆严著 . —北京：中国社会科学出版社，2017.11

（中南民族大学法学文库）

ISBN 978-7-5203-1705-4

Ⅰ . ①中… Ⅱ . ①张…②骆… Ⅲ . ①科学研究工作-制度-研究-中国 Ⅳ . ①G322

中国版本图书馆 CIP 数据核字（2017）第 314222 号

出 版 人　赵剑英
责任编辑　任　明　刁佳慧
责任校对　沈丁晨
责任印制　李寡寡

出　　版	中国社会科学出版社
社　　址	北京鼓楼西大街甲 158 号
邮　　编	100720
网　　址	http://www.csspw.cn
发 行 部	010-84083685
门 市 部	010-84029450
经　　销	新华书店及其他书店

印刷装订	北京君升印刷有限公司
版　　次	2017 年 11 月第 1 版
印　　次	2017 年 11 月第 1 次印刷

开　　本	710×1000　1/16
印　　张	18.5
插　　页	2
字　　数	283 千字
定　　价	75.00 元

前　言

国立科研机构是由国家建立并资助的各类科研机构，体现国家意志，有组织、规模化地开展科研活动。高校和国立科研机构是知识产出的重要渠道，专利是知识产出的重要载体。增强我国高校和科研机构专利创造、运用和保护能力，不仅是我国建设国家创新体系的重要内容，而且也是实施国家知识产权战略的重要措施。我国借鉴美国"拜杜规则"的立法被称为中国"拜杜规则"，并被学者寄予厚望，期待其能够调动科研人员的创造热情。但是该制度的实效如何，却鲜有人做出实证研究。更重要的是，面对开放式创新和新的商业模式的冲击，对于高校和科研机构能否适应新的技术经济环境，既有的制度体系能否提供适当的激励，仍不无疑问。高校和科研机构的相关创新制度面临着制度变革的压力。国立科研机构的"政府特性"直接或间接地映射在创新政策与创新模式中，虽然是一种必然，但也存在诸多问题。创新政策作为支撑国立科研机构创新活动的保障，创新模式作为国立科研机构创新活动的表现形式，两者的协同具有必要性与可行性。

本书运用历史分析法，对"拜杜规则"的起源和变迁进行了探寻，对"拜杜规则"在我国和其他各主要国家的传播进行了梳理，对其运行状况进行了分析。通过对"拜杜规则"历史沿革的考察，例证了制度产生的过程和发挥效用时制度体系的重要性；并通过"拜杜规则"的跨区域传播证实了制度变迁中制度体系强制效用的存在。同时运用回归分析的方法对我国"拜杜规则"的运行状况进行了实证分析。在"拜杜规则"实施之后，我国整体专利产出水平和高校专利产出水平均有较大增长，但全国总体专利产出和中国高校专利产出主要受科研投入因素的影响。排除研发投入因素之后，中国"拜杜规则"的实施并未能够促进高校专利产出；中国高校拥有的有效专利数量和专利一体化能力与高校专利利用率分别呈正相关，财政资助比例和交易平台依赖度与高校专利利用率分别呈负相关。既有的"拜杜规则"体系并未能够有效促进高校专利创造和利用，在开放式创新的环境催生下，高校专利相关制度正在发生着新一轮的变革。通过对高校专利制度的演化分析，发现了我国高校专利制度变革的若干要点和方向，并据之提出了促进我国高校专利创造和利用的政策建议。

运用内容分析法对我国国立科研机构的294份创新政策进行研究，重点分析国立科研机构在创新政策中的定位、政策工具与政策功能。结果显示，我国国立科研机构的创新政策碎片化地存在于以各类创新主体为调整对象的政策中，国立科研机构并非一类单独的政策调整对象。进一步对高度相关的89份政策进行文本内容分析，发现政府供给型与环境保障型政策所占比重较大，需求型政策所占比重很少，政府在国立科研机构创新中的作用突出，市场因素尚未充分发挥作用，目前的创新政策供给更多体现为"管理主导"模式，而非"创新主导"模式。政府资助科技项目成果权益规则作为具体政策的代表，既符合国立科研机构科研活动的特点，又属于创新政策的核心内容，更是科技成果转化的前提与基础，而且"拜杜规则"作为政府资助科技项目成果权益规则的核心制度，其制度内容与政策实施直接关系到国立科研机构的创新活动。虽然中国"拜杜规则"对于政府资助科技项目成果所形成的知识产权在权利归属上进行了"放权"的制度突破，但在政策实施中，不仅协同创新理念缺乏，而且面临诸多障碍，尤其是以"国家统一所有"为宗旨的国有资产管理制度，使科技成果的所有权、处置权、收益权受限，阻碍了国立科研机构创新。

目前我国国立科研机构创新的困境集中表现为科技成果转化难。从创新政策的视角诊断发现，国有资产管理的制度性障碍导致权利归属不明，政府主导的科技投入政策引发畸形创新现象，创新主体利益分配机制不完善，以及政策引导下形成了单向知识与技术输出模式等。我国国立科研机构创新模式亟待转变，包括创新目标、创新主体、创新环节、创新评价的转变。我国国立科研机构创新政策与创新模式的协同性缺乏，现有的政策供给具有滞后性并阻碍了创新，而创新模式转变所产生的政策需求缺乏有效的分析反馈工具。ROCCIPI 模型作为一个立法分析工具，通过模型中的规则、机会、能力、沟通、利益、过程、观念七个因素整合政策需求，有针对性地进行政策的新增、修改与完善，从而形成支撑国立科研机构创新的新一轮的政策供给。创新政策与创新模式协同所形成的协同机制，能有效诊断创新模式中存在的问题，避免思维惯性、制度惯性以及政策制定过程中的随意性，提高政策的操作性与执行性，形成体系性、完备性兼具的政策体系，促进国立科研机构创新。

张军荣

2017 年 5 月 1 日

目　　录

总论　制度理论与"拜杜规则"

上篇　"拜杜规则"下的高校专利活动

下篇　我国国立科研机构的创新制度协同

总　论
制度理论与"拜杜规则"

第一章

制度理论

第一节　制度的基本概念

在制度经济学家眼中，制度的含义是非常宽泛的，它包括规则、秩序、习惯，甚至道德和意识形态等内容（唐绍欣、刘志强，2004）。康芒斯（1981）认为，制度是集体行为对个体行为的控制。诺斯（又译诺思，2008）则认为，制度是一个社会中的游戏规则，是用来调节人类相互关系的一些约束条件。他还强调制度与组织的不同，组织是在制度框架下由社会成员构成的团体，它们对社会成员的约束是通过制度来实现的。林毅夫（1996）认为，制度可以被理解为社会中个人遵循的一套行为规则。张曙光（1992）认为，制度是人们交换活动和发生联系的行为准则，它是由生活在其中的人们选择和决定的，反过来又规定着人们的行为，决定了人们行为的特殊方式和社会特征。诺斯（2008）对制度的分类值得借鉴：制度可以是正式的，也可以是非正式的。正式的制度如法律法规、政府规章、企业制度、游戏规则等。而价值观念、意识形态和社会习惯则是非正式的制度安排。一个社会中正式的和不正式的制度安排的总和构成了一个社会的制度体系，它们之间的相互联系和结构则是制度结构。

对制度认识的另一种通路是基于精神层面的。凡勃伦（1964）认为，制度实质上就是个人或社会对有关某些关系或某些作用的一般的、确定的思想习惯，是一种流行的精神态度。制度实际上是一个共享信念体系，或者基于共享信念的规则和组织，没有共享信念，就没有制度。这种观点强调规则在人的认知中的状态，只有规则的内容内化为共同信念，才可能会被有效地遵循，一旦共享信念得不到维持，那么制度就会坍塌。并将制度以博弈论的术语表达为"关于博弈如何进行的共享信念的一个自我维持的系统"（董志强，2008）。这种观点类似法学家视野中的法律制度与法律意识，社会大众的法律意识自然影响着法律制度的实效，但将法律意识和法律制度等同起来同样是不可取的。制度可以在一定程度上从社会现实中被分离出来并被分析，不然就会陷入混沌和无法理解的境地。

可见，经济学家眼中的制度内容非常宽泛，甚至无处不在，无所不是。而在所有学者的眼中，最重要的制度就是法律制度。本书主要探讨正式的法律法规、部门规章和地方性法规等规范性法律文件。无论是以法学家的视角，还是经济学家的视角，本书探讨的制度都是名副其实的。

第二节　制度理论概述

一　制度的产生

在哈耶克的论述里，制度与秩序是密不可分的两个概念，秩序是社会成员相互作用的一种状态，这种状态依靠某种规则和制度来形成和延续（周业安，2000）。道德、宗教、法律、语言、货币、市场以及社会的整个秩序，都是自生自发的社会秩序，是人之行为而非人之设计的结果。家庭、农场、公司等各种社会团体以及包括政府在内的一切公共机构等组织都被整合到一种更为宽泛的"自生自发的秩序"之中（朱海就，2008）。人们对于社会信息的把握总是分散的和不完整的，处在一种普遍的"无知状态"。这种状态致使人们无法做出最优决策，而制度作为社会公众的"共同知识"则凝结了人类的历史经验，只需借助规则和制度便可以使社会成员正确预期他人的行为，做出优于基于个人理性和个人拥有的知识所做出的决策（周业安，2000）。

当人们面对自然环境和自然状态时，出于某种特定的原因或者非常偶然地采纳了某个规则，并使得他在生存和社会竞争中获得某种优势，作为优胜劣汰演化的结果，该规则会被延续下来；同时，其他人会通过模仿该规则以增加自身竞争力，使该规则得以广泛传播（周业安，2000）。对制度起源的另一种解释是博弈论模型的解释。首先假设一种"自然状态"的存在，这种状态下，人们社会生活中普遍存在着"囚犯困境"，如果一个社会反复地面临某种囚犯困境博弈弈局，制度则会被生成出来，以避免反复出现的非效率的均衡策略的采用（韦森，2003）。

对制度产生的另外一种解释是建构式的。我们可以看到立法机构为了某一法案的通过进行表决，可以看到不同意见的群体对立法草案发表意见和进行辩论。这种制度的产生被认为是人类设计的结果（韦森，2003）。然而"自发秩序"观的回应是，"被人们认为极有作用的种种实在制度，乃是某些显而易见的原则经由自生自发且不可抗拒的发展而形成的结果，即使那些最为复杂、表面上看似乎处于人为设计的政策规划，亦几乎不是人为设计或政治智慧的结果"（朱海就，2008）。门格尔甚至坦言，"宪法不是制定出来的，而是生成发展起来的"（哈耶克，1997）。

二　制度的作用

新古典增长理论认为一国经济增长的源泉是资本和劳动力等的积累；新增长理论则认为内生技术进步是经济持续增长的内在动力（朱勇、吴易风，1999）。上述的理论学说均假定了制度的大前提，除了假定信息的完备性、交易成本为零外，还暗含了产权明确等制度前提。重在寻求经济世界里的普遍规律，恰恰遗漏或忽视了社会的制度结构问题。制度学派的基本观点认为，制度是经济绩效和产出的原动力，它为人的活动提供激励，规定了人活动的选择集合。与内生增长理论和动态能力理论不同，制度学派认为经济发展、技术进步都是制度激励的结果（诺斯，2008）。对于那些举例证明科技突破起到了最重要作用的观点，哈伯德和凯恩（Hubbard，Kane，2013）的反驳是，只有存在让发明得以层出不穷、让发明的价值得以蔓延传播的制度（比如知识产权）时，发明才会推动经济的发展。

制度安排常常是市场价格机制的一种替代物。制度之所以出现和存在，其主要功能就在于降低人们经济和社会活动中的协调成本（韦森，2003）。一个节省交易成本的制度安排、制度框架和制度创新的空间决定了该国的经济绩效（汤长安、欧阳晓，2013）。新制度经济学的观点认为：制度推动经济发展的原因在于它能降低交易成本，但是，诺斯也指出长期来看交易费用是在不断增长。李建标和曹利群（2003）认为，新制度经济学的一个悖论是：一方面按照斯密的分工合作观点，经济的发展必然伴随着更多的分工和交易成本的增加；另一方面按照交易费用的理论，经济发展有赖于交易成本的降低。并称之为"诺斯第二悖论"。他们指出，为了破解"诺斯第二悖论"，要么放弃新制度经济学对交易费用的看法，要么放弃古典经济学的看法。还有一种解释可以走出这种悖论，即制度的存在是为了降低交易成本，以使得交易成本的增长速度低于没有此制度时的速度。这样，交易成本理论和经典的分工理论就可以融为一体，而不是相互背离。通过区分"预期的交易费用"和"实际的交易费用"，韦森（2002）的研究指出，交易并不仅仅产生成本，而且还能够带来利益，交易费用并不必然带来经济的停滞，长期的交易费用上升往往还具有一定的正功能。或言之，制度变迁的方向只是对日益复杂的交易提供支撑，而非一定需要绝对地降低交易成本。

　　制度的作用和绩效不能仅仅考察某一制度本身，这是因为制度安排镶嵌在制度结构中，所以它的实施效果还取决于其他制度安排的结构和完善程度。比如产权的明晰度也是其他制度的函数，由于实施制度的机制和能力的问题，大量的制度规则达不到预期的效果，并不是所有的（人类合作）制度都是社会生产性的和有效率的（诺斯，2008）。他甚至指出：出于统治的需要，一种经济上低效的制度安排在政治上却可能是合理的；在存在权力竞争和政治交易费用的情况下，可能导致无效率的产权结构及其他相关的制度安排。

三　制度的变迁

　　制度变迁是指新制度或者制度结构产生、替代或改变旧制度的动态过程。制度的变迁既包括制度形式上的变化，也包括其实施形式和有效性的变化。即某一制度可能自身的内容并未发生变化，但是由于其执行力度、社会环境等因素的变化而发生变化，甚至这种变化会是巨大的。与高校和国立科研机构专利创造和利用等活动相关的制度包括专利的权属制度、科技成果转化激励制度、科研立项制度、专利资助制度等。"拜杜规则"是我国专利制度变迁中的一项重要制度。它的出台被寄予厚望，许多学者希冀通过该制度进一步激发高校和科研机构人员的积极性，以促进我国专利产出和利用。值得注意的是，"拜杜规则"并非规范性法律文件的专用语。本书用它来指称各国将国家财政资助完成的科研成果赋予项目承担人的法律法规和相关的制度体系。相应地，中国"拜杜规则"指中国关于将财政资助完成的技术成果产权赋予项目承担单位的相关法律法规和部门规章。最早的相关部门规章为 2000 年 12 月 13 日出台的《关于加强与科技有关的知识产权保护和管理工作的若干意见》。为了行文用语的简化并与美国《拜杜法案》区别开来，本书特用中国"拜杜规则"来替代。

关于制度变迁的研究主要有三条主线，一是交易观下的制度均衡论，二是政府主导论，三是制度演化论。制度均衡论以诺斯为代表人物；政府主导论在变革型社会的中国有较大的市场；而制度演化论则以哈耶克为代表。在中国，前两种研究思路可以追溯到林毅夫（1996）提出的强制性制度变迁和诱致性制度变迁的分析框架。根据动力机制的不同，强制性制度变迁强调政府在立法上的主导作用，诱致性制度变迁则更强调市场选择。而制度演化论也越来越受到国人的重视。具体而言，制度变迁主要有以下几种理论工具。

（一）经典的供需平衡分析

制度选择及制度变迁可以用"需求—供给"这一经典的理论构架来进行分析。随着产品和要素价格、市场规模、技术等的变化，新的获利机会的出现可能会催生新的制度需求，原有的制度均衡就会被打破。如果组织或操作一个新制度安排的成本小于其潜在制度收益，就可以发生制度创新（杨瑞龙，1998）。该理论特别强调效率机制，即价格的相对变化在制度变迁中的作用（周雪光、艾云，2010）。

制度变迁是需要成本的。传统的成本—收益分析只考虑生产成本。只要每一种投入的边际产品价值相等就可得到最优。但是在选择制度安排费用中还包括组织费用、维持费用以及强制执行这种特殊制度安排所包含的规则的费用（林毅夫，1996）。由于制度变迁成本的存在，除非制度变迁后社会净收益超过制度变迁的费用，否则就不会发生自发的制度变迁。同时，制度市场中不同的制度之间会发生竞争，如果两种制度提供的服务数量相等，那么费用较低的制度安排是较有效的制度安排。正如舒尔茨所指出的，"显然，特定的制度确实至关重要，它们动不动就变化，而且事实上也正在变化着，人们为了提高经济效率和社会福利正试图对不同的制度变迁作出社会选择"（林毅夫，1996）。

制度变迁应当考虑制度变迁参与主体的地位和作用，主要有两个因素影响社会成员在制度变迁中的参与度和作用。制度作为公共品，也存在"搭便车"的问题。制度变迁中各种团体和个人都是从各自的立场和利益出发进行活动，并不存在一个抽象的社会利益共同体，因此"搭便车"是制度变迁无法避免的问题。由于制度安排"公共品"的性质，制度供给少于最佳供给会是常态（林毅夫，1996）。制度变迁中可能存在寻租行为。制度通常并不是由全社会来选择的，少数即时控制政治权力的集团在制度变迁中发挥着巨大的作用，而权力集团也会着眼于权力租金最大化而不是社会福利最大化来选择制度，结果制度可能只是对权力集团有益而不是对整个社会有益（董志强，2008）。

制度变迁中的路径依赖也同样值得重视。路径依赖最初是由生物学家在研究物种进化分叉时提出的概念，后来被应用到对技术应用效果的分析中。诺斯创造性地将这一概念用于分析制度问题，诺斯（2008）认为，一种制度一旦形成，不管是否有效，都会在一定时期内持续存在，任何制度产生以后，都倾向于自我捍卫和自我强化。因此，选择某种制度比较容易，但放弃某种制度就会比较难，因为制度一旦运行，就会形成惯性，无论制度是否优越，是否有效率，路径依赖使得某种特定的制度容易被锁定（叶娟丽，2013）。而作为法律的制度更注重连续性和稳定性，从来都是社会中一种比较保守的力量，而不是一种变革的力量（苏力，2004）。"利不百，不变法"以及"法古无过，循礼无邪"也一定程度地体现了这种思想。制度均衡分析中的"搭便车"和路径依赖表明了，现行的制度安排可能并不是最优，甚至是糟糕的。

（二）政府主导论

上述制度创新理论没有回答政府的作用。诺斯基于"本土化"观察而产生的制度变迁理论只侧重于关注连续性变迁，在解释异域制度变迁和制度变迁中的历史关键时刻时可能会遇到困难，要更好地解释制度变迁，需要嵌入建构主义的基本假设。"在制度变迁中，除了自发形成的秩序，还有建构的秩序，但二者并不是非此即彼的关系，自发秩序中有错误，建构秩序中也有这样那样的问题"（杨光斌，2007）。

中国的中央政府具有较强的政治力量，为了一定的政治和经济目标必须通过制度创新等方式来实现经济增长（杨瑞龙，1993）；中央政府在改革初期面临巨大的财政等压力，更有动力实行制度改革（茆健，2011）。甚至有学者指出，中国改革是在国家主导下的渐进式改革（冯仕政，2007），政府通过改革等多种形式可以创新制度和维护制度环境，实现合理有效的制度安排（张泽一，2013）。唐要家（2012）在分析国企体制改革中指出，政府能否形成持续推进改革的动力机制是决定强制性制度变迁绩效的关键，并根据实施动力机制的差异，将强制性制度变迁分为外生型变迁和内生型变迁两种。认为只有通过政治企业家战略性的改革顶层设计和有力的改革组织实施体制，推动外生型变迁向内生型变迁转化，才能更好地实现强制性制度变迁。

制度变迁不仅仅受到经济学家的关注，它也是法学家关注的重要内容之一。由于缺乏学科之间的对话，基于交易成本的供需平衡分析在法学家的视野中较少出现。而关于政府主导的制度变迁则同样受到法学家的热切关注。国家立法计划和法律移植等就体现着较强的政府主导印记。袁晓东（2005）指出，自清末以来，中国法律制度的变迁，大多数都是"变法"这样的强制性变迁，而且自建立社会主义市场经济以来，这种强制性变迁的速度进一步加快。

周业安（2000）指出，政府主导论有两个共同的基本假设：一是为了最大限度地促进经济增长，制度供给者可以根据社会需求提供一个均衡的制度安排；二是权力中心作为制度供给者有能力和动力来提供最优的制度安排。更重要的是，我们所看到的外显的政府主导改革的过程和政府的制度创新可能只是其他社会成员选择的结果，政府供给论并没有真正揭示政府的作用。而由于统治者的偏好和有限理性、意识形态刚性、官僚政治、集团利益冲突和社会科学知识的局限性等因素，还可能会造成制度失灵（林毅夫，1996）。

（三）制度演化论

出于对新制度经济学家坚持局部均衡分析和比较静态分析的局限和不满，以及作为基本分析单位的交易成本和产权等概念的模糊性使得实证方法很难运用等原因，演化论越来越成为制度变迁的主流理论。

哈耶克的秩序观不仅仅表明了制度和秩序是如何产生的，也表明了制度的变迁是社会演化的结果。但对制度历史延续性的过分关注和对建构理性的断然否定可能导向"现状的专政"或"历史的强制"的歧途（季卫东，2005）。

在哈耶克的社会秩序二元观①的基础上，周业安（2000）提出了政府选择外部规则和社会成员选择内部规则的双重秩序演化路径。并指出中国市场化的改革过程中，两种路径相互交织，政府选择是表面上的主线，而实际的主线则是社会成员内部选择。两种规则之间的冲突与协调贯穿整个制度变迁过程，在这个过程中，地方政府更多地从事制度企业家活动，直接介入当地的制度创新活动；而中央政府不具有对特定环境的准确认识，更多地起到法官裁决作用，根据各地的创新绩效进行法官式的裁决。在这里，政府的地位和作用与政府主导论中的有本质差别，该理论无须假设政府的制度创新行为是为了社会福利最大化，而是出于自身利益最大化的考虑。面对开放社会中外部规则的激烈竞争，政府认识到自身对外部规则的理解不利于保全自身的利益时，才不得不寻求新的外部规则。在这里，制度是建构理性参与的结果，但不是建构理性的直接成果。

冯仕政（2007）则强调改革中政府与市场的互动演化与制度变迁，认为制度变迁除了要考察政府与市场在利益层面的竞争和政府权力之外，更需关注政府与市场在意识形态层面的相互竞争、限制、强化和改造。演化论也同样重视制度变迁中的路径依赖，除此之外，文化堕距对

---

① 自发秩序和人造秩序。

制度变迁也会产生影响，由于"国家内部、市场内部以及国家与市场关系中的不同层次、不同部分的变化逻辑、速度和方向不一致"，在路径依赖和文化堕距的共同作用下，会形成千姿百态的制度后果。需要指出的是，该文主要针对渐进式改革过程中国家内部地区制度差异或者组织制度差异进行分析，并非制度演化的一般性理论。

也有学者关注制度变迁中发达国家和发展中国家的差异。汤长安和欧阳峣（2013）认为，发达国家和发展中国家的制度变迁有不同的特征和功能。进入后工业化社会的发达国家大多是在生产可能性边界上进行社会化生产，这些国家主要依靠科技进步实现生产可能性边界的向外推移而推动经济增长。因而对于发达国家而言，有效率的制度变迁主要体现为技术进步持续提供创新激励。而上述这种机制并不适合广大发展中国家，这是因为发展中国家长期受制于传统的经济体制，社会生产和消费远低于生产可能性边界，现有体制限制了对相关生产要素的高效利用，而并非缺乏激励技术创新的制度，因此制度变迁的核心首先在于提高生产要素利用的效率。

四　制度的体系强制

制度建设是国家建设的重要内容。中国改革开放以来，大批的法律制度建立和完善起来，形成了具有中国特色的社会主义法律体系。相应地，社会各种组织制度、财产制度、市场制度和社会秩序也逐渐形成，并深刻影响着我国社会的持续发展。与制度初设时的情形不同，中国的制度建设变得更加复杂和更具挑战性，因为新的制度引入必然受到既已形成的制度的影响。制度的作用和绩效不能仅仅考察某一制度本身，这是因为制度安排镶嵌在制度结构中，所以它的实施效果还取决于其他制度安排的结构和完善程度。制度变迁不仅是其所处的政治、历史和经济环境决定的，还要进一步地受到制度体系的强制和约束。而制度变迁的这种体系强制是否真的存在，这种强制是如何发生作用的，目前仍缺乏相关的研究。

上述对制度变迁的解释路径无疑是极具启发性的。着重强调市场或者政府自身的作用或者二者的互动。可以说，制度演化论更好地综合了供需平衡分析和政府主导论的观点，更贴切地反映了制度变迁的动力机制和变迁过程。但是上述论述均忽略了制度体系本身这一重要因素对某一制度变迁的影响。制度体系强制的提出基于以下的基本事实。制度体系有位阶之分，宪法和法律往往被认为具有最高的位阶，而行政法规、部门规章和地方性法规则不得和上位阶的制度相冲突，其他团体内的组织制度和社会活动的制度则更要在上述制度体系下进行，不得违反上位阶的制度所确立的秩序。一个国家和社会中的制度是体系化地构成的，任何一种制度都不能离开其他制度的配合而独立存在并发挥效用，如公司和企业等制度的存在解决了市场主体的问题，而物权、证券和知识产权等制度则构建了产权制度，合同和债权制度的存在则为市场主体进行产权交换提供了游戏规则，诉讼和仲裁制度则为市场交换中的非法行为提供了纠偏机制和解决途径。当然也存在制度缺位或者制度相互冲突的情况。人类对制度价值目标的追求是多元化的，多元化的价值目标之间总是存在着一定的冲突（秦策，1998）。制度的体系强制可以有效限制价值判断的任意性，使价值判断能够遵循制度位阶，并相互融合。

　　上述论述并非鲜见，诺斯等人也曾明确地指出产权的明晰度是其他制度的函数，但是并未对这种制度体系关系进行深入分析，制度体系强制在制度变迁理论领域明显地被忽视了。制度体系强制要求制度的设立和改革必须与既有的制度相契合，新的制度也可能需要更多的配套制度来维系。如果没有公司制度的存在，无论如何无法想象公司债券制度如何能够存在，尽管这一洞见是显而易见的，但在制度变迁理论中，却往往陷入对既有制度忽视的境地中，而将很多制度设置视为理所当然。如下文提到的，美国"拜杜规则"所生存的制度环境与我国的制度环境迥异，如果仅仅关注"拜杜规则"本身，则无法理解两国制度效果和制度变迁的差异。

　　制度的定义反映了学者不同的研究需求和观点倾向，尽管学者们的定义千差万别，但我们无须过多地拘泥于此。正式的法律制度从来都是制度研究的核心内容之一，本书研究的"拜杜规则"毫无疑问可以被纳入制度分析的框架体系进行考察。关于制度起源的理论，与社会契约论一样是个思想实验，它无疑是一个伟大的思想的产物，也给人类的知识宝库增添了新的内容。但无论如何也无法想象，人类的祖先曾聚集在某处，对社会规则进行设计和规划，从而达成某种契约；同样也无法想象，人类社会的制度规则是如何通过个人的选择而从无到有。对于制度变迁，自生自发的制度变迁和建构理性的制度变迁与其说是一种对立，不如说是演化论视角下各有侧重的思考。新制度经济学对于制度如何变迁的解释是富有创造性和想象力的。但是从个体行为的变化到社会制度的变迁到底是市场的作用还是政治的过程，他们并不能很好地回答。边际、均衡、理性的分析框架，更适合局部均衡分析和比较静态分析，对制度变迁尤其是跨区域的制度变迁缺乏解释。政府主导论的制度变迁看似比较符合中国的国情，但由于其"天真"的出发点和"完美"的假设而缺乏说服力。制度演化论为我们提供了更有说服力的视角，并将上述二者很好地结合起来。不可否认的是，上述理论共同为我们指明了一点：制度为人的经济行为提供了选择集合，为人的行为提供激励和刺激；好的制度可以通过产权界定等方式降低交易成本，促进技术进步和经济增长；不过制度的存在并不能证明自身的合理性，受制度体系强制等因素的影响，非效率的制度往往大量存在，制度变迁的结果也往往会与人的预期不一致。

第二章

"拜杜规则"的历史沿革及运行

"拜杜规则"主要指涉国家财政资助完成的科研成果的归属问题。"拜杜规则"并非规范性法律文件的专用语，本书用它来指称各国将国家财政资助完成的科研成果赋予项目承担人的法律法规和相关的制度体系。该制度体系起源于美国，并向其他国家传播，我国也建立了类似的制度体系，并在法律层面确立起来。中国进行深入的制度改革必须考虑既有制度体系的影响。制度不是孤立的存在，其发生效用和发展变化均是在既有的制度体系下互动完成的。通过对"拜杜规则"的历史沿革和跨区域变迁的考察发现："拜杜规则"的诞生是制度演化的结果，而不是所谓的建构理性可以直接达致的，"拜杜规则"发生效用离不开其他配套制度的契合；制度变迁明显地受到制度体系的强制作用，在不同制度背景下，"拜杜规则"变迁的特点具有明显差异。据此提出了制度变迁中的制度体系强制理论，丰富了制度变迁理论的内涵，对变革型国家制度建设具有重大参考价值。

第一节 "拜杜规则"的历史沿革

"拜杜规则"起源于美国1980年通过的《拜杜法案》，该法案后来成为美国专利制度的重要组成部分。《拜杜法案》主要解决国家财政资助完成的研发成果的知识产权问题。该法案赋予大学和小企业对政府资助完成发明的所有权，并规定联邦政府保留非独占的无偿使用权，保留"介入权"，即强制许可权或者在项目承担单位的许可不利于公共健康和安全时政府实施该发明的权利（Kenney，Patton，2009）。高校和国立科研机构是这一法案的直接"受益人"。后来，该法案几经修改和完善，并在世界范围内传播，日本、德国、巴西、中国等国也建立了类似的制度，本书统称为"拜杜规则"。

一 "拜杜规则"的起源

对"拜杜规则"起源的探寻，要追溯美国科学技术和社会经济发展的背景。联邦科技政策在军事和国家安全中的地位，以及在经济发展中的作用，曾经是美国科技政策定位中至关重要的两个问题。在整个冷战时期，美国政府延续第二次世界大战以来的科技政策，更为重视发展科学技术，科研经费大幅度提高，尤其是与国防有关的科研项目备受重视。美国对国防科研经费的大规模投入，带动了国家整体科技水平的提高，民用科研作为国防科研的"副产品"也获得了一定的发展，形成了典型的军民两用科技政策（谢治国、胡化凯，2003）。20世纪70年代初，美国经济开始出现滞涨，并一直持续。美国发现其传统工业越来越受到新科技的挑战，如信息科技，以及来自国际上的挑战，如来自东亚和当时的西德的挑战。同时，美国产业界也越来越发现，其无法应用国家支付了昂贵的研发成本所带来的技术成果，从科学的角度，这些研究本身是有趣的，但却可能与产业无关（Johnson，2004）。

对于财政资助完成的科研成果，传统上各个国家都认为其产权应当属于公众，而政府作为公众的代理人行使使用权和处分权。如果将该成果的产权赋予项目承担人，由项目承担人使用和处分，就会存在所谓的"二次付费"问题。即，一方面项目承担人利用从纳税人手里获得的资金从事研究开发活动并取得科研成果；另一方面被许可人在商业使用中又要再次付费（陈昌柏，2003）。但是对传统观念和规则的革命同样是基于公共利益最大化这一基本观点。立法者越来越认为将国家财政资助完成的科研成果赋予项目承担人更能够激发发明人和项目承担者的研发热情，也更能够促进项目成果的开发运用，从而提高国家财政资金的利用效率，最终达到增加公共福利的目的。

美国《拜杜法案》的出台有以下背景。

一是政府资助完成的研发成果商业化率低。20世纪80年代以前，美国联邦政府资助完成的大量研发成果商业化率很低，联邦科技委员会1978 年的《政府专利政策报告》指出，1976 年联邦政府拥有的 28000项专利许可使用率不到 5%。[①] 而作为重要科研力量的美国高校在 1980年以前每年获得的专利从未超过 250 项，从事科技成果转化的学校则更少。极低的科研成果转化率导致了大量的科研成果浪费和社会经济发展的停滞（南佐民，2004）。

二是各政府机构的相关规定不尽一致。各个联邦研发资助机构都建立了各自的专利政策。很多州对政府资助科研项目完成的发明创造专利权的归属规定也不一致。政策的不同导致了制度运行成本高昂，被资助人得忙于对不同规则的学习和适应之中。

其实早在 20 世纪 70 年代，一些政府机构就通过专利协议的形式允许受资助的企业和机构保留对相应发明的权利，但是这类协议的采用并没有整齐划一的标准可循（Stevens，2004）。为了促进专利利用和经济复苏、统一联邦专利政策，美国于 1980 年通过了《拜杜法案》。该议案源于解决研究和商业应用脱离的困境，重新打造美国技术领先之目标，促使美国经济的复兴和发展。同时美国国会还承认保护小企业将有利于创造更多的就业机会（李晓秋，2009）。虽然关于《拜杜法案》在长时间内存在大量的争议，但是该法案的通过几乎没有遭到反对。

《拜杜法案》的出台，美国大学和小企业发挥了积极作用，美国研究型大学早就看到了大学科研成果蕴藏的巨大商业价值，希望能够对其进行商业化开发利用，积极呼吁并向国会进行游说（宗晓华、唐阳，2012）。议案讨论期间，众多大学，包括哈佛大学、斯坦福大学、加利福尼亚大学和麻省理工学院，各种大学联盟，比如美国教育委员会、大学专利管理人员协会以及国家小企业协会、美国发明人协会等众多相关组织都对该议案表示支持（朱雪忠、乔永忠，2009）。

在美国《拜杜法案》的出台中可以看到演化论的影子，随着社会经济环境的变化，高校等社会团体和个人发现了新的获利机会，原有的制

---

① U. S. Government Accounting Office（GAO）, "Technology Transfer: Administration of the Bayh- Dole Act by Research Universities", *Report to Congressional Committees*, May 1998.

度秩序无法满足这种获利需求,新的制度成为期待,新的产权分配方式也在实践中开始出现并不断扩散。"拜杜规则"的出台不是一蹴而就的,不是所谓的建构理性可以直接达致的,这些团体进一步积极活动,游说立法机构,经过多次反馈和讨论,最终通过并在法律层面确立了美国新的财政资助下的技术成果权利归属制度。可以说,并非国家机构和某些议员的理性建构创制了"拜杜规则",而是人们发现并通过立法的形式确立了"拜杜规则"。

二 "拜杜规则"的主要内容

(一) 1980 年法案

美国《拜杜法案》并没有简单将财政资助完成的知识产权从国家转移给项目承担单位,而是规定了比较详细且复杂的内容(蔡爱惠等,2011)。连同定义条款,美国《拜杜法案》共有 13 个条款(美国《专利法》第 18 节,第 200—212 条)。分别规定了立法目的、定义条款、权利让与、政府"介入权"、美国工业优先权、保密义务、统一条款及规则、联邦所有发明的国内外保护、联邦许可规定、联邦发明的许可、条款适用的顺位、与反托拉斯法的关系及教育奖励权利配置等内容。

该法案重申了其立法目的:国会意欲运用专利制度推动政府资助的研发活动,并且鼓励中小企业权力参与政府资助的研发活动;推动商业主体与包括大学在内的非营利机构之间的合作;确保非营利机构与中小企业完成的技术成果用于推进自由竞争,并不得阻碍后续的研发活动;推动研发成果的全面商品化和大众使用;确保政府保留所需的足够权利以避免相关技术成果不实使用或者不合理使用;并尽可能控制实施该制度的行政成本(第 200 条)。从立法目的条款可以看出,《拜杜法案》特别重视国家财政资助完成的技术成果的商业应用,同时强调公共利益和国家权利,重视小企业的地位和作用,关注《拜杜法案》与其他立法的关系。具体而言《拜杜法案》还规定了以下内容。

首先,从可以获得联邦财政资助科研项目所完成的发明的主体来看,主要是小企业和非营利性机构,包括大学。而大企业则被排除在外。其中,非营利性机构指大学或其他高等教育机构,或依 1986 年美国《税法》第 501（c）（3）条［26U. S. C. 501（c）］所规定的组织，并且该种组织依美国《税法》501（c）第 501（a）条［26U. S. C. 501（c）］的规定能够免税，或者其他依照各个州法律确定的非营利性的科研或者教育组织。中小企业则是依美国《公共法》85 - 536 第 2 条（15U. S. C. 632）的规定进行确定的。

其次，从权利的授予来看，并不是所有国家资助完成的技术成果都能归项目承担者所有。《拜杜法案》规定了若干例外。比如项目承担人所在地并非位于美国境内，或者在美国没有营业处所，或者项目承担人为某一外国政府控制和管理的，则不得获得该技术成果的产权；或者如果能更适妥地实现该法案的立法目的，亦可对项目承担人取得研发成果产权进行限制或者保留国家对研发成果的所有权；或者涉及国家安全情报或者海军核动力与核武器等内容的亦除外。

再次，从成果运用的范围来看，研发成果的运用必须符合"美国工业优先"原则。即依照该法取得发明所有权的中小企业及非营利机构均不得将其专有许可使用权或者销售权转让给第三人，除非该第三人承诺该发明或者包含该发明的产品主要在美国境内生产和制造。然而如果权利人能够证明曾努力尝试将该发明主要用于本国境内制造而未获成功，或者在国内制造并不符合成本收益原则的，在资助单位的许可下则可例外。

复次，国家保留介入权。在将国家财政资助完成的研发成果所有权赋予项目承担人之后，联邦政府在一定条件下可以行使介入权。具体而言，如果取得研发成果所有权的非营利研究机构或中小企业怠于运用该项成果，或者为了缓和疾病或是公共安全的需要，或者为了公共使用的需求，抑或是权利人违反了"美国工业优先"原则的，联邦政府可以将该成果授权他人使用。同时，联邦政府保留全球范围内实施该专利的非独占性许可。

最后，1980 年《拜杜法案》还规定了政府为教育目的而资助的奖学金、学术奖金、培训补助金等，均不意味着政府可获得任何与研发成果相关的产权；且该法内容不得作为《反托拉斯法》中的抗辩事由。另外，该法还规定了不少行政管理措施，如：项目承担人应当在项目完成后的合理期限内向资助部门报告发明内容；项目承担人应当在报告该发明内容后的两年内用书面形式表明是否愿意保留该发明的产权，否则联邦政府获得该产权，并且政府部门可以指定该选择期限为 60 日等。

（二）配套措施和法案修订

美国《拜杜法案》还有一些配套措施和后续的修订。1980 年，美国还通过了《史蒂文森·怀德勒技术创新法》，与《拜杜法案》关注静态的产权分配不同，该法以促进国内的技术转移和促进联邦政府科学技术资源的开发利用为目的，更关注产权的流转和利用。该法规定，凡是年预算在 2000 万美元以上的联邦实验室，必须设立专门的研究和技术应用办公室，从事研发成果的技术转移，同时规定，各联邦机构至少将其研发预算的 0.5% 用于支持下属研究与技术应用办公室的技术转移工作（杨国梁，2011）。该法很好地配合了《拜杜法案》，弥补了《拜杜法案》在促进国家财政资助完成的技术成果商业化利用上的不足。

1982 年 2 月 10 日，美国管理与预算办公室出台了 A-124 号通报（后被编入《美国联邦法规》），向联邦代理机构提供了《拜杜法案》的实施纲要。该纲要还提供了联邦机构向非营利机构和中小企业提供资助的知识产权标准协议，作为政府部门进行资助工作的指导（37CFR Part 401）。

《拜杜法案》特别强调中小企业的利益，1982 年美国通过的《小企业创新发展法》，增加了政府对具有潜在商业化价值的高技术小企业研究项目的资助。此计划虽未新增拨款，但是该法规定，每个研究经费预算超过 1 亿美元的农业部、宇航局和全国科学基金会等政府机构和联邦研究实验室，都要从经费中拨出 2.5% 的资金，按照竞争方式资助小企业，鼓励小企业技术创新。《小企业创新发展法》鼓励小企业参与联邦实验室的项目研究，使小企业成为促进联邦科研成果转化的主要力量之一，以达到利用企业的技术力量满足联邦政府研究开发工作及商业市场的目标（杨国梁，2011）。

1984 年 11 月 8 日，国会通过《商标净化法》，对《拜杜法案》进行了修订。取消了部分对大学保留联邦资助研发成果所有权的限制，允许联邦实验室自行决定其专利的对外许可；允许委托机构收取专利权使用费，并规定大企业与小企业一样，可以获得政府财政资助所取得专利的排他性许可；在一定限制范围内，允许大学和非营利机构运行联邦实验室保留发明的所有权（杨国梁，2011）。

1987年4月10日，里根总统的12591号行政指令进一步加强了《拜杜法案》及配套政策的实施，确保联邦部门和国家实验室帮助大学扩建技术基地。鼓励国家实验室、政府机构、高校、企业，尤其是小企业之间的合作；鼓励将国家实验室研发成果的知识产权进行许可、转让，将大学研究实验室的新知识转化为新产品，或放弃不合时宜的产权；鼓励通过现金奖励或者收益权分享等方式对技术完成人进行激励；积极识别能够在技术转让中承担信息管道角色的人，允许国家实验室的科学家和工程师在企业从事临时性的辅助和指导工作；在项目选择上，鼓励相关负责人识别有潜在积极经济价值的项目进行资助和开发；该指令还对国家合作中美国政府资助的项目，美国国防部门的民用技术项目等问题作了规定，尽可能地开发现有技术；并通过行政管理手段对技术转移效果进行评估。[①]

三　"拜杜规则"的传播

对美国《拜杜法案》促进高校专利申请活动的称许激发了其他很多国家引入类似的立法。

（一）日本

20世纪90年代初，日本泡沫经济破灭给日本经济带来了严重打击。日本政府意欲通过刺激高新技术发展促进经济恢复。1999年，日本通过了《产业活力再生特别措施法》，该法正文共39条，内容涉及税收减免、中小企业信用保险、企业重组、技术创新和转化支持等方面。日本《产业活力再生特别措施法》的出台，本质上构成了对多部法律的修订，包括《新事业创出促进法》《研究交流促进法》《整备产业技术中研究开发体制法》《特定设备整备法》《中小企业信用保险法》《地方税法》

---

① *Executive Order 12591*, accessed August 10, 2014, http：//www. archives. gov/federal-register/codification/executive-order/12591. html.

等。为了促进技术创新和转化，该法第 30 条特别规定了国家财政资助完成的技术成果在符合以下条件时，由项目承担人取得产权：一是及时向政府汇报所取得的技术成果，二是项目承担人承诺在国家需要时得无偿提供该成果的使用权，三是当本人无法充分利用该成果时得转让给第三人实施。这条规定被誉为日本版的"拜杜法案"（姜小平，1999）。除了对知识产权归属进行了规定外，该法还确立了 3 年内对技术转移机构专利申请费和审查费进行减半的优惠措施。值得注意的是，在《产业活力再生特别措施法》之前，1998 年日本还通过了《大学技术转让促进法》，支持大学成立技术中介结构，允许大学教师兼职技术转移工作和技术入股或投资。这时国立大学还没有法人资格，因此国立大学的技术中介结构大多为教师自身创办，主要是为了促进高校中教师持有的、非国有的专利技术向企业流动（李春生，2003）。

日本"拜杜规则"体系下一个重要的特征是，日本"拜杜规则"的运行伴随着国立大学法人化的改革。长期以来，日本的国立大学属于文部科学省的内设机构，而没有独立的法人地位。2004 年日本《国立大学法人法》将日本国立大学从政府直属机构转变为具有独立法人地位的主体（宗晓华、唐阳，2012）。这一转变使得日本国立大学获得了独立申请专利、对其研发成果进行开发利用和转让的资格和权利；同时教师和科研人员的身份也发生了蜕变，他们不再是政府公职人员，而是高校的雇用人员，可以从事技术转让和商业利用的活动，甚至可以在其他企业和机构兼职。通过这种改革，日本"拜杜规则"及相关制度体系的设置在国立高校这一层面才最终有效地运行起来。不仅仅是专利权利归属的配置能够得以完成，更重要的是，相关的费用减免措施和技术转移措施的有益效应也同时叠加进来。该法实施后，大学申请专利的数量连年增加，技术转移比率也在不断提高（何炼红、陈吉灿，2013）。

（二）俄罗斯

1992 年《俄罗斯联邦专利法》对国有科研成果采取"收权"政策；1993 年俄联邦政府《关于保证联邦国家科学中心活动的紧急措施》第 10 条规定：国家科技中心利用国家预算拨款取得的研发成果属联邦财产，其知识产权归国家所有；同年 4 月，俄罗斯科学部颁布的《关于由国家预算为地区科技纲要和项目拨款办法暂行条例》中也规定，对于国家资助完成的技术成果，如果没有特殊约定的，其知识产权一律归国家所有（斯洛阳，1995）。俄罗斯于 2002 年对《俄罗斯联邦专利法》进行了全面修改和补充，增加了第九条，对政府资助形成的发明创造专利权归属做出了新的规定。如果协议约定专利申请权归国家，而国家资助方未能在 6 个月内向专利机构提出专利申请的，该专利申请权仍归项目承担单位所有（朱雪忠、乔永忠，2009）。

（三）德国

与美国不同，德国的"拜杜规则"未在专利法中确立，而是通过对其《雇员发明法》的修订建立起来的。德国《专利法》采取"发明人主义"，任何发明的原始权利人只能是自然人，不能是法人。1957 年制定的《雇员发明法》规定了雇主必须通过权利的报告和主张程序从雇员发明人处取得权利。雇员就职务发明专门书面报告雇主或者自雇主提出专利申请起算，雇主必须在 4 个月内向雇员发出"书面权利主张"，方能获得该职务发明的所有权（蒋舸，2013）。

2002 年，德国对《雇员发明法》进行了修订，将国家财政资助完成的技术成果原则性地赋予项目承担人，并规定了应当将技术许可和经营收益不低于30%的部分分配给职务发明人。受"发明人主义"的制约，国家财政资助完成的发明的原始权利人也只能是自然人，不能是法人。但是上述报告和主张程序也同时渗入"拜杜规则"，职务发明人有义务向雇主汇报其职务发明成果，雇主也同样需要通过"书面权利主张"的程序才能获得专利权，否则由发明人保留权利。2009 年，德国再度修改了《雇员发明法》。这次修订中增加了一项重要规定：只要雇主没有向雇员以文本形式声明放弃职务发明，自雇员就其发明进行报告后 4 个月，若雇主未以书面形式放弃该职务发明，视为雇主已作出了"权力主张"。从而简化了雇主的主张程序，避免了雇主因为程序上的瑕疵而丧失对发明的权利。这种修改也强化了德国"拜杜规则"下受国家财政资助单位的利益。

对职务发明人权利的关注并非德国"拜杜规则"所催生的结果，而是在这一规则出台之前就一直存在，不过这一特殊关注也成为德国"拜杜规则"运行中一个重要的内容要素（Siepmann，2004）。而在中国，则没有类似的职务发明人报告制度。美国的发明人报告制度也不同于德国，只是一种行政管理的手段，而非民事权利取得的形式要件。

（四）其他

澳大利亚政府资助机构2001年发布《关于公共资助研究的知识产权管理的国家准则》将公共资助研究的知识产权归于研究机构（胡朝阳，2011）。巴西、马来西亚、南非通过了类似的法案，印度也在审议相关法律提案（So et al.，2008）。其他一些欧洲国家，包括丹麦、德国、奥地利、挪威、斯洛文尼亚、匈牙利，也改革它们的知识产权法，将财政资助完成的专利产权授予项目承担单位（包括高校），其他国家也在考虑类似的改革（Baldini，2006；Leydesdorff，Meyer，2010）。

从"拜杜规则"的起源传播我们可以看出，各个国家"拜杜规则"的内容不尽相同。如美国特别关注中小企业的利益，认为中小企业是高新科技发展利用的主力，并特别注重法案实施实效，定期对法案实施效果进行评估；日本"拜杜规则"则伴随国立大学法人化改革的进行；俄罗斯则特别规定了，尽管双方约定专利申请权归国家所有，但资助方未能在6个月内申请专利的，该技术成果仍归项目承担人所有，以便更好地对该技术成果进行开发利用。可以看出，"拜杜规则"在各个国家的传播体现出制度变迁的不同轨迹，"拜杜规则"与既有体制之间的互动和演化体现了不同的利益诉求和路径依赖。但是各国"拜杜规则"的核心内容并无本质差异，即国家财政资助完成的技术成果原则上归项目承担人所有。

第二节　"拜杜规则"的运行

一　"拜杜规则"的运行机制

（一）对使用人享有独占权提供可能

传统的管理经济学假定了制度的大前提，重在寻求经济世界里的普遍规律，恰恰遗漏或忽视了社会的制度结构问题。制度理论是研究企业战略和经营模式选择的重要理论。青木和胡均立（Aoki，Hu，1999）

分析了英国和美国专利制度对专利开发、许可和诉讼行为的不同影响。

《拜杜法案》不仅仅是给了高校以独占权，也给了潜在被许可人垄断开发该技术的可能（Jensen，Thursby，2001）。有了对专利技术的独占使用权，潜在的被许可人才有独占开发产品市场的可能。假设没有"拜杜规则"，而由政府对其资助完成的知识产权行使所有权会出现两种情形。一是政府严格保护其产权，那么如果潜在的被许可人想要合法获得实施专利的许可，都要和政府机构进行谈判。很难想象一个政府机构如何能管理好如此之多的专利并与众多专利需求人进行谈判，同时，这种模式下寻租行为也可能时常发生。如果潜在的被许可人未经授权而使用国家所有的专利，同样政府也疲于应付。二是政府漠视该产权或者无偿提供给大众使用，则会导致另外一种极端的后果。即由于缺乏独占经营的保障和激励，结果潜在的使用人均由于惧怕对手的模仿而形成专利闲置和浪费。

而关于备受关注的国家"介入权"，虽然它赋予了政府一定条件下强制许可他人使用技术成果完成人专利的权利，这看上去给高校和被许可人产权的完整性和稳定性造成了极大的威胁。但是实际上国家行使此项权力是慎之又慎的，在美国《拜杜法案》出台之后，很长时间内没有国家行使介入权相关的案例，在中国也从未发生过国家行使介入权的情形。换言之，在实践中高校等项目承担人确实获得了比较稳定和完整的专利产权，其自身和潜在的被许可人均无须担心国家行使介入权而影响其实施专利的权利和潜在的市场和经济收益。

(二)"拜杜规则"下的产权结构

在高校专利产权结构中，所有权人和发明人相分离是常态。即高校教职工往往是发明设计人，而高校是专利申请权人和专利权所有人。教职工作为发明设计人享有署名权，还享有获得奖励和报酬的权利；而高校作为所有权人享有申请专利，以及处分和收益等权利。这种产权结构导致了专利申请、利用的决策权和报酬获取权的分离，弱化了发明创造人的利益激励。作为发明人或者设计人，对专利技术本身有着最深刻的理解和把握，而这种信息却无法很好地传达给高校专利管理部门或者技术转移部门。高校专利发明人或者设计人在是否申请和维持专利、如何利用专利以及是否提起专利诉讼等专利活动中具有信息优势。而且作为最大的私人受益者，其具有较大的利益驱动从事专利的商业化利用活动，然而其对专利的经济权利即被奖励和获得收益分成，却是非常被动的。高校作为权利人的权利结构导致了发明人和设计人无法直接决定如何从事专利活动，而是必须通过推动高校间接地促成专利活动的决策。不过，必须指出的是，与一般的商业活动不同，收益激励只是高校职工从事专利活动激励因素的一种（Baldini et al.，2007）。

众多发明人的技术成果聚到专利管理部门和技术转移部门，可以在专利管理和利用上形成一定的规模效应。相比于研究者或者研究团队，技术转移中心在搜寻潜在购买者方面更有优势，因为他们有更专业化的分工和更低的时间成本（Markman et al.，2005）。如果"技术库存"的规模足够大，技术转移中心可以在一定程度上解决信息不对称的问题。由于技术市场的特殊性，产业组织往往无法得知高校技术的质量，但是技术转移中心为了获得和保持较好的市场信誉，往往会搁置那些质量相对较差的技术，而提供质量较好的技术。这样的结果便是高校只出售较少的技术，但是成交的价格却相对会高，在重复博弈中建立起自己的信誉，相反那些"技术库存"很小的技术转移中心，则无法达到这种效果（Macho et al.，2007）。

肯尼和巴顿（Kenney，Patton，2009）认为由高校享有产权无论在经济上还是在促进技术商业化上，并不是最优的结构。这种结构由于在高校、发明人、被许可人、技术转移中心之间的信息不对称以及缺乏激励或者激励冲突等原因而缺乏效率。然而这同时也会导致马太效应，即专利管理部门和技术转移机构只关注于自认为最有经济潜力和最易实现利用的专利技术，而忽视其他可能是同样重要的专利技术。他们还提出了两种替代方案：一是将产权赋予发明人，由发明人决定将其交付知识产权转移中心或者是许可给其他实体等；二是将所有发明成果置于公共领域或者要求对之仅能实施非独占许可。

"拜杜规则"的立法目的受到权利人自身利益的影响。《拜杜法案》最原始的目的是为了促进私人部门对高校专利的商业化利用，而不是为了给高校提供一个新的创收途径，尽管很多高校管理者将创收作为它们技术转移机构的一个主要目标（Thursby et al.，2002）。因而，高校管理者的目标可能会和《拜杜法案》的立法目的发生分歧和冲突，即高校可能会采取诸如专利诉讼的方式获取回报，从而减少了私人部门对高校发明的商业化利用（Shane，Somaya，2007）。

（三）"拜杜规则"运行的环境

"拜杜规则"的运行受到制度环境和社会经济环境的影响。"拜杜规则"立法的努力有时只能是"略有成功"。巴尔迪尼等人（Baldini et al.，2007）对意大利高校技术转移和商业化的研究指出：高校专利申请和相关活动需要高校内外部适合的背景。由于专利文件和专利交易合同的非完备性特征，被许可人往往无法仅通过技术文件和合同文本等内容全面实现合同目的和专利实施。因此，专利许可往往需要伴随着技术咨询和服务等，而这些信息多属于默会知识，无法很好地通过电话、邮件等现代网络媒体进行传播，而是需要发明人等现场指导实施，因此专利许可往往体现较强的地域性特征，产业和高校聚集的地区更容易实现专利的商业利用。

传统的专利理论和专利态势下，理想中每件专利都是一个独立的意义探索，用以实现技术创新和产品创新，专利的利用对实体经营有着极强的依附性，专利价值的实现往往依靠专利权人自行实施。对于偶然出现的技术互补问题和较低层次的累积创新则可以通过交易方之间的交叉许可来实现。在积累创新、连续性创新和集成创新中，都需要相应的互补性专利，甚至需要上千项互补性专利。由于技术创新环境和专利态势的变化，专利商业模式也在发生着变化，新的商业模式必须面对专利申请激增、专利权人分散等问题，达到有效甄别和选择专利、实现专利组合运用、降低专利交易成本等目标。开放式创新模式为专利利用提供了新的机会，专利联盟、专利钓饵、专利经营公司涌现并日趋活跃，专利技术市场发展迅速。从本质上讲，这些新的专利利用模式也包含了专利实施和许可，是对专利实施和许可的综合运用或者新型的运用，但是和传统的自行实施和简单许可有着较大的区别。我国高校和其他创新主体应当认识到这些变化给技术创新和经济发展带来的影响。面对这种新的经营模式的冲击，我国也应当积极开拓创新模式，努力适应国际经济技术新环境。

二　"拜杜规则"的运行概况

（一）美国《拜杜法案》的运行

《拜杜法案》实施之后，美国高校的专利利用活动确实令人瞩目。大学技术转移机构有巨大增长，1980 年全美有技术转移办公室 25 所，而到 1990 年技术转移办公室的数量就已超过 200 所（Bozeman，2000）。1991—1996 年，大学专利许可增加了 75%；到 1996 年底，大学发放了 13087 个许可证或授权（Jensen，Thursby，2001）。1996 年，大学技术转移收入为 36.52 亿美元，比 1995 年增长 22.1%（包海波、盛世豪，2003）。

上述数据在一定程度上说明了《拜杜法案》之后美国高校专利活动的状况，但是无法说明在"拜杜规则"前后，高校专利申请和利用状况的对比情况。亨德森等人（Henderson et al.，1994）指出 1965 年美国共颁发了 96 项专利给 28 所高校和相关机构。而 1992 年则颁发了大约 1500 项专利给超过 150 所高校和相关机构。这期间高校专利授权增长了近 15 倍，相应地，全美国专利的增长则不到 50%。同时，他们以专利被引用的频次为指标对《拜杜法案》实施前后的专利质量进行了实证研究，结果表明，美国《拜杜法案》之后美国高校专利的质量出现了一定的降低。其他学者通过更长期间的跟踪进一步指出，美国高校专利的质量并未降低，只不过该引用具有期限特征而已（Sampat et al.，2003）。

即便是在《拜杜法案》之后，美国高校专利创造和利用活动相比《拜杜法案》之前具有显著变化，那么这种变化（或言之成功）是否真的源于《拜杜法案》，亦缺乏有效的实证检验。其对美国高校专利申请和专利利用的影响并非公论和定论。莫维利和齐多尼斯（Mowery，Ziedonis，2002）通过对 3 所美国顶级高校的研究发现，华盛顿大学和斯坦福大学的专利申请和许可收益的增长主要得益于生物类专利的贡献。而这刚好发生在分子工程师阿南达·查克拉巴蒂（Ananda Chakrabarty）案件（Diamond v. Chakrabarty）之后，美国最高院的决定使得微生物、分子均被确立为可申请专利的对象。该文章还指出,《拜杜法案》是促进高校专利许可的因素,而不是决定性因素。即便是没有《拜杜法案》,上述高校仍然会扩展发明创造和专利申请活动,并且在专利许可方面取得巨大的成功。更重要的是,上述高校专利许可体现出典型的马太效应的特征,即很少一部分的专利许可收入占全部专利许可收入的绝大多数。数据显示,1995 年,前 5 项许可收入占总收入的比例分别为65%—加利福尼亚大学(UC),85%—斯坦福大学(Stanford),94%—哥伦比亚大学(Columbia)。而且生物技术在其中占绝对重要的优势,其次是计算机软件。《拜杜法案》既可以被看作是高校专利活动增长的结果,又可以被视为高校专利活动增长的原因,自 1963 年起至 1999年,美国高校专利占全国专利的比例就持续在增长(Mowery, Sampat, 2005)。自 2000 年起,高校专利申请在大多数高新经济中所占的比例和绝对数均在减少(Leydesdorff, Meyer, 2010)。不仅如此,高校发起的生产性企业也在减少(Mustar, 2007)。

(二) 其他发达国家"拜杜规则"的运行

日本专利特许厅的统计数字表明,从 1994 年到 2000 年底,日本大学和技术转让办公室的专利和技术的许可量仅有 282 件,而同期美国的专利和技术许可量高达 19095 件。到 2002 年底,日本大学和技术转让办公室的专利和技术的许可量已经突破 3500 件,有效缩短了与同作为知识产权大国的美国之间的距离(蔡爱惠等,2011)。

(三) 发展中国家"拜杜规则"的运行

发展中国家对《拜杜法案》的模仿,形成了各自的"拜杜规则"。但是由于各国建立"拜杜规则"体系的时间较短,尚未见到比较全面的实证研究和评价,不过这也引起了学者们的广泛讨论。

以智利为例,有学者认为,公共研究机构和研究人员没有足够的动力辨别有前景的发明,将之申请为专利并进行许可;该国缺乏全国范围内统一的技术转移政策;缺少技术转移中心和相关领域的专家。这都影响了该国"拜杜规则"的运行效果(朱雪忠、乔永忠,2009)。

另外,对于发展中国家来讲,政府的研发投入普遍低于发达国家,相关的技术项目和发明创造也自然较少;缺乏配套的专利审查和授权人才等问题也制约了"拜杜规则"的运行效果。

目前大多数对"拜杜规则"产权激励实效的研究多是描述性的。很多学者仅凭专利数量和专利许可收益的增长来肯定"拜杜规则"的激励实效，而没有剔除诸如科研投入、经济增长、通货膨胀等其他影响因素。一些外国学者针对"拜杜规则"的有效性做了实证研究，这些研究具有一定借鉴意义，并且指出了"拜杜规则"效力可能并没有人们想象的那么巨大的初步证据。但这些研究也存在着明显的局限性：首先，这些主要针对国外的情形进行分析，对我国缺乏针对性；其次，在这些研究中缺乏对"拜杜规则"前后高校和其他主体专利创造和利用情况的比较。

第三节 中国"拜杜规则"的确立和运行

一 中国"拜杜规则"的确立

在中国，关于高校与科研机构的发明创造的权属制度，前后经历了巨大的变化。大体上可以分为三个阶段。

一是规章规定为国有。1984—1994年，我国国家财政资助完成的科研成果归国家所有，也就意味着高校大多数的专利成果的所有权主体为国家。主要规定有1984年的《关于科学技术研究成果管理的规定》和1989年的《"八六三计划"科技成果管理暂行规定》等。

二是约定归属。1994—2000年，我国国家财政资助完成的科研成果由委托方和受托方约定权利归属。1994年原国家科委颁布了《国家高技术研究发展计划知识产权管理办法》，首次确认了国家部门可以和项目承担人约定项目成果的权力归属和利益分享。而当时，我国《合同法》依据是在1987年确立的《技术合同法》（现已被2001年实施的《合同法》取代），技术开发合同和其他技术合同为高校和资助人——政府，进行自由协商从而确定更有效率的专利权属提供了制度前提。

三是规章和法律原则上规定为项目承担人所有。2000年之后，部门规章规定原则上我国国家财政资助完成的科研成果归承担单位所有，其标志性事件是2000年12月13日出台的《关于加强与科技有关的知识产权保护和管理工作的若干意见》。2002 年科技部联合财政部发布了《关于国家科研计划项目研究成果知识产权管理的若干规定》，在前述 2000 年规定的基础上肯定了项目承担人的收益权并增加了关于国家介入权的规定（朱雪忠、乔永忠，2009）。2008 年开始实施的《科学技术进步法》在第 20 条和第 21 条中对该规则进行了法律上的确认。中国"拜杜规则"受到了美国《拜杜法案》的影响，其核心内容大致相当，即受资助的科研单位可获得专利权，但涉及国家安全、国家利益和重大社会公共利益的除外。

中国"拜杜规则"是借鉴美国《拜杜法案》并进行法律移植的产物。基于相似的立法原则，我国在《科学技术进步法》第 20 条中确立了"拜杜规则"的核心内容。所谓中国"拜杜规则"，是解决财政性科技投入的研发成果形成的知识产权归属与管理问题的法律规则体系。"拜杜规则"不是一个单独的法律条款，而是一套政策法规体系：制度依据为《科学技术进步法》第 20 条、第 21 条；制度基点为对该领域的知识产权归属问题采取"放权政策"；制度宗旨为促进财政性资金资助项目的研发成果转化运用；制度位阶涵盖中央立法、地方立法以及相关政策法规；制度目的在于解决研发成果科技价值与商业价值脱离的困境。"拜杜规则"作为一个法律规则体系，首先在制度内容上，是调整财政性科技投入所形成的研发成果的知识产权归属与管理问题，涉及的权利归属与利益分配则必须通过法律予以确认，政策与法律的区别正在于此；其次在制度位阶上，是国家立法予以确认的法律规则，能对财政性科技投入所形成的研发成果中的权利与利益分配予以规定；再次在形成过程上，是科技政策法律化的产物，集中解决知识产权归属与利益问题。

值得注意的是，中国"拜杜规则"应当同时考虑中国的相关制度。虽然中国"拜杜规则"将国家财政资助完成的知识产权赋予项目承担人，但是仍然对相关的知识产权保留了除"介入权"之外的另一特殊权力——国有资产监督管理权。这主要表现在《国有资产评估管理办法》及其《施行细则》《中央级事业单位国有资产处置管理暂行办法》等规章和部门规定对项目完成人处置产权的限制上。按照《国有资产评估管理办法施行细则》的规定，国有资产是指国家依据法律取得的，国家以各种形式的投资和投资收益形成的或接受捐赠而取得的固定资产、流动资产、无形资产和其他形态的资产。因此高校持有的利用国家财政资金完成的专利等知识产权也属于上述规定中的国有资产，应当按照国有资产进行处置。这种限制主要体现在各种行政管理上，如《国有资产评估管理办法》就规定了国有资产转让需要进行评估立项、委托鉴定、审查确认等程序。在事业单位国有资产处置过程中，审查部门不仅仅包括国有资产监督管理部门，还包括国家财政部门，手续可谓烦琐。现实中，很多高校也不得不在申请、批准、备案等程序的严格规范下对专利进行处置。这无形之中给高校套上了一把枷锁，高校并未完全取得专利市场上的独立地位。

二 中国"拜杜规则"的运行

"拜杜规则"实施前后，我国高校的专利创造产出持续增长。1985—2010 年期间，我国高校累计申请专利 319595 件，年平均增长19.8%；累计专利授权总量为 150029 件，年平均增长 26.0%。[①] 同时，专利创造的平均研发成本也在不断下降。我国高校每亿元科技经费投入的授权专利数从 2006 年的 26 件，持续增长到 2010 年的 46 件。其中，授权发明专利从 2006 年的 15 件上升到 2010 年的 20 件（张平、黄贤涛，2011）。

以发明专利为例，我国 1986—2013 年全国及高校发明专利申请和授权变化如图 2-1 所示。自 2001 年前后，中国高校发明专利申请量和授权量都开始猛增。而当年正是中国"拜杜规则"生效的年份。但是至此，我们还远远不能认定这些增长是源于"拜杜规则"的刺激。因为中国总体的专利申请量和授权量也几乎在同一时间猛然增长，考虑到高校和其他公共研发机构发明专利的申请量和授权量占全国的比例有限，"拜杜规则"显然无法解释中国总体的专利申请和授权变化情况。是否存在其他原因同时导致中国总体和高校专利产出变化不无疑问。

---

① 参见国家知识产权局《专利统计简报》2007 年第 13 期。

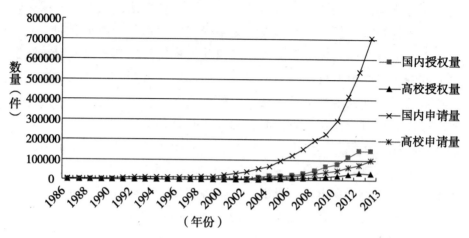

图 2-1　1986—2013 年全国及高校发明专利申请和授权变化

　　为了促进专利转化，我国采取了一系列措施，努力推进产学研合作，建立技术孵化器，建设科技园区，促进专利中介市场发展，甚至对专利申请和维持进行补贴。但是，我国高校的专利运用和保护能力仍显不足，无法满足国家知识产权战略的要求。有学者指出，近年来我国高校有效专利维持年限呈现缩短的发展趋势。截至 2010 年底，我国发明专利申请量排前 20 位的高校，平均专利维持年限只有 4.9 年。专利维持有效的时间越短，说明专利权人认为专利越没有利用价值。我国高校实现成果转化项目不到 10%，真正实现产业化的不足 5%（张平、黄贤涛，2011）。

三　中国"拜杜规则"的最新发展

　　近年来，"拜杜规则"发生着新一轮的演化。2015 年修订的《促进科技成果转化法》第 18 条规定："国家设立的研究开发机构、高等院校对其持有的科技成果，可以自主决定转让、许可或者作价投资，但应当通过协议定价、在技术交易市场挂牌交易、拍卖等方式确定价格。通过协议定价的，科技成果持有单位应当在本单位公示科技成果名称和拟交易价格。"改变了过去国家设立的研究开发结构及高等院校进行科技成果转化活动，必须对科技成果的价值进行评估的做法。

2016 年国务院《实施〈中华人民共和国促进科技成果转化法〉若干规定》中规定："国家设立的研究开发机构、高等院校对其持有的科技成果，可以自主决定转让、许可或者作价投资，除涉及国家秘密、国家安全外，不需审批或者备案。"进一步减少了对国立科研机构和高校进行专利交易的限制。

第四节 本章小结

"拜杜规则"于 1980 年首在美国确立，并在世界范围内广泛传播。从"拜杜规则"的起源和历史沿革我们可以看出，"拜杜规则"是制度演化的结果，是新的市场获利机会出现，制度自发演进和形成，社会团体积极活动促使其上升为法律制度的过程。美国"拜杜规则"的产生受到美国税法、美国公共法、反托拉斯法，以及科研奖励等制度体系的强制，并通过研发机构和组织、政府资助、技术转移等制度体系的完善获得发展。从"拜杜规则"的跨区域传播我们可以看出，各国"拜杜规则"的核心内容并无本质差异，即国家财政资助完成的技术成果原则上归项目承担人所有。但是受到制度体系强制的影响，各个国家"拜杜规则"的内容又不尽相同。如在美国，既有的公平竞争的制度精神引发了对中小企业的特别关注，认为中小企业是高新科技发展利用的主力，并特别注重法案实施实效，定期对法案实施效果进行评估；日本"拜杜规则"则伴随国立大学法人化改革的进行；在德国，既有的《雇员发明法》迅速地与"拜杜规则"结合在一起；在中国，"拜杜规则"则成为《科学技术进步法》的内容之一，并且受传统的计划经济体制的影响，国有资产管理制度则紧密地与"拜杜规则"制度结合起来。并且，从立法技术和法律编制体例上讲，日本、德国和中国都各自采取了不同的编制体例，日本通过《产业活力再生特别措施法》，德国通过《雇员发明法》，中国通过《科学技术进步法》对"拜杜规则"进行了确立。

《拜杜法案》的传播具有跨区域的特征。法律移植和跨域制度变迁除了基于效率上的供需平衡之外，还有可能是建构主义的学习和模仿形成的结果。也就是说，制度的诞生并不必然是连续性变迁和个体理性选择的结果，也可能是历史性的突变造成的，而其实效也可能与立法者和立法推动者的本意相违背。高校专利权力归属制度是一个历史问题，曾因为受到国家资助而完成的专利归国家所有，而被认为缺乏产权激励。高校越来越被期待在经济发展中发挥更为重要的角色。为了促进高校专利利用，首在美国确立的"拜杜规则"正被其他国家借鉴和移植，企图通过法律移植促进高校专利利用。美国《拜杜法案》被认为是促进美国高校和科研机构专利申请和转化利用的重要因素。人们对《拜杜法案》的影响有以下几个方面的期待：一是促进专利创造；二是促进专利利用；三是促进知识的扩散。然而"拜杜规则"是否能够达到上述目标，学界仍存在争议。制度的经济绩效难以从域外的对比中获得合理性论证，对中国"拜杜规则"实效的研究和评价则应当从中国的制度体系和社会环境出发进行。由此引发本书的一个关注点，即中国"拜杜规则"的激励是否促进了高校的专利创造和利用。

　　通过对"拜杜规则"历史沿革的考察，本章例证了制度产生的过程和发挥效用时制度体系的重要性；并通过"拜杜规则"的跨区域传播证实了制度变迁中制度体系强制效用的存在。这对我国转型期社会制度建设有重要的参考价值。我国政府历来重视改革，倚重政府在制度建设中的引导和主力作用。但是，过分倚重"立法推动主义"的制度变革道路存在着严重的问题。首先，正如本书所阐释的，制度更多的是被发现和确立的，而不是被理性建构的。我国的家庭联产承包责任制也是如此，先是在部分地区开始了局部的改革探索，后是这一自发的改革举措获得了当政者的首肯，获得了政治上的合法性，并在全国普遍推广开来，成为中国现行农村集体经济的基础性制度（陈瑞华，2010）。其次，制度的产生和发挥效用是在制度体系下完成的。一方面，既有的制度会迅速嵌入并影响新制度，甚至新制度中往往会援引其他制度作为自身存在的前提和必备内容；另一方面，一项新制度的实施也需要其他制度的配套和完善才能有效发挥作用。最后，通过建构理性努力的"移植和引入"形成的新制度往往会与既有的体系产生冲突，产生始料未及的后果，因此制度建设中需要不断地试错和调整。

　　"拜杜规则"的核心是为了确立有效率的产权安排，通过赋予产权的方式来激发高校等项目承担单位对专利进行商业利用，来促进和实现专利的利用和技术的扩散。尽管各个国家在引进"拜杜规则"的时候所考虑的因素各有不同，但都希冀能通过引入类似立法来进一步刺激和发展经济。"拜杜规则"的直接目的是促进专利利用，但是相应地，由于制度激励的作用，"拜杜规则"也被期待能够促进专利创造。当然，"拜杜规则"规制下的项目承担人包括高校，也包括其他项目承担人，甚至还包括营利性的企业，但是不可否认的是，高校是国家科研项目的重要承担主体，担负着研究开发的重要职责，是各个国家"拜杜规则"共同关涉的主要对象。"拜杜规则"给潜在的专利使用人提供了独占实施的可能，理论上克服了国家享有产权的低效率。但是高校的专利权利结构较为复杂，专利管理和利用中各个主体间不同的利益追求和信息不对称，以及专利市场的发育情况等因素可能会导致专利利用渠道不够畅通。作为首先采用"拜杜规则"的美国，相应的学术研究也更为丰富，尤其表现在对"拜杜规则"运行效果的实证考察上。但是实证研究的结果并未能直接支持"拜杜规则"促进了高校专利创造和利用的观点。而其他后续引入"拜杜规则"立法的国家实证研究较少，我国亦是如此。如何正确评价中国"拜杜规则"的实效，尚缺乏专门的研究。

第三章

高校与科研机构简介

国家创新体系包括政府、企业、科研机构、高校，其中国立科研机构与企业的差异较为明显。国立科研机构的大部分研究项目来源于政府的指令性计划，相应地，这部分的研究主题与研究内容具有多学科交叉、研究周期长、投资多且风险大的特点。企业的研究项目则是来自市场需求与自身发展需要，一般而言，其目标性与应用性更强。在国家创新体系中，受"拜杜规则"影响最大的是高校与国立科研机构，二者科技成果的完成多受到国家财政资助，在研发资金来源、权利归属、成果转化方面有很多相似之处。然而，并不能将二者混为一谈。

第一节 美国联邦实验室与大学的差异

19 世纪末 20 世纪初，美国国家科技体系中的各创新单元初具雏形，政府开始设立专门机构开展科技工作，建立了国立卫生研究院（National Institutes of Health，NIH，1887 年）、国家标准与技术研究院（National Institute of Standards and Technology，NIST，1901 年）等重要国立科研机构。这一时期美国政府对科技活动的具体规划和管理奉行"不干预"政策。"二战"期间，美国实施一系列以军事为目的的研究项目，通过这些研究计划，联邦实验室体系得以建立并迅速发展。20 世纪 70 年代后期，美国科技发展重点发生了转变，从军事目的到强调科技与经济的结合，《史蒂文森·怀德勒技术创新法》《拜杜法案》《联邦技术转移法》等科技政策有效促进了研发成果的商业运用。21 世纪以来，美国政府强调要恢复科学应有的地位，政府要在科技发展中积极作为，承诺增加联邦政府的科技投入。美国联邦实验室作为美国重要的战略性科技力量，其发展壮大与美国联邦政府的战略规划与决策直接相关。

美国建国之初，建立国立大学的议案曾历经多次讨论，但由于私立大学强烈反对放弃自治转为国家管理，且美国联邦宪法及其第十条修正案的规定，将高等教育的责任赋予州政府，因此在政府与大学关系的早期，并非是联邦政府与大学的关系，而是更为明显地体现为州政府与大学之间的关系（McLendon，2003）。美国大学总体上被认为是高度自治的（刘虹，2010）。

美国联邦实验室与大学的发展轨迹不仅说明了二者与联邦政府的关系，而且揭示了二者的区别，具体差异如表3-1所示。

表 3-1　　　　　　　　　　美国联邦实验室与大学的比较

对比因素＼对比主体	联邦实验室	大学
成立依据	20世纪初扩大政府职能的系列法令	联邦宪法及其第十条修正案（州政府管理高等教育）
基本分类	国有国营（GOGO）；国有民营（GOCO）	公立；私立
资金来源	联邦政府资金为主	政府投入；学费收入；捐赠收益；销售；服务收入；其他渠道
社会职能	满足国家需求、实现国家目标	教育；知识传播；技术转移
科研分工	特定问题的目标性研究	自由探索性研究；基础研究
比较优势	跨学科研究团队；珍稀昂贵的仪器设施	学生的附加值
技术转移类型	政府驱动型	市场驱动型
技术转移因素	国家需求、政策导向	市场需求、经济周期

美国大学与国立科研机构的差异对科技成果转化有若干影响。（1）相较于联邦实验室，私立大学更多是市场驱动的，在科技成果转化中更具灵活性，能有效获得市场信息并根据市场需求进行研发活动。（2）大学与联邦实验室的科研分工决定了二者研发成果所对应的技术领域，相较于大学，联邦实验室的研发活动具有明确的任务性与目标性，

研发成果在军转民技术、军民两用的技术领域分布较多。(3) 大学的技术转移办公室通常会受到来自大学管理者（校长）和管理机构（州议员和董事会受托人）的强烈压力，要求将知识产权商业化而为大学带来收入（Siegel，2007），美国大学科技经理人协会（AUTM）和相关的大学排名都集中关注大学专利、许可等指标，因此相较于联邦实验室，大学技术转移的压力更大。(4) 大学易受经济周期波动的影响，科技成果转化遵循市场规律，而国家实验室则易受政策变化的影响（Link，Siegel，2011）。

第二节　我国国立科研机构与
高等学校的差异

在科技成果转化中我国国立科研机构与高等学校的角色容易混淆。我国国立科研机构与高校均属于事业单位法人，均受国家（政府）的管理。我国高校分为民办高校与公办高校，不同于美国的是，美国数量较多且较为著名的大部分是私立大学，而我国则是公办大学，包括部委院校、教育部直属院校、省属院校、市属院校，公办大学在我国高等学校资源分配体系中占有绝对优势，我国高校与国家（政府）关系密切。因此我国高校、国立科研机构与国家（政府）均有密切关系。另外，在动态的知识、技术流动过程中，国立科研机构与高校的角色则常被混同，在产学研合作中尤为典型。从技术供需的角度，产学研三方主体往往被简单化为以企业为技术需求方、以科研机构和高校为技术供给方的两方主体，科研机构与高等学校被统一称为"技术供给方"，成为知识与技术的输出方。

二者虽然易被混淆，但仍存在差异。首先，高校设立的宗旨是知识传播与人才培养，在市场竞争中必须要设置退出机制——不能作为市场主体参与市场竞争，国立科研机构设立的宗旨则是服务于国家需求。其次，二者在基础研究领域中存在差异。如果将分类标准由研究目的转移到研究的预期使用者身上，基础研究可分为：(1) 产生对研究组织之外的广大使用者特别重要的预期结果的基本研究；(2) 产生对广大使用者有明显利益的预期结果的战略研究；（3）产生赞助机构特定需要的结果的指向研究。高校基础研究多为第一种类型，而国立科研机构所进行的科学研究则多属于第二、三种类型。最后管理体制上的差异导致高校在科技成果转化中更灵活。高校作为唯一法人单位，能有效统筹协调院、系的科研工作并回应市场需求，而我国国立科研机构，以中科院为例，虽然体量庞大、科研资源丰富，但中科院的各研究单位都属于独立法人，在统筹协调与创新资源整合上难度较大。

第三节　我国国立科研机构与
高校科研机构的差异

我国国立科研机构与高校科研机构都属于科研机构体系，高校科研机构是指高校的各类科研机构、依托于高校的重点实验室和工程中心等，是高校知识创新、技术创新以及人才培养创新的重要基地。依据本书对国立科研机构的界定，一部分依托一级法人单位的国立科研机构可能也属于高校科研机构。以国家重点实验室为例，根据 2008 年《国家重点实验室建设与运行管理办法》的规定，国家重点实验室是依托大学和科研院所建设的科研实体，中央设立专项经费支持其运行。如果依托单位是高校，那国家重点实验室则属于高校科研机构，而同时又属于国立科研机构。

二者差异主要表现在以下几方面。（1）相较于大部分国立科研机构而言，高校科研机构并不具备独立法人资格。（2）存在"任务定向"研究与"自由"研究的区别。国立科研机构因其研发结果被期望有确定的价值与目标，其研发活动具有"任务定向"的特点，高校科研机构则不限于此，其科研活动动机可源于兴趣、教学等多方面，所受限制较少。（3）相较于国立科研机构较为单一的科研目的，高校科研机构是为了教育而科研，其科研活动服务于教学与人才培养的目的。

第四节　国立科研机构的特殊性

结合上述的对比分析，特别是结合美国关于国立科研机构与高校的比较分析，国立科研机构本应具有的特殊性表述如表 3-2 所示。

表 3-2　　　　　　　　国立科研机构与其他创新主体的对比分析

国家创新体系的主体		
	国立科研机构	高等学校	企业
与国家的关系	国家建立或资助（国家所有）	国立（国家建立或资助）或私立（国家少干预）	国企（国家所有）或私企（国家少干预）
国有性质的创新主体		
	国立科研机构	国有大学	国有企业
在国家系统中的定位	类似国家机器的一部分国家控制	国家教育体系的一部分学术自治、自律	国家经济体系的一部分国家管理
三类主要科研机构		
	国立科研机构	高等学校科研机构	企业科研机构
科研机构类型与科研目的	政府驱动型满足国家需求、完成国家目标、科学研究	教育驱动型教书育人、知识传播、自由探索	市场驱动型追求市场价值

　　通过表 3-2 的对比分析，我国国立科研机构相较于其他创新主体的特殊性体现在如下几个方面。（1）与国家关系更为紧密，由国家直接建立或资助建立。（2）在功能上类似于国家机器的一部分，其中尤以归属于国务院直属事业单位的中国科学院等为代表。（3）与其他科研机构相比，属于政府驱动型，服务于国家（政府）需求。

　　国立科研机构的特殊性在创新活动与科技成果转化中的映射表现在：（1）不同于企业科研机构的是，国立科研机构第一位的价值目标是满足国家需求，而不是市场需求；（2）不同于企业所遵循的市场规律，国立科研机构的科技成果转化要遵循国家管理与规划；（3）不同于高校的是，国立科研机构作为国家级科研设施，在组织规模、设备配置、科研实力等方面具有优势，但统筹协调与创新资源整合的难度较大。

上　篇
"拜杜规则"下的高校专利活动

第四章

上篇绪论

第一节　研究背景

在历史上，我国高校受国家资助完成的专利成果曾归国家所有，而且我国高校专利利用率低，为学者们所诟病。因此，许多学者将视线转到了国外，他们的研究中多表明美国高校专利创造和利用的成功经验值得我们借鉴，并指出美国高校专利创造和利用的成功很大程度上归功于《拜杜法案》的出台，正是《拜杜法案》提供的产权激励造就了美国高校专利创造和利用上的成功。我国于 2000 年底通过的《关于加强与科技有关的知识产权保护和管理工作的若干意见》是中国"拜杜规则"的雏形，2008 年实施的《科学技术进步法》则正式确立了中国的"拜杜规则"。但是《拜杜法案》是否促进了美国高校的专利创造和利用缺乏实证研究的直接支持。中国引进的"拜杜规则"能否适应中国的制度体系，是否促进了高校专利的创造和利用，至今仍缺乏令人信服的实证研究。

"拜杜规则"更多的是解决专利权属的问题，而仅仅是解决了权属问题，还远远不足以确保专利能够得到有效利用。美国《拜杜法案》出台后，世界经济和技术环境正不断发生变化。技术创新模式发生了从离散到集成、从无序到协同、从封闭到开放的变化，专利爆炸、专利丛林、专利集中等现象显现，专利态势和专利利用模式对高校专利利用提出了更多的挑战。如何在专利申请爆炸的年代获得产权，如何破解专利丛林，如何应对专利集中，不仅仅是企业等市场主体应当面临的问题，也是高校应当面临的问题。在这种背景下，我国高校专利相关的产权制度、科研立项制度、资助制度等也在发生着变化，这种变化能否适应新的技术环境和商业模式值得深入研究。

第二节　研究目的

专利是高校知识产出的一种重要形式。但传统的管理学研究和法学研究中，对高校专利的系统性研究较为缺乏。高校无疑是知识创造和传播的重要场所。但是高校在知识创造方面发挥的作用是加强了还是减弱了，则是一个尚无定论的话题。一种观点认为，异质性是当代科学生产的重要特点，高校不再是唯一的知识生产者。知识以多种方式被产出，比如政府实验室以及企业，高校研究只是知识产出的渠道之一。另一种观点认为，高校学术研究的地位愈发加强了。但无论如何，高校仍是知识产出的重要渠道。对专利之关注，首先在于对生产性企业和主体的关注，专利制度和专利理论的构建也基于此。因此，传统理论缺乏对高校这样的非营利主体的关注。《拜杜法案》之后，对非营利主体尤其是高校专利问题的研究开始涌现。高校越来越被期待在技术和经济发展中发挥更为直接的作用。

第一，中国"拜杜规则"是否促进了高校的专利创造和利用？

美国《拜杜法案》被认为是促进美国高校和科研机构专利申请和转化利用的重要因素。人们对《拜杜法案》的影响有以下几个方面的期待和通识：一是拜杜法案促进了专利创造，最直接的体现是专利申请数量的激增；二是拜杜法案促进了专利利用；三是拜杜法案促进了知识的扩散。然而这些认识尽管广泛传播，却带有非常大的想当然的味道。即便是在《拜杜法案》之后，美国高校专利创造和利用具有显著变化，那么这种变化（或言之成功）是否真的源于《拜杜法案》，亦缺乏有效的实证检验。因而《拜杜法案》对美国高校专利申请和专利利用的影响并非定论。

继美国《拜杜法案》之后，中国也出台了类似的制度，从法律上确认了财政资助的专利产权归属。而在这之前的一系列政策业已形成了中国"拜杜规则"的雏形。中国亦开始关注高校和科研单位等主体的专利权利归属问题。中国"拜杜规则"出台之后，我国《国家知识产权战略纲要》将大力提升知识产权创造、运用和保护能力确定为战略目标。增强我国高校专利创造、运用和保护能力，不仅是我国建设国家创新体系的重要内容，而且也是实施国家知识产权战略的重要措施。美国"拜杜规则"对高校专利利用的影响并非定论。中国通过制度上的移植能否达致高校专利利用的成功也不无疑问。中国"拜杜规则"建立之后，高校专利申请数量确实在增长，但是这种增长是否真的是源于"拜杜规则"并未得到证实。更重要的问题是，确立之后，高校专利利用效率仍然受到学者们的诟病，中国"拜杜规则"促进高校专利创造与利用的有效性也未得到过证实或证伪。本书试图对中国"拜杜规则"的实效性问题予以回答。

第二，开放式创新对高校专利活动提出哪些新问题？

在现代创新环境下，一方面是技术集成和协同的需求不断增大，另一方面从专利态势上看，技术创新"成果"数量激增，专利权人分散分布。二者之间有着难以调和的矛盾。新的商业模式在这种环境下诞生，专利经营公司等专利经营模式开始展现在我们面前。这种新的经济技术环境和商业模式业已开始对高校产生影响，改变着高校专利活动的组织形式、过程和效果，给高校专利创造和利用带来了新的机遇和挑战。

第三，高校专利制度仍在进一步地发生演化，其演化趋势如何？能否应对新的创新模式？

在"拜杜规则"这一专门制度设定的基础之上，我国高校专利制度仍在进一步地演化，专利利用越发得到重视，科研立项和专利资助更趋科学，技术发明人的权利得到更多的重视。本篇归纳我国高校专利制度创新的新特点，结合高校所面对的新的经济技术环境和商业模式，为高校专利制度深入变革提供政策建议。

综上所述，中国"拜杜规则"确立的产权激励是否能够促进高校专利的创造和利用；当前的经济和技术条件发生了哪些变化；面对当前的经济技术条件，高校应当如何进行专利工作等，是值得从理论和实证上进行探讨和证实的问题。在对上述问题进行解答的基础上，本篇提出改善我国高校专利创造和利用的建议和措施。

第三节　研究意义

一　理论意义

传统的管理经济学假定了制度的大前提，重在寻求经济世界里的普遍规律，恰恰遗漏或忽视了社会的制度结构问题。制度学派的基本观点认为，制度是经济绩效和产出的原动力，它为人的活动提供激励，规定了人活动的选择集合。与内生增长理论和竞争优势理论不同，制度学派认为经济发展、技术进步都是制度激励的结果。制度的变迁既包括制度形式上的变化，也包括其实施形式和有效性的变化。本选题受到制度经济学在中国传播的影响，也将以制度经济学常用到的整体比较分析和历史分析法，对 "拜杜规则" 在中国的传播和变迁进行评价，通过跨区域的制度变迁考察，为制度经济学理论增添新的内容。

用实证分析的方法指出产权激励对中国高校专利创造和利用的有效性，不仅是在法律实效这一法学界相对薄弱的研究领域的一个尝试；也将会丰富高校这样的非营利主体的专利活动相关理论，为产权理论提供新的解释，为高校科技管理和知识产权政策制定提供相应的理论依据。中国 "拜杜规则" 受到课题立项制度、专利资助制度、国有资产管理制度等制度的影响，结合我国的制度结构对高校专利活动实效提供理论解释。

探索新经济技术条件下的专利态势和专利利用模式对传统专利理论的挑战，探求专利爆炸、专利丛林、专利集中等现象对高校专利创造和利用的影响，这种影响也会催生 "拜杜规则" 的进一步演化。通过文本分析指出其演化趋势，不仅有利于从制度层面指导高校应对新的技术挑战，也是对开放式创新理论和专利管理理论的丰富和发展。

二　实践意义

高校不仅仅是知识创造和传播的机构和场所，更被期待在经济发展中发挥更为直接的作用。专利是高校知识产出的重要载体。在国外，高校专利政策也是技术培育和经济增长政策中的一项重要因素。

　　增强我国高校专利创造和利用能力，不仅是我国建设国家创新体系的重要内容，而且也是实施国家知识产权战略的重要措施。知识产权对于促进科技进步和经济发展具有重要意义和作用，是我国提高国际竞争力的内在需要和必然选择。高校是我国知识产权创造的主力军，在教学科研活动中会产生大量的专利成果。只有充分利用好这些专利成果，才能激发高校和相关人员的创造热情，不断提高我国的科技水平和国际竞争力。

　　知识经济分工越来越精细，知识成果的利用越来越集约化，对我国高校专利工作提出了更高的要求。高校作为高科技人才的聚集地，拥有大量的科研和创造资源，在知识产品的创造上具有比较优势；同时，知识产品的组合和聚集是现代经济和社会发展的现实需求，开放式创新、连续创新和集成创新成为技术创新的新形态。高校专利创造受财政资助完成率高，"拜杜规则"能否成功应对高校面临的专利利用难题，应当如何进一步发挥高校的创造优势，加强创新资源共享和创新合作，加速知识成果的聚合与运用，是摆在高校面前的重大课题。

第四节　主要研究内容和创新点

一　主要研究内容

本篇试图回答以下几个问题。

　　首先，"拜杜规则"促进专利创造和利用的理论和机制是什么？是否能够促进高校专利创造和利用？"拜杜规则"的确立，是为了解决产权激励不足的问题。然而，中国的高校体制下，"拜杜规则"仍然可能无法根本解决该问题。中国高校的专利申请量的不断增长，是否是由于"拜杜规则"的确立而引起的？高校专利利用率是否有变化？这种变化是否与"拜杜规则"的确立有关？

　　其次，开放式创新对高校专利创造和利用带来哪些影响？随着社会发展，专利创造和利用也正在发生着巨大的变化，专利申请爆炸、专利丛林、专利集中等现象显现，开放式创新下新的商业模式开始涌现，对高校专利创造和利用提出新的挑战。

最后,面对新的经济形势和商业模式,以"拜杜规则"为核心的高校专利相关制度发生了哪些变化?应当如何进行制度完善以更好地发掘"拜杜规则"提供的制度潜能,进一步促进高校专利创造和利用?

二 创新之处

首先,采用宏观统计数据,以全国整体和高校为对象对专利投入产出情况进行了分析。在"拜杜规则"实施之后,我国高校专利产出确实有较大增长。但利用虚拟回归分析的方法发现,全国总体专利产出和中国高校专利产出主要受科研投入因素的影响。排除研发投入因素之后,中国"拜杜规则"的实施并未能够促进高校专利产出,这是目前的研究未能揭示的,为正确评价中国"拜杜规则"提供了实证基础。

其次,以58所被调查的高校为样本,对我国高校专利利用状况进行了分析,研究发现财政资助比例与高校专利利用率呈负相关。另外,中国高校拥有的有效专利数量和专利一体化能力与高校专利利用率分别呈正相关,交易平台依赖度与高校专利利用率呈负相关。这说明我国在分配财政资助资金的时候,并没有同时保持或者增加高校的专利利用率。

再次,现代高校面临的技术创新环境和商业模式正在发生变化。通过语义分析和对比分析发现,集成创新、协同创新、创新网络等理论均是开放式创新范畴的下位概念和理论分支,开放式创新给高校专利创造和利用带来了新的机遇和挑战,并借此从组织形式、创新过程、产权归属等方面指出了开放式创新对高校专利活动的影响。

最后,通过梳理我国各个地方和部门比较具有代表性的范性文件的发展变化,指出了开放式创新环境下我国高校专利产权制度演化的趋势。发现我国以"拜杜规则"为核心的高校专利产权制度的设计中,更加重视专利的利用能力和利用效率,并通过增加对发明人(或设计人)的激励、引导创新要素向企业集中、优化专利资助等方式来促进高校专利创造和利用。这种自发的政策演化为高校专利产权制度的进一步完善提供了可选择的方案。

第五节　研究方法与本篇结构

一　研究方法

本篇采用了实证分析和规范分析相结合的方法。

本篇以统计数据和调查问卷为基础，采用回归分析的方法对高校专利创造、利用的现状和影响因素进行分析，找出我国高校专利利用效率低下的原因；采用历史分析法和比较分析法对中美两国"拜杜规则"的历史流变和社会影响进行分析和评价；并采用案例分析的方法对新型专利经营模式进行研究。因而本篇使用的方法将包含实证分析。

本篇带有一定的价值倾向，以提高高校相关管理人员对专利利用的认识，促进高校专利利用为要旨，以期推进我国知识产权战略的实施，推动我国科技水平和知识产权管理水平。将实证研究所支持的理论构想作为自然的标准和制定决策的依据，来指导和匡正高校专利实践的实然。因而本篇的研究也将使用规范分析的方法。

二　本篇结构

本篇的结构安排如下。第四章描述了本篇的研究背景、目的和意义，并对本篇的主要内容和创新点进行了总结和提炼。第五章对相关研究进行了综述，并对本篇的理论基础进行了回顾。第六章对"拜杜规则"的起源、"拜杜规则"在世界各地的传播及其主要内容、运行机制和运行概况进行了总结和分析，指出了中国"拜杜规则"下我国高校专利创造和利用的现实状况。第七章通过实证分析，考察了我国"拜杜规则"建立前后高校专利创造的变化情况和"拜杜规则"下专利利用的现状，以此为基础对我国"拜杜规则"的实效进行了评价。第八章对当今技术创新模式实践和理论发展进行了梳理和对比分析，指出了集成创新、协同创新等模式均是开放式创新下有侧重的理论提炼，并进一步分析了开放式创新环境下专利分布的态势和专利商业利用模式的变化。第九章分析了开放式创新下新的商业模式对高校专利活动的影响，考察了开放式创新下高校的专利利用效率,指出了高校开放式创新适应性的不足。第十章对最新的高校专利相关制度演化进行了梳理,指出了其适应新环境的若干制度重点和制度创新,并相应地提出了促进高校专利创造和利用的政策建议。

第五章

文献回顾与理论基础

本书的专利活动主要指专利创造和专利利用两个方面。专利创造意指进行技术发明并申请专利、获得授权的行为。当然，是否授予专利还有待于专利审查部门的审查结果，而且即使是被授权的专利也可能因为各种原因而被宣告无效。然而，根据研究的需要，专利申请量或者授权量均可以被适当地作为专利产出的数量指标进行考察。

专利利用是指专利权人对有效专利进行处分并获得利益的行为。它包括积极开发和消极利用。积极开发主要是指专利转化，包括通过实施、许可、出资或质押专利等方式获取利益，或者用作吸引投资的"市场信号"（Chari et al.，2012）。消极利用主要是指为了阻止他人未经许可而使用专利，以及专利权人通过专利侵权诉讼的方式获取利益的行为。例如，专利权人组建防御性专利，来应对潜在的专利诉讼（Hagiu，Yoffie，2013）；甚至购买劣于自己现有技术的专利，并将其搁置以遏制竞争（Le Bas，Scellato，2014）。虽然消极利用没有形成新产品、新工艺或新材料，但通过遏制竞争对手开发出替代产品来确保专利权人的垄断利润，获得间接利益。这种专利可以用于遏制竞争对手，故被称为"阻碍专利"（Chu，2010）。虽然我国高校不愿意维持"阻碍专利"，但"阻碍专利"仍可能被许可或转让给企业实施专利"阻挠战略"（Blind et al.，2009）。从专利价值的角度来看，只要能为专利权人带来市场利益，就属专利利用。当然，专利对申报各种奖励也有一定作用，对专利权人也能带来一定荣誉，但不属于专利的市场价值，故本书中予以排除。

第一节　创新模式的变化

传统的创新模式被视为是离散的、无序的和封闭的，集成创新、协同创新、开放式创新模式开始涌现。

集成创新遵循系统论的观点，强调创新要素的整体性和关联性等特点，认为整体的功能大于部分。起初集成创新仅仅指涉及一个企业组织内部的创新集成过程，注重以产品和产业为中心，后来集成创新发展到创新主体与外部主体之间互动和协同的情形。比如用户集成，供应链企业之间的创新协同和集成，甚至企业和竞争对手进行技术合作，双方也能在创新上有所收益（楼高翔等，2008）。

传统上技术创新的过程又被视为是无序的。一方面在创新主体内部，技术创新部门和其他部门各司其职，缺乏有机的协作；另一方面创新主体在各自的势力范围内追求技术创新绩效的最大化，而忽视了外部信息和资源的存在，各自之间缺乏信息沟通和技术交流。协同创新理论的提出，所针对的旧有的创新范式几乎与集成创新所基于的一样，被认为缺乏内部的系统优化和对外协作。协同创新的思想来源于协同学。协同学主要研究远离平衡态的开放系统在与外界有物质或能量交换的情况下，如何通过自己内部协同作用，自发地出现时间、空间和功能上的有序结构（白列湖，2007）。与集成创新类似，学者对协同创新的研究也分别从创新主体内部和创新主体之间展开。不过在将视角移向创新主体外部时，二者所关注的对象重心有所变化。有学者强调协同创新的组织形式，认为协同创新是一项复杂的创新网络组织方式，通过知识创造主体和技术创新主体间的深入合作和资源整合，产生系统叠加的非线性效用（陈劲、阳银娟，2012）。也有学者强调协同创新的主导机制，认为协同创新是通过国家意志的引导和机制安排，促进企业、大学、研究机构之间的协作，目的是加速技术推广应用和产业化（李道先、罗昆，2012）。

开放式创新正在被越来越多的企业所接纳。在开放式的创新理念下，研究成果能够穿越企业的边界进行扩散，企业的边界被打破了，内部的技术扩散到其他企业发挥作用，外部的技术同样被企业接收、采用（金泳锋、余翔，2008）。但是，企业的规模与其开放程度呈很强的正相关，如果是缺乏一定的内部吸收能力和创造力的中小企业，可能并不适合采用开放式技术创新，事实上，真正采用了开放式创新的企业少之又少（Lichtenthaler，2008）。企业往往更重视外部资源向内流动，而忽视了内部资源向外流动。开放式创新下，组织形式和人力资源管理更加复杂，绩效评价更加困难，如何解决创新主体地域分离和隐性知识传播之间的矛盾问题也非常棘手，隐性知识传播的地域范围会制约开放式创新的广度（Fritsch，Kauffeld-Monz，2010）。

第二节　专利态势的变化

现代技术创新环境下，开放式创新越来越受到重视。专利申请呈爆炸态势，专利丛林现象显现，专利竞争和"专利沉睡"现象并存，专利权分散分布。

如何有效实现专利转化与利用，越发成为世界性难题。传统的专利理论建立在"专利局是有效率的"的假设基础之上，专利获取和实施就像是一个运行良好的"黑箱"。事实上，专利局授予专利前不可能对在先技术进行充分的搜寻，而且法律没有对专利局授予正当的专利以适当的激励，专利局心存侥幸法院会矫正"问题专利"（Kesan，Gallo，2006）。甚至有学者认为专利局的这种漠视是理性的，相较于昂贵的搜寻成本和审查费用，劣质专利和"问题专利"带来的社会成本可能是相对较低的（Lemley，2001）。美国专利局每年要颁发15000项专利，平均下来，每项专利的审查时间仅为15—20个小时，其中不少专利又会在法庭上重新审视，并最终被宣告无效（Farrell，Shapiro，2008）。由于未能有效发掘现有技术或者技术无法适应市场需求，所以造成大量专利闲置。我国有学者认为专利闲置是由于专利技术本身或专利权人的动机存在问题（朱雪忠等，2009），专利与市场应用结合不紧密（张平、黄贤涛，2011）。

不仅仅是因为专利申请爆炸、问题专利会影响专利利用，专利的互补性、专利的制度环境和市场环境也可能会影响专利利用。有学者认为主体太多或者不能将有用的专利组装在一起，是专利难以实施和许可的主要原因（Baron，Delcamp，2012）。积累创新中众多且重叠的专利可能形成了"专利丛林"，即相互重叠的专利权形成稠密的网络，寻求将新技术商业化的企业必须获得多个专利权人的许可（Shapiro，2001）。专利丛林致使许可交易中的谈判人数增加，费用也相应增加；信息的不确定性和交易成本过高，可能导致技术市场的失灵和低效率，影响通过专利许可传播和扩散知识的速度（Fischer，Ringler，2014）。也有学者认为"专利沉睡"是制度原因，是由于各种制度条件的限制（唐要家、孙路，2006）。还有学者认为"专利沉睡"是市场原因，是专利权人市场化和专利一体化失败之后的无奈选择（袁晓东，2009）。

第三节　专利利用的方式

实现专利市场价值的方式主要有三种。第一种是专利交易，专利权人作为上游，将专利作为中间产品转让或许可给下游企业。第二种是专利权人自己实施。专利权人可以利用各种资源，将专利运用到产品或服务中，简称专利一体化（袁晓东，2009）。第三种是专利侵权诉讼。当存在专利侵权行为时，专利权人可以通过主张专利侵权赔偿而获利。然而，并不是所有专利都能够得到利用，授权专利中存在大量的非市场化专利，甚至"问题专利"（Farrell，Shapiro，2008）。

一　专利交易

交易成本理论认为，专利制度的出现就是为了降低交易成本，促进技术交易。该理论认为，作为一种技术方案，如果没有专利制度，该技术发明就无法进行有效的交易。因为如果不对该专利进行充分披露，则交易相对方无法得知该技术的内容从而对之进行评价，如果对之进行充分披露，则交易相对方业已获知技术内容，而无须再进行交易（Heald，2005）。

然而，即便如此，仍无法根本解决交易成本问题。如何搜寻、匹配相应的交易对象，并以双方满意的条件成交，仍然困扰着专利供需双方（Anne，2011）。而且，专利本身作为一种公开机制，其公开的内容非常有限，有许多默会知识无法在专利文件中得到体现。更严重的是，大多数专利文件往往根本不能传递任何有用的技术信息（Devlin，2010）。

另外，专利交易还受到交易频次和专利组合等因素的影响。专利属于专用性资产，只有当专利使用者存在着经常性许可时，才能降低交易信息的不完全性并减少"可占用性准租"（袁晓东，2009）。专利价值受到很强的互补性和专利组合的影响（Schubert，2011）。已经围绕某个产品或者某种行业建立起相关的专利组合的人，才可能成为潜在的购买人或者被许可人。为了有效解决专利交易成本问题，许多学者建议利用专利交易平台促进专利交易（唐要家、孙路，2006；方世建、史春茂，2003）。

但许多研究表明我国技术中介和经济增长之间不存在相关性（孙玉涛、刘凤朝，2005）。对浙江高校的实证研究表明，借助代理机构进行专利研发和推广对提高专利的商业价值的作用在统计上并不显著（李正卫、曹耀艳，2011）。哈古和约菲（Hagiu，Yoffie，2011）对专利中介的失败做了详细的理论阐释：要变成一个成功的中介者，企业必须克服"鸡和蛋"的问题，要吸引买卖双方参与，二者在对方缺席的情况下都不会出席；与专利局的专利信息供给相比，交易平台并不能显著地降低搜寻成本；知识产权信息的敏感性和深入接触的必要性，使得潜在的买卖双方都极不情愿揭露过多信息，以致不能够完成交易；在专利中介运行中，最终的交易价格是私人之间的商业秘密，不能创造出更大的价格透明度和市场流动性。尽管通过交易中介平台来促进专利交易看上去是颇具吸引力的，但到目前为止仍没有哪个平台能够获得重大的商业成功。

二　专利一体化

专利一体化是最传统、最直接的专利利用方式，表现为专利持有人设立公司实施专利、提供产品和服务并获得收益。运用专利勘探理论（Kitch，1977）和资产互补性理论（Teece，1986）可以解释实现专利一体化过程中可能遇到的困难。

从开始投资到申请专利，只是完成了创新的"研究"阶段；而只有对"研究"成果进行"开发"之后，才能实现最终的一体化（寇宗来，2006）。与专利一体化相关的互补性资产，包括技术性互补资产和商业性互补资产。技术性互补资产主要是指互补性专利，即可以与新专利一起使用，并且彼此之间不能替代的专利。在积累创新、连续性创新和集成创新中，都需要相应的互补性专利，甚至需要上千项专利。由一个市场主体持有或者通过交易持有全部互补性专利，几乎不可能。

三　专利诉讼

专利保护的强度和效力取决于知识产权法律制度（Aoki，Hu，1999）。在专利诉讼中存在结果不确定性、诉讼的专业性以及其他诉讼成本等问题。事实上，正如莱姆利和夏皮罗（Lemley，Shapiro，2005）所指出的，专利应当被视为或有财产权或者"射幸"财产权：被诉专利中大约50%的专利被宣告无效。在这种风险下，许多知识产权所有人宁愿在庭外和解以获取实际的经济价值而不是面对侵权诉讼巨大的机会成本。或者当存在众多被告时，会存在公共品问题：每个被告可能发现自己和解花费并不大，从而无一被告去挑战原告专利的有效性（Farrell，Merges，2004）。当然，专利诉讼不仅仅是获得收益的一种渠道，也是企业和其他主体进行市场活动的一种手段和策略。专利诉讼会产生公示效应，而且经过专利诉讼的洗礼，也表明了专利更强的有效性，对其他竞争者和潜在市场进入者形成一种告知和警示（Jeitschko，Kim，2013）。

近年来，美国出现了许多不希望实际使用专利生产产品而获取专利权，对使用其专利的制造商要求专利侵权损害赔偿的个人或企业，被称为"专利流氓"，即NPEs（McDonough，2006）。2011年，美国约有380个"专利流氓"，其中有35个拥有超过100件专利。"专利流氓"和作为目标的运营公司在过去的十年中均有显著增加。在2000年，"专利流氓"发起了近100件诉讼，针对的运营公司有500多家，而到了2010年，二者的数量增加到了超过400件和2500家（Hagiu，Yoffie，

2011)。大多数学者认为"专利流氓"具有以下特点：一是它们获取知识产权（专利）仅仅是为了从声称侵权人手中获取收益；二是它们不研发任何与它们的专利相关的技术或者产品；三是它们采取机会主义的行动，不到工业参与者做出不可返回的投资前不起诉（Lemley，2008；Schmalensee，2009)。而在我国，尚未出现这种专利公司，专利侵权举证难、受损害数额确认难是我国司法实务中常遇到的问题。抽样调查表明，我国司法实务中的专利侵权赔偿数额计算方法倾向选择法定赔偿，这一比例占所有判决赔偿案件的93.5%，平均赔偿数额仅为8.366万元（贺宁馨、袁晓东，2012)。

第四节　关于高校专利活动的文献

一　创业型高校的出现

高校无疑是知识创造和传播的重要场所。但是高校在知识创造方面发挥的作用是加强了还是减弱了，则是一个尚无定论的话题。一种观点认为，异质性是当代科学生产的重要特点，高校不再是唯一的知识生产者。知识以多种方式被产出，比如政府实验室以及企业，高校研究只是知识产出的渠道之一（Nowotny et al.，2003；Scott，2012)。另一种观点认为，高校学术研究的地位愈发加强了（Etzkowitz，Leydesdorff，2000)。但无论如何，高校仍是知识产出的重要渠道。

传统的观点认为学术和产业领域应当分别专注于它们的传统功能，比如学术应当做基础研究，而企业应当生产产品，二者之间清晰而强烈的分割已经不复存在了（Leydesdorff，2003)。高校对私人部门的创新有巨大的贡献（Adams，1990)。因此它们关于技术创造和传播的相关决策会影响经济中的创新行为（Green，1996)。

近年来，人们普遍认可高校在国家经济和科学发展方面发挥的作用（Mansfield，1991；Rosenberg，Nelson，1994)，更多研究表示将关注能够用于工业应用的高校研究成果。在三螺旋模型中，有三个相互作用的领域，高校、产业和政府，它们相互重叠，形成一个场域，而保留了各自的自主性（Ye，Susan，2013)。而创业型高校的形成有两种动力机制：一个是高校为了自身发展而扩展研究项目；另一个是在高校中加入工业研究的目标、工作实习和发展模型（Etzkowitz，Leydesdorff，2000）。更多以科学为基础的技术中，比如生物技术和计算机技术，理论和发明之间的隔阂不复存在，科学家可以同时达致两种目的：对真理和利润的追求（Ye，Susan，2013）。

学术研究在培育技术转移和经济增长中的作用，现今被视为国家科学和技术政策的重要因素（Nowotny et al.，2003）。也有人认为应当将促进工业发展这样的"第三使命"从高校的任务中剔除（Rolfo，Finardi，2014）。但是在当下，高校和产业之间的互动正在加强，创业型高校已经蔚然成风（Sauermann，Stephan，2013）。

二　高校专利利用的途径和方式

与一般的专利利用类似，高校专利利用的方式也不外乎专利交易、专利一体化和专利诉讼等几种，不过高校专利利用体现出自己独有的特征。

学界普遍认为，高校具有创造优势，但是缺乏相应的实施能力。高校对外许可其专利，必须面临交易机会和交易成本的问题，即专利供需双方如何搜寻、匹配相应的交易对象，以双方满意的条件成交，并监督和保证约定的执行（Kelley，2011）。在美国，技术转移中心是高校专利利用的重要载体，技术转移中心成为知识创造和商业利用的"技术中介"，这种组织形式俨然成为一种"组织生态"。学者对之也进行了广泛的研究。马克曼等人（Markman et al.，2005）认为相比研究者或者研究团队，技术转移中心在搜寻潜在购买者方面更有优势，因为他们有更专业化的分工和更低的时间成本。如果有专利保护，研究者也更倾向于将其技术成果委托给技术转移中心。马乔等人（Macho et al.，2007）认为，如果"技术库存"的规模足够大，技术转移中心可以在一定程度上解决信息不对称的问题。由于技术市场的特殊性，产业组织往往无法得知高校技术的质量，但是技术转移中心为了获得和保持较好的市场信誉，往往会搁置那些质量相对较差的技术，而提供质量较好的技术。这样的结果便是高校只出售较少的技术，但是成交的价格却相对会高，在重复博弈中建立起自己的信誉,相反那些"技术库存"很小的技术转移中心,则无法达到这种效果。

专利交易具有区位效应。专利引用的状况证实了知识传播的区位效应(Jaffe et al.,1993;Audretsch,Stephan,1996;Thompson,2006;Singh,Marx,2011)。亚当斯(Adams,2002)的研究指出,学术外溢比产业外溢更具有地域性。莫维利和齐多尼斯(Mowery,Ziedonis,2001)对美国大学专利传播的研究进一步指出,专利许可交易的地理区位要明显短于其被引用的地理区位,并指出这可能是由于专利交易合同的非完备性造成的。即,专利许可往往伴随着技术咨询和服务等,而这些服务无法很好地通过电话、邮件等现代网络媒体进行传播。地理区位的远近决定了这些后续沟通成本的高低,因此交易主体在同一区位更易弥补合同非完备性造成的后续沟通和技术服务等问题。

基于传统企业理论的观点,企业组织是市场机制的替代物。只有在交易成本高于组织成本的时候,进行科层化才是合适的,由企业内部更为低廉的管理成本取代交易成本(黄桂田、李正全,2002)。不过企业和市场机制的选择不是简单排斥的,无论是在市场之中还是企业内部,二者都是相互联结、相互渗透的,最终导致了企业间复杂易变的网络结构和多样化的制度安排。在对企业组织问题的理解中,有必要以市场、组织间协调和科层的三极结构替代传统的市场与科层两极结构(林闽钢,2002)。

产学研合作,就属于这样的网络结构安排(丁荣贵等,2012)。为了解决专利转化与利用问题,很多学者鼓励进行产学研合作,以促进高校创造优势和企业实施能力优势的互补。校企合作完成的专利被认为能将高校和市场有效连接起来,有效解决高校缺乏实施能力和交易成本等问题(苏敬勤,1999)。李正卫和曹耀艳(2011)的研究表明,校企合作的专利往往具有较大的商业价值,并且这一关系在统计上较为显著。

高校也会发起专利诉讼。在美国,高校专利诉讼的增长率要比整个美国专利发生诉讼的增长率高得多。1985—2000年,高校专利诉讼的增长率要比整个美国专利诉讼的增长率高三倍(Merz,Pace,1994;Somaya,2004)。但是谢恩和索玛雅(Shanea,Somaya,2007)对美国高校的研究发现，高校专利诉讼活动对高校专利许可和利用具有重要影响，专利诉讼减少了高校专利许可和利用的效率，出现这种现象的原因是高校疲于进行专利诉讼反而减少了其进行专利交易和利用的时间和资源。尽管高校持有数量可观的专利，而且很少实现专利一体化，但是高校与依靠专利诉讼获利的 "专利流氓" 并不能相提并论（Lemley，2008）。

此外，高校专利利用受技术发明人的影响也较大。拉克和香克曼（Lach，Schankerman，2008）的实证研究表明，发明人对收益的分享权不仅仅会影响研究人员的行为，而且会影响高校专利许可的收益，更高比例的分享权往往会吸引更多高产的研究人员并促生更多的发明产出和许可收益。奥德里特施、斯蒂芬（Audretsch，Stephan，1996）及朱克等人（Zucker et al.，1998）发现发明人的个体特征，比如研究成果卓著的明星科学家或者诺贝尔奖获得者，在吸引生物企业上具有显著作用。

第五节　研究述评

随着技术创新模式的变化，集成创新、协同创新、开放式创新越来越受到学者的重视。虽然学者们对上述创新模式没有统一的认识，但是都认同技术创新模式正在发生着巨大的变化。在此背景之下，专利利用的问题也愈发凸显，在实现专利利用的过程中要面临交易成本、互补性专利、专利丛林、问题专利等诸多问题。"专利转化""产业化""商业化"等词汇，均无法较完整地涵盖专利利用的方式。专利还可以被用作市场信号，用于防御策略和阻碍战略等。

专利利用的方式有多种，但最主要的方式有三种：一是专利交易，二是专利一体化，三是专利诉讼。专利保护使得技术交易中的信息悖论得到解决，但仍需要突破交易成本等问题才能实现交易，当前国内外专利交易市场均不够完善。专利一体化是最传统、最直接的专利利用方式，需要具备互补性资产才有可能实现。通过专利诉讼来实现专利价值需要相应有效的制度做保障，目前甚至出现了专门以专利诉讼为业的公司。

　　高校在经济发展中发挥着重要作用，扮演着重要的技术供给人的角色，专利利用是实现知识扩散的重要途径。一方面是技术集成和协同的需求不断增大，另一方面从专利态势上看，技术创新数量激增，专利权人分散分布，二者之间有着难以调和的矛盾。上述问题困扰着专利利用，也导致了新的专利经营模式，给高校专利利用带来了新的机遇和挑战。高校专利利用必须直面如前所述的这些问题，适应新的技术经济环境和专利经营环境。因此引发本篇的又一系列核心问题：中国"拜杜规则"能否有效满足上述环境的制度需求？还需要什么样的制度变革才能更好地促进高校专利创造与利用？以及如何实现这样的制度变革？

第六章

"拜杜规则"促进中国高校
专利活动的有效性

　　本章对中国"拜杜规则"促进中国高校专利活动的有效性进行实证分析。一方面考察中国"拜杜规则"是否促进了中国高校的专利创造：在控制了高校研发投入的资本投入和人力投入之后，对中国"拜杜规则"前后中国高校专利产出量进行对比，看"拜杜规则"是否是影响高校专利产出的因素。另一方面考察中国"拜杜规则"下，财政资助完成的高校专利是否有更高（抑或更低）的利用率。最后在实证分析的基础上对中国"拜杜规则"促进高校专利活动的实效进行评价，并对其原因作出解释。

第一节　对高校专利创造的影响

　　我国高校专利利用率低，为学者们所诟病。因此，许多学者将视线转到了国外，他们的研究中多表明美国高校专利利用的成功经验值得我们借鉴，并指出美国高校专利利用的成功很大程度上归功于《拜杜法案》的出台。人们对《拜杜法案》的影响有以下几个方面的期待和通识：一是《拜杜法案》能促进专利创造，最直接的体现是专利申请数量的激增；二是《拜杜法案》能促进专利利用；三是《拜杜法案》能促进知识的扩散。该法案甚至被《经济学家》杂志评价为"可能是在过去半个世纪中，美国国会通过的最具鼓舞力的法案"。然而尽管这些认识广泛传播，却很少能够得到实证研究的支持。在中国，很多学者在引介和评价美国《拜杜法案》的时候，仅凭专利数量和专利许可收益的增长便下结论认为《拜杜法案》促进了高校专利创造和利用，而没有剔除诸如 R&D 资本投入、人力投入等其他影响因素（南佐民，2004；宗晓华、唐阳，2012；蔡爱惠等，2011）。

继美国《拜杜法案》之后，中国亦开始关注高校和科研单位等主体的专利权利归属问题，并出台了类似的制度，先后从部门规章和法律上分别确认了财政资助的专利产权归属。中国"拜杜规则"出台之后，《国家知识产权战略纲要》将大力提升知识产权创造、运用和保护能力确定为战略目标。增强我国高校专利创造、运用和保护能力，不仅是我国建设国家创新体系的重要内容，而且也是实施国家知识产权战略的重要措施。美国《拜杜法案》对高校专利创造和利用的影响并非定论。中国通过制度上的移植能否达致促进高校专利创造和利用的目的也不无疑问。由于我国"拜杜规则"确立的时间较短，专门针对我国"拜杜规则"实效性的实证研究非常少，乔永忠和万小丽等人（2009）的研究除外。但是该研究也只是通过简单的描述性统计对"拜杜规则"前后的专利产出和交易等状况做了对比。中国"拜杜规则"建立之后，高校专利申请量和授权量确实在增长，但是这种增长是否真的是源于"拜杜规则"并未得到证实。

虽然专利作为创新产出的指标具有一定的局限性（Schwartz et al.，2012），它并不能涵盖技术秘密、计算机软件、植物新品种、集成电路布图设计等科技成果，甚至有些企业和创新主体并不愿意将某些科技成果公开以换取专利。对于高校而言，除了专利之外，还有科学论文也是非常重要的科技产出成果。但是作为相对客观的科技产出指标，专利在衡量科技产出中得到了广泛的应用，也是相对可靠的指标。而且本书目的仅限于对中国"拜杜规则"有效性的研究，作为职务作品的科技论文，其权属等问题受著作权法的约束，与"拜杜规则"无关。因此以专利作为衡量指标具有合理性。

一　理论与模型
（一）"拜杜规则"对专利产出的影响
一些学者以专利被引用的频次为指标对美国《拜杜法案》实施前后

的专利质量进行了实证研究，结果表明，《拜杜法案》之后美国高校专利的质量出现了一定的降低（Henderson et al., 1994）。其他学者通过更长期间的跟踪进一步指出，美国高校专利的质量并未降低（Sampat et al., 2003）。莫维利和齐多尼斯（Mowery, Ziedonis, 2002）通过对三所美国顶级高校的研究发现，加利福尼亚大学和斯坦福大学的专利申请和许可收益的增长主要得益于生物类专利的贡献。而这刚好发生在最高法院对查卡拉巴提（Chakrabarty）案的判决之后，该判决使得微生物、分子均被确立为可被授予专利的对象。该文章还指出，《拜杜法案》是促进高校专利申请和许可的因素，而不是决定性因素。即便是没有《拜杜法案》，上述高校仍然会扩展发明创造和专利申请活动，并且会在专利许可方面取得巨大的成功。莫维利和桑怕特（Mowery, Sampat, 2005）还指出，《拜杜法案》既可以被看作是高校专利活动增长的结果，又可以被视为高校专利活动增长的原因，自 1963 年起至 1999 年，美国高校专利占全国专利的比例就在持续增长。自 2000 年起，美国高校专利申请在所有专利申请中所占的比例不断减少（Leydesdorff, Meyer, 2010），不仅如此，高校发起的生产性企业数量也在减少（Mustar, 2007）。而对于其他设立了类似"拜杜规则"的国家而言，由于立法较晚，相应的实证研究非常缺乏（Baldini, 2009），我国亦是如此。

（二）关于专利产出的其他影响因素

专利产出不仅受到政策因素的影响，更受到研发资金投入和人力投入等因素的影响。部分学者对中国专利投入产出模型做了一定的研究。古利平等人（2006）的研究指出，中国的创新投入产出弹性很高，专利对科研资金的产出弹性系数为 0.465，而我国专利对科学家和工程师的产出弹性系数甚至高达 1.201。同时他们指出，R&D 资金和人员投入更能体现创新投入，但在他们的研究中，由于数据统计口径的问题而不得不采用科学家和工程师作为替代指标。李平等人（2007）的研究也指出国内研发资本对我国各层次的自主创新具有显著的促进作用，与古利平等人（2006）的研究不同，他们的研究中指出研发资本投入应是当前的研发资本存量，而不仅仅取决于当期的研发支出，回归分析的结果表明，研发资本的投入产出弹性最大。并且进一步指出，人力资本投入降低了国内研发资本和 FDI 溢出的国外研发对我国自主创新的产出弹性，甚至阻碍了技术创新的发展。同时，国外技术溢出对我国的自主创新有显著的阻碍作用，但主要体现为对实用新型专利申请的影响，对发明和外观设计的影响并不显著。该文认为这可能是由于发明专利技术含量较高，国内外技术差距过大，国外技术比较难以被我国企业所消化和吸收而造成的。而外观设计技术含量较低，并且外国在中国申请外观设计专利的情况也较少，因此其影响并不显著。另外，外商的资本投入对专利产出也无显著影响（王鹏、张剑波，2013）。

高校专利投入产出可能具有不同于全国专利投入产出的特点。李玉清等人（2005）指出 R&D 全时人员同科技产出相关性不显著；杨静等人（2005）的研究也指出，高校研发人员投入对专利产出没有显著影响。他们的研究还发现，高校专利投入产出中，"科技活动经费筹集"与"专利申请"呈指数关联模型的关系，但是他们的研究没有考虑到历史资本存量的影响，而只是考虑了当期的经费筹集额。

此外，专利产出可能具有滞后期效应。中国的专利包括发明专利、实用新型专利和外观设计专利三种。由于发明专利的授权要经过形式审查和实质审查，平均审查周期大约为 2—3 年；实用新型和外观设计只进行形式审查，审查周期大约为半年。[①] 葛仁良（2010）的研究表明，研发投入与发明专利授权存在 3 年期的滞后效应。但是减除审查周期之后发现，研发投入与专利申请几乎没有滞后效应（Griliches，1990）。因此如果以专利申请作为专利产出的指标时，可以不考虑创新投入与专利产出之间的滞后效应。

（三）专利产出模型

本篇通过技术投入产出模型对全国和高校专利产出进行模拟。由于我国高校面临的技术经济环境和全国整体面临的环境具有同一性，通过全国专利产出模型的参照，以确证中国"拜杜规则"是否促进了高校专利产出。投入产出分析中最常用的是道格拉斯生产函数，本篇的研究中

---

① 数据来源于国家知识产权局《我国专利审查工作实现"十二五"良好开局（上）》，http：//www. sipo. gov. cn/sipo2013/mtjj/2011/201201/t20120113_ 641342. html。

也采用该函数。以科研资金投入和科研人员投入为自变量,以专利产出为因变量,建立专利产出模型,如方程(6-1)所示。

$$P_t = A_t K_t^{\alpha} L_t^{\beta} \qquad \text{方程(6-1)}$$

其中,P_t 为第 t 期的专利产出水平。根据我国的专利法,发明专利比实用新型要求更高的创造性,其完成的难度也往往高于外观设计,因此本篇中将实用新型和外观设计的产出量折半并与发明专利产出量之和作为产出指标;同时,专利授权还受到专利审查等因素的影响,从发明人和申请人的主观状态来看,专利申请量更能体现创新主体的创造成果(Johnstone et al.,2010),因此本篇以专利申请量作为专利产出指标。A_t 为技术参数,表示第 t 期研发活动的技术水平;K_t 为第 t 期研发资本投入;L_t 为第 t 期研发人力资本投入。其中,研发资本投入为当前的研发资本存量,而不仅仅是当期的研发支出。

严格说来,上述专利产出模型是个封闭的国内专利产出模型,并未考虑国外技术溢出带来的影响。但是参考李平(2007)、王鹏和张剑波(2013)等人的研究,由于国外技术溢出对发明专利和外观设计专利并无显著影响,外商资本投入对专利产出也无显著影响,因此本研究中剔除外部影响因素,将之和其他因素统归于残差项进行考虑。同时,借鉴格里利谢斯(Griliches,1990)的研究,由于研发投入对专利申请影响的滞后期效应不明显,因此本研究以专利申请作为产出指标,忽略滞后期效应的影响。

二 实证分析

(一)数据来源和描述

本研究的数据均来自中国统计年鉴和中国科技统计年鉴,获取了1991—2013 年共 23 年的样本数据。由于"拜杜规则"只在内地有效,并不对我国的香港、澳门和台湾地区有效。因此,本篇的数据中未包含上述地区。

由于全国研发资金投入和人员投入的统计中并不包含个人的研发支出,因此本篇中关于全国专利的申请量以职务发明为指标,这样就可以排除个人申请量的影响,使得投入和产出的统计口径更加一致。当期研发资金投入采用 R&D 内部支出作为指标，并记为 I，该指标作为与研发活动最为密切的投入，最能反映研发活动的实际情况，并采用工业品价格指数对之进行平减（以 1985 年为 100）。考虑到研发资本存量对研发投入的影响，借鉴张军和王祺（2004）、达比希尔等（Derbyshire et al., 2013）的研究，采用永续盘存法分别对我国整体和高校内部研发资本存量进行估算，第 t 期的研发资本存量 $K_t = (1-\delta)K_{t-1} + I_t$，其中 δ 为研发资本的折旧率，设定其值为 5%。I_t 为第 t 年的研发支出，假定研发资本存量与研发投入的增长率相同，可求得基年 1991 年的研发资本存量 $K_{1991} = I_{1991}/(g+\delta)$，g 为 1991—2011 年研发支出的平均增长率。研发人力资本投入则采用 R&D 人员全时当量为指标。

（二）回归分析结果

对数变换不会影响原始变量之间的变化态势，而且对数变换往往可以消除异方差现象。同时，对数线性模型中每个解释变量的斜率系数测度了该解释变量对被解释变量的弹性，即该解释变量的百分比变化引起被解释变量的百分比变化，从而更真实、更直接地反映出被解释变量与解释变量之间的关系（杨静等，2005）。因此对方程（6-1）两边取对数得到方程（6-2）：

$$\ln P = \ln A + \alpha \ln K + \beta \ln L + \varepsilon, \quad \varepsilon \text{ 为残差} \qquad \text{方程（6-2）}$$

同时，用虚拟变量检测中国"拜杜规则"的有效性。由于中国"拜杜规则"在 2000 年年底出台，其发生效用的时间主要从 2001 年开始，因此以 2001 年为节点，将其作为虚拟变量 B 置入方程（6-2）。将 2001 年之前作为参照组，B 赋值为 0，表示中国"拜杜规则"未出台时的情况；2001 年和该年之后 B 赋值为 1，表示"拜杜规则"生效后的情况。得到方程（6-3）。

$$\ln P = \ln A + \alpha \ln K + \beta \ln L + \chi B + \varepsilon \qquad \text{方程（6-3）}$$

在进行回归分析时，所用的时间序列必须是平稳的，否则可能出现伪回归。因此，首先我们对各个时间序列数据进行平稳性检验。使用计量经济学观察（Eviews）6.0 软件对各变量分别进行单位根（ADF）检验。检验结果如表 6-1 所示，可以看出，对于全国专利投入产出模型和高校专利投入产出模型而言，在 5% 的显著水平下，各时间序列数据均未通过 ADF 平稳性检验，是非平稳的时间序列数据。

表 6-1　　　　　　　　　各时间序列数据平稳性检验结果

全国专利产出模型					
变量		ADF 统计量	临界值（95%）	临界值（99%）	结论
lnP	原序列	-1.362	-3.633	-4.440	非平稳
	一阶差分	-4.190	-3.645	-4.468	平稳
lnK	原序列	-1.153	-3.658	-4.498	非平稳
	二阶差分	-4.883	-3.021	-3.809	平稳
lnL	原序列	-1.006	-3.633	-4.441	非平稳
	二阶差分	-7.547	-3.030	-3.832	平稳
高校专利产出模型					
lnP	原序列	-3.632	-3.691	-4.572	非平稳
	一阶差分	-3.245	-3.052	-3.887	平稳
lnK	原序列	-3.359	-3.645	-4.468	非平稳
	一阶差分	-4.096	-3.021	-3.806	平稳
lnL	原序列	-3.408	-3.633	-4.441	非平稳
	一阶差分	-6.469	-3.012	-3.788	平稳

　　同时，进一步对各变量数据的一阶差分序列和二阶差分序列进行平稳性检验，检验结果表明：对于全国专利投入产出模型而言，在 5% 的显著水平下，因变量时间序列数据的一阶差分序列通过了平稳性检验，是一阶单整序列；在 1% 的显著性水平下，自变量的二阶差分序列通过了平稳性检验，是二阶单整序列。对于高校专利投入产出模型而言，因变量和自变量数据的一阶差分序列均通过了显著水平为 1% 的平稳性检验，是一阶单整序列。

　　对非平稳时间序列进行回归分析会产生伪回归问题，但是当两个或多个非平稳变量之间存在协整关系时，各不平稳的变量的某种线性组合却可能是平稳的，可以避免非平稳变量导致的伪回归问题。对于全国专利产出模型和高校专利产出模型而言，各自变量的时间序列是同阶单整序列，满足协整条件，运用向量自回归模型（JJ）协整方法进行检验，结果如表6-2所示。可以看出，该模型中各变量之间都存在着协整关系。因此，可以进一步对该模型进行最小二乘法（OLS）回归分析。

表6-2　　　　　　　　全国专利产出模型中各变量 JJ 协整检验结果

全国专利产出模型		
原假设（协整个数）	迹统计量（p 值）	极大特征根（p 值）
无	51.637 ***	35.327 ***
至多1个	16.310 *	16.273 *
至多2个	0.036	0.036
高校专利产出模型		
无	61.621 ***	39.510 ***
至多1个	22.111 **	21.902 **
至多2个	0.209	0.209

注：***，** 和 * 分别表示在 0.001，0.01 和 0.05 的水平上显著。

　　方程（6-3）的模型为带虚拟变量的多元线性模型，为消除专利产出模型的序列自相关性，加入自回归项 AR（1）进行分析。虚拟回归分析结果如表6-3所示。回归分析结果表明：加入自回归项 AR（1）之后，模型的 D-W 值均接近于2，表明可以消除序列自相关性。R^2 值达到 0.99 以上，模型拟合效果良好。研发资金投入对全国专利产出和高校专利产出均具有显著的促进作用。研发人员投入对全国专利产出和高校专利产出均没有产生显著影响。虚拟变量"拜杜规则"对全国专利产出和高校专利产出均未有显著影响。即在 2001 年前后，摒除投入因素的影响，高校专利产出和全国专利产出均未出现明显的增长。另外，考虑到制度实施过程中的"学习效应"，对虚拟变量"拜杜规则"产生影响的时间点向后进行为期1—2年的调整，得到的结论仍然稳定。

表6-3　　　　　　　　　　　回归分析结果

专利产出	全国专利产出模型		高校专利产出模型	
	（1）	（2）	（1）	（2）
C	-0.0637	-0.570	3.669	-1.610
LogK	0.443 **	1.178 **	0.527	2.368 ***

专利产出	全国专利产出模型		高校专利产出模型	
	（1）	（2）	（1）	（2）
LogL	1.483 ***	-0.467	2.937 *	-1.076 *
B	-0.377 **	-0.036	0.956 **	0.145
AR（1）		0.793 ***		0.752 ***
调整 R^2	0.992	0.994	0.956	0.992
D-W 值	1.364	1.692	1.144	1.549
F 值	907.555	848.791	160.978	736.650

注：***，** 和 * 分别表示在 0.001，0.01 和 0.05 的水平上显著。

（三）结果讨论

无论全国专利产出模型还是高校专利产出模型中，人力资本投入对专利产出的影响均产生了与常识相悖的结论，即人力资本投入对专利产出不具有显著影响。这与李平等（2007）、杨静等（2005）的研究结论一致。造成这种现象的原因可能是：目前中国人力资本对国内创新绩效的影响主要表现在提升进口和国外专利申请溢出的国外研发对自主创新的贡献度上。我国的人力资本水平尚未达到其促进自主创新的"门槛"。只有达到一个较高水平的人力资本，国内研发资本投入才能极大地促进我国的自主创新（李平等，2007）。在人力资本投入中，高素质人才的比例对技术创新产出具有显著影响，而研发人员数量则没有（杨静等，2005）。而对于高校而言，虽然集中了比较高质量的研发团队，但是由于高校研发人员长期处于过饱和状态，其人员组成结构比较涣散，激励机制相对缺乏，人力资本投入的数量因素并不能对专利产出产生直接的积极影响。

研发资本投入对全国和高校专利产出均具有较大的弹性，这说明我国的研发资金投入仍有较大的增长空间，可以继续通过增加研发资金投入来提高技术创新和专利产出。与古利平等人（2006）的研究结论不同的是，本篇中，研发投入对专利产出的弹性较大，这是由于本篇在指标选取中更具有针对性，选取了 R&D 内部支出而非科研资金投入或科技活动经费筹集额等更为宽泛的指标。因此本研究结论更能反映研发投入产出的现实情况，而这得益于统计年鉴等资料中统计指标和统计方法的进步。

第二节 对高校专利利用的影响

本节主要考察"拜杜规则"与高校专利利用率之间的关系。由于历史数据难以获得，无法像上一节一样，对"拜杜规则"出台前后高校专利利用的具体数据进行分析和比较。由于"拜杜规则"主要影响财政资助完成的专利成果，如果控制了其他影响因素之后，高的财政资助率对应高（或者低）的专利利用率，我们就可以对"拜杜规则"促进高校专利利用的有效性做出一定的判断。因此本节选取了一个替代方案：研究高校受财政资助情况与高校专利利用之间的关系。

一 理论与模型

对于高校而言，实现专利市场价值的方式主要有三种。第一种是专利交易，将专利转让或许可给下游企业。第二种是专利权人自己实施，利用各种资源将专利运用到产品或服务中，即专利一体化（袁晓东，2009）。第三种是通过专利侵权诉讼获得损害赔偿。然而，并不是所有专利都能够得到利用，授权专利中存在大量的非市场化专利，甚至"问题专利"（Farrell，Shapiro，2008）。本节运用专利价值理论，从专利价值实现的三种路径和专利本身的市场特性出发，通过回归分析的方法，考察高校受财政资助情况与高校专利利用之间的关系。

（一）研究假设

1. 专利交易

高校进行专利交易，面临的首要问题是交易成本，即如何搜寻、匹配相应的交易对象，并以双方满意的条件成交（Kelley，2011）。由于专利数量和规模的增长，高校可以建立更为有效的信息交流和谈判制度，产生规模效应。专利属于专用性资产，只有当专利使用者存在着经常性许可时，才能降低交易信息的不完全性并减少"可占用性准租"（袁晓东，2009）。专利价值受到很强的互补性和专利组合的影响。已经围绕某个产品或者某种行业建立起相关的专利组合的人，更可能成为潜在的购买人或者被许可人（Schubert，2011）。为了有效解决专利交易成本问题，许多学者建议利用专利交易平台促进专利交易（唐要家、孙路，2006；方世建、史春茂，2003）。

但实证研究表明我国技术中介和经济增长之间不存在相关性（孙玉涛、刘凤朝，2005）。李正卫和曹耀艳（2011）对浙江高校的实证研究表明，借助代理机构进行专利研发和推广对提高专利的商业价值的作用在统计上并不显著。哈古和约菲（Hagiu，Yoffie，2011）对专利中介的失败做了详细的理论阐释：要变成一个成功的中介者，企业必须克服"鸡和蛋"的问题，要吸引买卖双方参与，二者在对方缺席的情况下都不会出席；与专利局的专利信息供给相比，交易平台并不能显著地降低搜寻成本；知识产权信息的敏感性和深入接触的必要性，使得潜在的买卖双方都极不情愿揭露过多信息，以致不能够完成交易；在专利中介运行中，最终的交易价格是私人之间的商业秘密，不能创造出更大的价格透明度和市场流动性。尽管通过交易中介平台促进专利交易在理论上颇具吸引力，但到目前为止的实践中，我国尚未有专利交易平台获得巨大商业成功。

高校持有的专利数量越多，越能享有专业分工、经常性交易许可和专利组合带来的好处；同时本书依循大多数学者的观点，假定交易平台能够促进高校专利利用。故提出：

假设 H1a：高校专利持有量与专利利用率呈正相关。

假设 H1b：高校对专利交易平台的依赖程度与专利利用率呈正相关。

2. 专利一体化

专利一体化是传统的专利利用方式，通过实施专利、提供产品和服务并获得收益。运用专利勘探理论和资产互补性理论，可以解释高校专利一体化过程中遇到的困难（Kitch，1977；Teece，1986）。从开始投资到申请专利，只是完成了创新的"研究"阶段；而只有对"研究"成果进行"开发"之后，才能实现最终的商业化（寇宗来，2006）。与专利相关的互补性资产，包括技术性互补资产和商业性互补资产。在积累创新、连续性创新和集成创新中，都需要相应的互补性专利，甚至需要上千项互补性专利。一个高校很难持有全部互补性专利，而且缺乏专利一体化所需的制造能力和销售渠道。只有在获得了全部专利一体化资产的情况下，高校才能实现专利一体化。故又提出：

假设 H2：专利一体化能力与高校专利利用率呈正相关。

3. 专利诉讼

尽管高校持有数量可观的专利，而且很少实现专利一体化，但是高校与依靠专利诉讼获利的"专利流氓"并不能相提并论（Lemley，2008）。我国高校很少通过专利诉讼的方式获得利益。

首先，高校专利发明人或者设计人在是否提起专利诉讼中发挥着重要作用。尽管高校专利管理部门会提供相关支持，但是实践中专利发明人或者设计人往往以个人的身份面对市场竞争。由于个人缺乏法律经验和必要信息，所以缺乏提起专利侵权诉讼的积极性。作为专利权人，高校发明人或者设计人不要求诉讼的情况下，通常也不会主动提起专利侵权诉讼。

其次，是专利制度和司法实践的原因。专利保护的强度和效力取决于知识产权法律制度（Aoki，Hu，1999）。专利侵权举证难、受损害数额确认难是我国司法实务中常遇到的问题。抽样调查表明，我国司法实务中的专利侵权赔偿数额计算方法倾向选择法定赔偿，这一比例占所有判决赔偿案件的93.5%，平均赔偿数额仅为8.366万元（贺宁馨、袁晓东，2012）。此外，在专利诉讼中还存在结果不确定性、诉讼的专业性以及其他诉讼成本等因素，也会挫伤权利人诉讼的积极性。故提出：

假设 H3：专利诉讼对高校专利利用率的贡献较低。

4. 缺乏市场动因的专利

专利本身缺乏市场动因，也被认为是高校专利未能有效利用的重要原因（朱雪忠等，2009）。有些专利权人既不打算自行实施，也不寻求许可他人实施；有些专利属于授权不当而产生的"问题专利"；还有一些专利由于技术无法适应市场需求而无法得到利用。伴随着专利申请数量的剧增，缺乏市场动因的专利将普遍存在，并有不断增加的趋势。传统的专利理论建立在"专利局是有效率的"的假设基础之上，专利获取和实施就像是一个运行良好的"黑箱"。事实上，专利局授予专利前不可能对在先技术进行充分的搜寻，而且法律没有对专利局授予正当专利给予适当激励。专利局心存侥幸，认为法院会事后矫正"问题专利"（Kesan，Gallo，2006）。甚至有学者认为专利局的这种漠视是理性的，相较于昂贵的搜寻成本和审查费用，劣质专利和"问题专利"带来的社会成本可能是相对较低的（Lemley，2001）。我国高校专利受财政资助完成率较高，高校专利活动的市场参与度较低，其申请专利的动机可能缺乏市场动因。故提出：

假设 H4：高校专利受国家财政资助率与专利利用率呈负相关。

（二）研究方法

目前，我国学者对高校专利利用研究主要集中用专利转化率分析法。该方法能够初步反映我国高校专利利用的情况，但无法明确高校专利利用率低的影响因素。多元线性回归分析，可以对一个或一组自变量对一个因变量的影响程度作出判断，非常适合本研究的分析。本篇运用该方法，对专利持有量、财政资助率、专利一体化能力和交易平台依赖程度等自变量对高校专利利用率这一因变量的影响进行分析。回归方程（6-4）如下：

$$Y = k + k_1 Q + k_2 L + k_3 U + k_4 D + k_5 S + e \qquad 方程（6-4）$$

上式中，k 为常量，e 为残差，k_i（i=1-5）为系数。

二　实证分析

（一）变量描述

本研究用问卷调查的方法收集数据并对变量赋值。

高校专利利用率-Y。在问卷中设置选项，请高校专利管理人员对专利利用率进行估计和选择，并鼓励有条件的高校报告具体的比例值。对于报告了具体比例值的，我们保留原数据，对于估算值的数据按照选项的范围取中值。

高校专利持有量-Q。在问卷中设置填空题请高校报告具体数值，并利用国家知识产权局公布的数据与之进行核对。

财政资助率-L。使用与专利利用率 Y 一样的方法进行取值。

专利一体化能力-U。按照高校以专利出资设立公司的意愿强度和实施情况列为四等级数值。其中 1 代表没有一体化意愿，2 代表有一体化意愿但没有实施，3 代表有一体化意向并且已实施，4 代表已实施一体化并取得良好效果，即专利一体化能力依次增大。

交易平台依赖程度-D。按照高校依靠中介机构的意愿和效果，列为四等级数值。其中 1 代表不依赖，2 代表想依赖但没有找到合适的机构，3 代表依赖但实施效果不好，4 代表依赖并取得良好效果，即交易平台依赖程度依次增强。

专利诉讼能力-S。根据高校是否将专利诉讼作为取得收益的方式判断高校是否具有专利诉讼能力。根据问卷统计结果，只有 1 所高校将专利诉讼作为其获得收益的方式，因此多数高校专利诉讼能力赋值为零，专利诉讼对高校专利利用的影响可以排除。从而在回归分析中剔除这一变量，但借助描述性统计数据，对高校专利诉讼的情况进行讨论。各变量定义如表 6-4 所示。

表 6-4 变量定义

变量类别	变量名称	变量取值方法说明
因变量	专利利用率-Y	根据高校问卷填报选项范围取中值，对于填报了具体比例的，保留原值
解释变量	专利持有量-Q	高校填报数值
	财政资助率-L	同 Y
	专利一体化能力-U	按照专利出资设立公司的意愿强度和实施情况为替代指标，列为四等级数值
	交易平台依赖程度-D	按照高校对专利交易平台的依赖程度，列为四等级数值

(二) 样本与数据来源

为了了解我国高校专利利用情况，教育部科技发展中心向专利数量较多的高校，下发了教技发中心函〔2011〕17 号问卷调查。共发出问卷 101 份，回收问卷 87 份，其中 985 高校 27 份，211 高校（非 985）35 份，其他高校 25 份。虽然问卷调查涉及许多问题，但本研究仅选取问卷中关于专利持有和利用情况的数据进行分析。根据本研究对变量的定义和要求，在回收的 87 份问卷中，共收集 58 份有效问卷。在 58 份问卷中，985 高校 18 份，211 高校（非 985）25 份，其他高校 15 份。按地区划分，东部地区院校 43 份，中部地区院校 5 份，西部地区院校 10 份。样本描述如表 6-5 所示。

表 6-5 样本基本情况

高校类别	985	211（非 985）	其他	合计
样本总数（份）	27	35	25	87
回归分析样本数（份）	18	25	15	58
东部（份）	14	16	13	43
中部（份）	2	3	0	5
西部（份）	2	6	2	10

（三）变量描述性统计与相关分析

在调查中，我们发现近六成的高校表示其专利的利用率不足 10%，超过九成的高校认为自己的专利利用率不超过 30%。被调查高校整体的专利利用率约为 18%。

表 6-6 列出了主要变量的描述性统计和相关分析结果。从表中可以看出，高校专利利用率 Y 与专利持有量 Q、专利一体化能力 U 分别呈正相关，高校专利利用率 Y 与财政资助率 L、交易平台依赖程度 D 分别呈负相关。其中，除交易平台依赖程度 D 外，各解释变量与因变量相关系数均达到显著水平。但是将其他解释变量作为控制变量，得出交易平台依赖程度 D 与因变量专利利用率 Y 的偏相关系数为 -0.278，显著性水平为 0.04。

表 6-6 主要变量描述性统计与皮尔森（Pearson）相关系数

	均值	标准差	1	2	3	4	5
1Y	0.12388	0.113219	1				
2Q	1077.59	1531.594	0.371**	1			
3L	0.76207	0.199409	-0.369**	-0.068	1		
4U	2.41	1.200	0.322*	0.120	-0.139	1	
5D	2.93	1.566	-0.033	0.086	-0.153	0.416**	1

注：** 在 0.01 水平（双侧）上显著相关；* 在 0.05 水平（双侧）上显著相关。

（四）回归分析

表6-7列出了回归分析的结果。各变量方差膨胀因子（VIF）值均小于1.3，在接受范围内，各变量之间没有共线性。且调整后的R^2达到了0.30，模型拟合良好。其中，专利持有量、专利一体化能力对专利利用率的影响均为正，显著性水平均为0.01。而财政资助率和专利交易平台的依赖程度对高校专利利用率的影响均为负，显著性水平分别为0.01和0.05。假设H1a、H2、H4通过验证，接受原假设；假设H1b未通过验证，拒绝原假设。需要指出的是，财政资助率对高校专利利用率的影响并不代表财政资助率对社会福利的影响，财政资助的社会福利效应如何不是本书讨论的话题。

表6-7 回归分析结果

因变量：专利利用	标准化回归系数	VIF
常数	—	—
专利持有量（Q）	0.329**	1.019
财政资助率（L）	−0.338**	1.033
一体化能力（U）	0.342**	1.228
交易平台依赖程度（D）	−0.225*	1.225
R^2	0.349	—
调整R^2	0.300	—

注：** 在0.01水平上显著相关；* 在0.05水平上显著相关。

（五）结果讨论

高校对专利中介的依赖程度与专利利用率呈显著的负相关，假设H1b没有得到验证。一种可能的解释是：我国专利中介机构的发展尚处于起步阶段，尚未取得良好的学习效应和规模效应。本研究选取的样本主要为在我国排名靠前的高校，这些高校的专利管理能力可能比许多专利中介更强。这与哈古和约菲（Hagiu，Yoffie，2011）对专利中介的研究结论是一致的。从实证分析结果来看，那种认为通过利用专利中介来促进高校专利利用的观点是值得商榷的。

问卷调查中，在回答"继续维持专利"的实质性决策问题时，

13.8%的高校表示该决策由学校和发明人共同作出；65.5%的高校明确表示该决策由发明人做出，剔除无效问卷，这一比例将达到74%。可见，我国高校专利决策的原动力在于职务发明人或设计人。在被访高校中，只有1所高校表示将起诉专利侵权行为作为利用专利的方式。我国高校专利诉讼对专利利用率的贡献接近于零，验证了假设H3。

值得说明的是，高校专利利用率与财政资助率呈负相关，但不是说财政资助本身降低了高校专利利用率，更不是说要降低或者取消财政资助。实证研究的结论表明，我国在分配财政资助资金的时候，并没有同时保持或者增加高校的专利利用率，这说明财政资助的结构有待进一步优化。

第三节　对中国"拜杜规则"
激励的评价

本章通过对专利投入产出的研究发现，"拜杜规则"前后，中国整体专利产出和高校专利产出都发生了巨大的变化。这种变化可由研发资金的投入进行较好的解释。被赋予厚望的"拜杜规则"，并不是促进中国高校专利产出的原因。另外，实证研究结果表明，被调查高校整体专利利用率约为18%。高校拥有的有效专利数量和专利一体化能力分别与高校专利利用率呈正相关；财政资助比例与交易平台依赖度分别与高校专利利用率呈负相关。

可见，"拜杜规则"并非是促进高校专利创造的原因，高校专利受国家财政资助比例与高校专利利用率呈负相关。这都说明了"拜杜规则"的实施效果并不理想，并非之前学者们期待的那样。对出现这种现象的原因，本篇从以下几个方面进行分析：一是高校专利产出机制的影响；二是"拜杜规则"出台之前，我国债权制度下的产权安排。

一　高校专利产出机制的影响

高校研发项目主要包含基础研究、应用研究和试验发展三大方面。高校历来重视基础研究，其承担的国家重点基础研究发展规划项目、国家自然科学基金面上项目、国家自然科学基金重点项目、国家自然科学奖项目均占到全国的六成或六成以上。在高校中,这些基础研究支出占到了 R&D 内部支出的四分之一左右,而且有不断增长的趋势。① 而这些基础研究并不以实施利用为直接目的。"拜杜规则"提供的产权安排为专利成果的开发运用提供了私有权基础。从理论上讲,这种激励更适合对应用性和试验发展性研究进行激励,而对基础研究并不能产生直接的促进作用。

高校申请专利的根本动力来源于对发明人的激励。但是由于长期以来,作为与高校专利具有最密切联系的发明人——教职工而言,专利产出是对高校中发明人一个重要的考核标准。发明人完成技术方案的动力则往往是完成科研任务和职称的评定与升迁。"拜杜规则"虽然为发明人许诺了获得奖励和报酬的权利,但是由于法定的奖励非常有限,而获得报酬则需要专利许可或者实施之后才能实现。现实中大量的专利由于各种原因无法得到利用,更谈不上发明人获取报酬的权利的实现。"拜杜规则"提供的潜在收益无法从根本上改变职称和课题制度对发明人的激励。

高校专利产权结构中,所有权人和发明人相分离是常态。即高校教职工往往是发明设计人,而高校是专利申请权人和专利所有权人。教职工作为发明设计人享有署名权,还享有获得奖励和报酬的权利;而高校作为所有权人享有申请专利,以及处分和收益等权利。这种产权结构导致了专利申请、利用的决策权和报酬获取权的分离,弱化了发明创造人的利益激励。中国高校的性质决定了"拜杜规则"确立的产权制度无法对作为专利申请权人和专利所有权人的高校形成真正的激励。另外,中国高等院校几乎全部为公立院校。高校的公立性质决定了其经费大多数来源于国家拨款和其他公共渠道,而通过自身的商业化努力获得收入并不能给高校的管理者带来十分有效的激励。高校管理人作为公共事务的代理人对专利产出的激励并不敏感。

---

① 数据来源:教育部科技发展中心,http://www.cutech.edu.cn/cn/index.htm。

二 债权制度下的产权安排

制度的变迁既包括制度形式上的变化，也包括其实施形式和有效性的变化。"拜杜规则"的核心是产权，明晰且合理的产权初始界定，有利于资源的合理配置。然而在产权制度不变的情况下，资源利用的最佳方案也可以自然生产出来。产权学派的基本观点认为，如果契约自由，且交易成本为零的情况下，社会资源总能得到最优配置。

而产权和契约作为民事基本法的最核心的两大内容，其历史地位曾发生过巨大的变迁。《所有权在资本主义生产组织中的作用——卡勒尔对资本主义与私法研究的贡献》中指出，社会的变迁中，法律制度并未有本质的变化，但其社会作用和社会现实却发生了巨大的变化，这正是由于债权制度的优越性决定的（我妻荣，1999）。债权和契约制度为产权制度配置资源方面的不足起到了良好的调剂作用，甚至起到了主导作用。在"拜杜规则"出台之前，中国的《技术合同法》早已在1987年确立（现已被2001年实施的《合同法》取代），技术开发合同和其他技术合同为高校和资助人——政府，进行自由协商从而确定更有效率的专利权属提供了制度前提。事实上，1994年原国家科学技术委员会颁布的《国家高技术研究发展计划知识产权管理办法》正是在合同法的制度框架下，确立了国家机构作为委托方，项目承担单位作为研究开发方，双方自由约定研发成果权属的产权机制。正如诺思和托马斯（1999）所指出的那样：有的制度安排无须改变现行所有权便可以创造出来，有的包括在新所有权的创造过程之中；有的制度安排由政府完成，有的则是自发组织起来的。

三 产权激励效果的归因

高校申请专利的根本动力来源于对发明人的激励。但是由于长期以来，作为与高校专利具有最密切联系的发明人——教职工而言，专利产出是对高校中发明人一个重要的考核标准。发明人完成技术方案的动力则往往是完成科研任务和职称的评定与升迁。"拜杜规则"虽然为发明人许诺了获得奖励和报酬的权利，但是由于法定的奖励非常有限，而获得报酬则需要专利许可或者实施之后才能实现。现实中大量的专利由于各种原因无法得到利用，更谈不上发明人获取报酬的权利的实现。"拜杜规则"提供的潜在收益无法从根本上改变职称和课题制度对发明人的激励。

但是就此否定"拜杜规则"的价值也是不值当的。因为"拜杜规则"下，高校享有独立的专利产权给潜在的被许可人提供了一种可能，即获得高校发放的独占许可的可能。因为在"拜杜规则"之前，由国家享有专利权，这是一种非常缺乏效率的制度安排。如果政府严格保护其产权，那么如果潜在的许可人想要获得实施专利的许可，都要和政府机构进行谈判，很难想象一个政府机构如何能管理好如此之多的专利并与众多专利需求人进行谈判；同时，这种模式下寻租行为也可能时常发生。如果政府漠视该产权或者无偿提供给大众使用，则会导致另外一种极端的后果。即由于缺乏独占经营的保障和激励，结果潜在的使用人均由于惧怕对手的模仿而形成专利闲置和浪费。

因此如何进一步挖掘"拜杜规则"提供的潜在制度激励，促进高校专利的转化利用是当务之急。高校专利产权不仅仅是归谁所有的问题，更重要的是在明确了专利产权归属之后，如何优化产权结构、进行权力下放，实现对发明人的激励。如2012年武汉市人民政府出台的《促进东湖国家自主创新示范区科技成果转化体制机制创新的若干意见》中，就鼓励在不改变高校专利产权结构的前提下，当高校未能及时实现专利利用时，赋予发明人自主实施成果转化的权利，并提高这种情形下发明人的利益分享比例。这正是对"拜杜规则"下高校专利产权结构调整的初步尝试。另外，"拜杜规则"是基于市场逻辑的产权机制，而科研体制是基于行政管理和政府导向的计划机制。如何调整科研立项机制和评价体制，实现科研机制和市场机制的对接，也影响着"拜杜规则"功能的发挥。尤其是对于应用型科研项目，从立项开始就应当引入企业参与的市场机制，吸引企业参与立项、进行研发和推广应用。

至此，本书的分析仍停留在高校自身，对高校所处的社会经济环境缺乏考虑，除了对"拜杜规则"下资助制度和高校产权制度本身的考虑外，还得考虑技术创新环境、专利商业模式的变化等外部因素的影响。"拜杜规则"能否满足新环境下的制度需求，可能是影响高校专利活动更深层次的原因。因此下一章对技术创新环境和专利商业模式的变化进行考察和分析。

第七章

高校专利利用
面临的新环境

第一节　技术创新模式的变化

创新的经济学意义由熊彼特率先提出，意指把一种从未有过的生产要素和生产条件的"新组合"引入生产体系，在数学表达上体现为一种新的生产函数。这种定义表明了创新结果对企业产出能力的影响，却无法为我们演绎创新本身的发生过程。创新包括管理创新、组织创新、制度创新、文化创新等方面的内容，技术创新只是创新谱系中的一支。对创新模式的探寻也是近几十年的事情。

20世纪至今被称为是知识爆炸的时代。近几十年的知识累积比人类社会几千年的积累还要多。在这期间，技术创新的环境和技术创新的模式也在发生着变化。技术创新和发明不再以劳动人民在社会实践中的偶然发现为主，而是由专业的研发组织来完成，技术创新成为专业的社会分工；创新主体从单个的自然人转化为企业组织、组织联盟和网络；技术创新和科学技术之间的联系越来越紧密，很多行业诸如高分子等技术和科学成为统一体；技术的市场化程度更高，商品化周期缩短；政府对技术创新高度重视，积极参与技术竞争，实施国家知识产权战略等。与此同时，在学术界，集成创新、开放式创新、协同创新、创新网络等概念和模式先后被提出。当然这些创新理论也不仅仅指涉技术创新，但不可否认的是技术创新是它们共同关注的核心内容。从创新的动力机制上看，技术创新又被划分为技术推动型、需求拉动型、交互型等模式。

"范式"由美国科学哲学家库恩最早使用和推广。它是一种对本体论、认识论和方法论的基本承诺，指科学家集团所共同接受的一组假说、理论、准则和方法的总和。这些东西在心理上形成科学家的共同信念，是从事某一科学的研究者群体所共同遵从的世界观和行为方式。基于范式的变革，则呈现出不同的研究图景。"科学革命"的实质，一言以蔽之，就是"范式转换"（张文显、于宁，2001）。对"范式"最初的使用范围仅限于科学哲学领域。也许令库恩本人也始料未及的是，"范式"一词在使用的过程中远远超出了其原有的语义界定，而被用于各个领域。如果说库恩的科学范式更多的是一种抽象的哲学思辨概念的话，那么此后的范式概念就逐渐地向现实世界演进，范式被赋予了"典型模式"的意义。在创新领域，也出现了这种用法，范式已经在更多意义上是模式、模型或者说图景（郭斌、蔡宁，1998）。本书在后一种意义上使用"范式"，但是令人遗憾的是，即便是在后一种意义上使用"范式"，人们对技术创新范式的理解和使用也呈现出太过繁杂的态势。

一 从离散到集成

传统上技术创新的过程被视为离散式的，而离散式创新也至少包括两层含义：一方面是指创新活动是独立的，每一个创新都是一个完整的意义探索，达致某种有效的积极结果；另一方面是指创新可以在单个企业或者市场主体内部完成。而各个主体之间则无须在创新方面进行整合和协作。由于现代技术的复杂性，某项产品往往需要集中企业内部和外部大量技术成果。传统的离散式创新无法使得企业内部创新资源得到有效组合和利用，忽视了企业外部的信息和资源，无法有效应对市场竞争，因而被逐渐抛弃。而数学规划原理和优化设计的发展、计算机辅助工具的使用，则使得集成创新具备了形成的条件。

集成创新遵循系统论的观点，强调创新要素的整体性和关联性等特点，认为整体的功能大于部分。集成创新由伊恩斯蒂和韦斯特（Iansiti, West, 1997）首倡，集成创新的意义也在不断演进。起初集成创新仅仅指涉一个企业组织内部的创新集成过程，注重以产品和产业为中心，使"各种单项和分散的相关技术成果得到集成"（徐冠华，2002）。但是要实现技术集成，则需要着眼于创新的客体、主体和平台上，通过对技术要素、研发人员和研发平台等诸多要素的集成实现技术集成（张华胜、薛澜，2002）。需要指出的是，集成创新不仅仅涉及技术创新，它的语境范围超出了技术创新本身，还包括技术与其他要素的集成，比如制度创新、组织创新、产品创新等。

后来集成创新发展到创新主体与外部主体之间互动和协同的情形。比如用户集成，它强调企业和市场之间的相互适应和相互学习，旨在促进用户信息和企业产品开发之间的相互匹配。重视供给与需求之间的匹配，通过开放的产品建构和企业互动模式来集成各种各样的技术资源，以获得更好的产品开发绩效和更快的生产率提高（慕玲、路风，2003）。再如供应链企业之间的创新协同和集成，则强调企业对其外部知识网络、价值网络的适应。甚至企业和竞争对手进行技术合作，双方也能在创新上有所收益（楼高翔等，2008）。区域产业集群更被视为是集成创新的一种典型模式。

按照哈耶克的秩序观，技术创新在一定程度上也是"人之行为而非设计"的市场秩序的结果。尤其是针对复杂的创新活动而言，更是如此。不过集成创新理论下则恰恰蕴含了一种较强的主体意识，即出于某个市场主体的"集成"意愿而从事创新活动，体现了较强的现代理性精神，但一定程度上忽视了技术的市场化演进过程。总之，集成创新本身是一个意义不断丰富的概念，它既包含市场主体独自创新的情形，也包括各个主体之间相互协作的情形。而市场主体之间的相互协作又把我们引入协同创新和开放式创新的语境下。

二　从无序到协同

协同创新的思想来源于协同学。协同学主要研究远离平衡态的开放系统在与外界有物质或能量交换的情况下，如何通过自己内部协同作用，自发地出现时间、空间和功能上的有序结构（白列湖，2007）。与集成创新类似，学者对协同创新的研究也分别从创新主体内部和创新主体之间展开。不过在将视角移向创新主体外部时，二者所关注的对象重心有所变化。

在创新主体内部资源整合方面，既有的理论中对集成创新和协同创新的描述并没有显示出二者有何不同点，都强调系统论的应用和"1＋1>2"的创新结果。具体而言，学者们的研究从协同主体和协同对象方面展开。协同主体方面，陈劲等（2006）对企业集团内部子公司之间的相互协同进行了研究；王琛等（2004）也指出企业组织结构的调整与优化是企业获得协同的一种重要途径。协同对象方面，学者则强调创新主体内部的技术、战略、组织、文化、制度、市场等各关键要素的协同问题（郑刚、梁欣如，2006）。可见，学者们倡导的集成创新和协同创新，在企业内部的语境下，并没有本质的差别。

而在对外协作方面与集成创新不同的是，协同创新理论下，对创新主体的关切更为广泛，不再拘泥于某一创新主体，而是更加重视各个创新主体的独立性和在创新活动中的相互作用与各自的收益。除了站在某一创新主体立场上，强调技术创新与市场环境的协同（陈劲、王方瑞，2006）；企业与其客户群体和供应链企业的相互适应也被重视（解学梅，2010）；也有人从产业角度和区域角度考察创新主体之间的协同（许彩侠，2012）。

协同效应说明了系统自组织现象的观点（白列湖，2007）。可以说，协同学在初始意义上更是描述式的或者解构式的，而非建构式的。换言之，技术创新协同效应是出于某种超理性设计范围的产物，是人之理性行为在市场结构中碰撞和汇聚的结果。但随着其应用范围不断从自然科学向社会科学渗透，协同被赋予了更多的构建理性的精神。尤其是在我国，目前对协同创新的关注主要集中在产学研合作的领域。在认识论的角度，更强调国家作为引导人和资助人的理性力量，体现出强烈的理性构建主义的思想印记。由于我国高校科研活动所遵从的评价机制和激励机制与市场机制之间的分野，高校与企业之间的合作与创新被认为缺乏协同和整合，高校技术成果与市场需求脱轨，无法得到有效利用。在此背景之下，对协同创新的强调主要出于政治导向性的号召（张力，2011）。有学者强调协同创新的组织形式，认为协同创新是一项复杂的创新网络组织方式，通过知识创造主体和技术创新主体间的深入合作和资源整合，产生系统叠加的非线性效用（陈劲、阳银娟，2012）。也有学者强调协同创新的主导机制，认为协同创新是通过国家意志的引导和机制安排，促进企业、大学、研究机构之间的协作，目的是加速技术推广应用和产业化（李道先、罗昆，2012），这种观点更为协同创新增添了几分构建理性的色彩。更多的学者是直接进入协同创新的话语之下，探求协同创新的方法、绩效等（杨洪涛、吴想，2012；吴荣斌、王辉，2011），而对协同创新本身缺乏检视，更缺乏对各种创新模式的比较。

三　从封闭到开放

传统上的技术创新还被认为是封闭式的，即创新活动是在市场主体内部完成的。不仅仅技术创新的产生是基于内部资源的利用和整合，产品开发、市场化运作都是这种封闭式环境下的产物。封闭式创新视野下，重视企业对产权的所有权和控制力，强调企业的核心竞争力，企业所拥有的异质性资源是其竞争优势和持续创新的来源（Barney，1991）。增加企业产出和绩效的时候更注重企业的规模经济和范围经济（Chandler，1990），但是却忽视了由其他机构和个人持有的外部资源。更令人震惊的是，许多以创新著称的老牌企业并未从其创新活动中收益，大量的创新成果积压在企业内部，或随着核心员工的流失而废弃，不能及时通过商业化途径获利（葛秋萍、辜胜祖，2011）。更有高校和科研机构等单位和个体发明人持有大量的技术创新成果而未得到充分利用，创新资源的向外流动同样非常重要。

从 20 世纪 90 年代末开始，封闭的创新模式开始发生变化，开放式创新正在被越来越多的企业所接纳。在开放式的创新理念下，研究成果能够穿越企业的边界进行扩散，企业的边界被打破了，内部的技术扩散到其他企业发挥作用，外部的技术同样被企业接收、采用（金泳锋、余翔，2008）。开放式创新由哈佛大学亨利·切萨布鲁夫（Chesbrough，H.）首倡。该理论认为，当代的技术创新环境下，很少有企业能够独自占有所有的创新资源，或者具有完备的创新能力。创新主体需要在广阔的市场中寻求互补性创新资源、进行合作。现代市场条件下，各个学科和技术领域之间的交叉和融合不断加强，技术人才在各组织之间的流动和交换不断加大；学术机构研究和企业之间的联系加强；技术创新的复杂程度提高，创新风险也在加大，风险投资迅速发展。为了有效利用资源，开放式创新成为创新主体的新选择。在开放式创新语境下，企业通过购买专利、技术所有权；委托研究机构进行项目研究和技术开发；成立研究联盟和产权联盟来开发、利用外部资源，甚至为了占有或控制某项关键资源而成立合资公司或者进行公司兼并。朗讯科技、IBM 和陶氏化学等公司每年的技术许可收益超过 1 亿美元。2011 年 7 月，苹果、微软、索尼等公司联合出比谷歌更高的价格——45 亿美元购买了甲骨文公司 6000 个专利和专利申请权。而后，谷歌先是购买 IBM1000 个专利，然后又出价 125 亿美元购买摩托罗拉 17000 个作为回应。这些现象表明，开放式创新业已成为现代企业技术开发和商业运营的重要模式。

随着开放式创新活动的深入发展，人们对开放式创新的认识也在不断地深化。尽管起初对开放式创新的研究着力于关注大型企业，但新近的研究发现，开放式创新也被中小企业所采用。利希滕特勒（Lichtenthaler）通过对德国、奥地利和瑞士的中小企业和大企业调研发现，32.5% 的被调研企业某种程度上介入了开放式创新。值得指出的是，企业的规模与其开放程度呈很强的正相关，如果是缺乏一定的内部吸收能力和创造力的企业，可能并不适合采用开放式技术创新。企业往往更重视外部资源向内流动，而忽视了内部资源向外流动。而且开放式创新可能存在一些负面效应。甘巴德利亚（Gambardella）指出，企业的开放度与创新绩效之间呈倒 U 形的关系，过度搜索外部资源和机会可能会稀释企业的创新能力，影响创新绩效。陈钰芬等人进一步指出，科技驱动型产业的企业，开放度对创新绩效呈倒 U 形的关系，而经验驱动型产业的企业，开放度与创新绩效线性正相关。

另外，开放式创新有利于解决技术创新悖论的问题。市场上的技术领先者尽管有着行业开创者的美誉和竞争优势，但随着产品创新和新行业的出现，早期进入者和技术领先者往往会落下风，而大量的后期进入者却取得了后来者居上的后发优势。由于知识本身存在溢出效应，市场博弈的结果往往是谁也不愿意领先创新。开放式创新和产权分享可以促成市场竞争主体的合作，从而解决这种技术创新的悖论，共享知识溢出带来的收益（吴先华、郭际，2007）。

第二节　技术创新模式的评价

一　技术创新模式的比较与统合

从上文的分析可以发现，集成创新如果跳出了创新主体内部资源和要素集成的范围，则必然走入开放式创新的语境之下。同时，所谓的创新主体自身对内部各个创新要素的集成也并不是一种新的创新模式，而是人们对固有的创新过程的一种新的、更显性化的认识而已。即创新主体对内部要素的组合利用是一以贯之的，只是在现代环境下，集成的需求和程度都更高而已。换言之，集成创新的理论只有在向外集成的情形下才更具有理论价值。而作为一种创新模式，它显然忽视了创新活动的其他主体，也忽视了创新活动的非线性特征。

对于协同创新而言，如果仅仅指涉创新主体内部的组织和要素协同，其意义与内部集成创新并无二致。而创新主体之间的协同则必然是在开放式创新的语境之下。创新主体之间的协同本身并不像集成创新那样体现出强烈的构建理性色彩。产学研协同创新则在一定程度上体现了对创新过程的秩序化和目的性需求，是开放式创新模式下一种构建理性式的尝试，是调控之手的延长和调控力度衰减的政府理性的系统性努力。但是集成创新和产学研协同虽然均具有较强的构建理性特色，二者的出发点和关注的主体范围却不同，前者因循企业的市场逻辑，后者因循政府的调控逻辑，而开放式创新则并不体现这种价值偏好，可以毫无偏倚地统合二者。

还有学者将创新网络也视为一种创新范式（沈必扬、池仁勇，2005）。基于传统企业理论的观点，企业组织是市场机制的替代物。只有在交易成本高于组织成本的时候，进行科层化才是合适的，由企业内部更为低廉的管理成本取代交易成本（黄桂田、李正全，2002）。不过企业和市场机制的选择不是简单排斥的，无论是在市场之中还是企业内部，二者都是相互联结、相互渗透的。最终导致了企业间复杂易变的网络结构和多样化的制度安排。在对企业组织问题的理解中，有必要以市场、组织间协调和科层的三极结构替代传统的市场与科层两极结构（林闽钢，2002）。产学研合作就属于这样的网络结构安排。这种看法确实看到了开放式创新模式下创新的主体间的相互关系和组织形式，但是仅仅以主体之间的关系来界定创新模式远远不如开放式创新这个词语的含义更为广泛。

另外，从语义学的角度看，在学者们的行文和用词中我们也可以常常看到对集成创新、协同创新和创新网络的交叉使用、共同使用和替代使用。如《集成创新的范式演变：从个体创新到供应链技术创新协同》一文，就将协同创新视为集成创新的一种类型（楼高翔等，2008）。这不仅仅是因为几者语义上的关联与涵摄，也因为几者本身就有相仿的内在实质。这也更体现了对现有理论进行统合的必要性和紧迫性。

总结上述多种技术创新理论可以发现，开放式创新较好地综合了所有创新模式的特点，能够较好地整合上述所有理论成果。而集成创新、协同创新和创新网络等理论皆是在开放式创新下的一种有侧重的理论探索，为开放式创新注入了新的内容和活力，但却难以担当"范式"这一称谓。开放式创新乃当下技术创新的一种"范式"。

二 开放式创新的局限性

不过，虽然开放式创新范式能够统合上述理论，在理论上起到提纲挈领的作用，但并不是说开放式创新是唯一的技术创新范式，更不是说开放式创新是当下创新主体的唯一选择。对企业和创新主体内部资源的重视和整合也同样重要。内部创新能力和外部资源的获取是互补关系而非相互替代的关系（Poot et al.，2009）。

开放式创新"范式"的采用并不是一个简单的决策和选择能够决定的，它需要相应的组织内部结构和市场环境等诸多因素的匹配。企业的规模与其开放程度呈很强的正相关，如果是缺乏一定的内部吸收能力和创造力的中小企业，可能并不适合采用开放式技术创新，事实上，真正采用了开放式创新的企业少之又少（Lichtenthaler，2008）。企业往往更重视外部资源向内流动，而忽视了内部资源向外流动（Kock et al.，2008）。开放式创新下，组织形式和人力资源管理更加复杂，绩效评价更加困难，解决创新主体地域分离和隐性知识传播之间的矛盾问题也非常棘手，隐性知识传播的地域范围会制约开放式创新的广度（Tritsch，Kaaffeld-Monz，2010）。开放式创新"范式"的采用，需要更加流畅的知识产权转移市场。每一件技术成果都不同程度地要求具备新颖性和创造性。由于这种特性，技术成果并不能进行标准化生产和交易，其交易也多是点对点的，即技术提供者和技术需求者往往直接交易或者借助中介平台进行交易，缺乏流通环节，但这又要耗费巨大的交易成本。

而且开放式创新可能存在一些负面效应。企业的开放度与创新绩效之间呈倒 U 形的关系，过度搜索外部资源和机会可能会稀释企业的创新能力，影响创新绩效（Berchicci，2013）。同时，开放式创新的范式下，由于技术成果的共同享有和技术许可中的权利保留等原因，创新成果商业化所需要的专属性可能会受到影响（Arora，Gambardella，2010）。在现代市场环境下，创新成果还具有不稳定的特性。由于专利申请数量的"爆炸"和信息检索的局限性，专利局授予专利前不可能对在先技术进行充分的搜寻，可能会造成大量"问题专利"，而这些技术成果可能会在后续的审查中被宣告无效，这就意味着产权的不确定性，更不用说产权纠纷可能带来的巨大风险。因此，在开放式创新成为潮流的趋势下，并不是每一个企业或创新主体都应采用这种模式，各创新主体应当依据自身特点和战略目标进行选择。

第三节　专利发展态势的变化

现代技术创新环境下，专利发展态势呈现新的特征：专利申请呈爆炸态势，专利丛林现象显现，专利竞争和"专利沉睡"现象并存，专利组合和专利市场分化加剧。传统理论视野中基于单个专利的"新颖性、创造性、实用性"分析远远不足以描摹专利的现实状态。

一　传统理论视野中的专利

理想的专利制度中，发明人创造出创新性的技术方案，用专利技术文件将其确定下来，通过国家法定机构——国家知识产权局（或者专利局等）的审核，并授予专利权。该国家机构的运作就像是一个运行良好的黑匣子，通过国家的授权给该技术贴上产权的标签。然而与一般的财产不同，专利的有效性往往受到各种挑战，专利权的边界受到专利文件的制约和影响。而且随着技术环境的变化，专利申请量和专利授权量呈井喷式的增长，这种影响越来越突出。

专利的授予会涉及第三人和社会公众的福利，被授予了专利权的技术方案可能已经属于公知领域的知识，或者是缺乏足够的创造性，甚至可能与既有权利相冲突等。正是由于知识产权局（或者专利局等）的授权无法确保该技术足够的新颖性和创造性等，各国也设置了诸如无效宣告和诉讼等程序作为救济途径。

同时，专利代表一种技术方案，但却必须用文字和图表来反映其内容。任何概念都包含了显性知识和隐性知识，技术和语言符号之间的转化必然会造成部分技术信息的遗失，而且发明人为了增加模仿者的模仿成本，也会策略性地使用语言和符号，造成语言说明相比技术本身过于宽泛或者过于狭窄。也因此造成了在专利纠纷中，往往会有一些专利的部分权项被宣告无效等。所以，专利天生就是一种不安分的财产，或者说是一种"或有财产"。

如果考虑到技术成果之间的相互关系，专利的利用会受到更多的限制。技术创新具有累积性。新技术既是知识创新的产出品，也是进行新的探索的资料和投入品。后一项或多项专利技术成果可能会受到前一项专利技术成果的制约。如果无法获得基础专利持有人的许可，作为后来者的技术价值就很难得到实现了。而且这种累积创新具有先后延续的特性，基础专利和技术可能会有更上一层的基础。通过交叉许可来破解专利的技术累积性和垄断性之间的矛盾显然需要花费巨大的沟通和谈判成本而成为不可能。技术创新具有时间性。根据莱文等人的调查，在很多行业和技术领域，专利只能起到非常有限的作用，领先时间往往是比专利保护更加重要的保持技术优势的方式（Levin et al.，1987）。由于新技术的出现，很多专利在未到期之前就没有继续维持的必要了。

专利从技术到产品和服务的转化还有更长的路要走。专利的价值也与其市场特性紧密相关。专利是无形资产，与有形资产不同的是，它具有非竞争性，不会因为使用而发生损耗。反而专利的价值与其控制和占有的市场紧密相关，对其使用的范围越大，其价值越大。当然，在走向市场的过程中，技术本身只是诸多生产要素之一，产品生产还需要商业性互补资产如销售渠道等，会有很多专利因无法获得相应的互补性资产而被淘汰，或者很多专利本身不具有市场需求，甚至根本无法实施而无法走向市场。事实上，确实有很多专利一直是沉睡的。正如基奇（Kitch，1977）所指出的，绝大多数专利从来就没有进入市场，根本没有实现商业价值。

二　专利态势变化

（一）专利申请和授权数激增

现代专利申请呈爆炸态势。传统的专利理论建立在"专利局是有效率的"的假设基础之上，专利获取和实施就像是一个运行良好的"黑箱"。事实上，专利局授予专利前不可能对在先技术进行充分的搜寻，而且法律没有对专利局授予正当的专利以适当的激励，专利局心存侥幸法院会矫正"问题专利"（Kesan，Gallo，2006）。甚至有学者认为专利局的这种漠视是理性的，相较于昂贵的搜寻成本和审查费用，劣质专利和"问题专利"带来的社会成本可能是相对较低的（Lemley，2000）。美国专利局每年要颁发15000项专利，平均下来，每项专利的审查时间仅为15—20个小时，其中不少专利又会在法庭上被重新审视，并最终被宣告无效（Farrell，Shapiro，2008）。由于未能有效发掘现有技术或者技术无法适应市场需求，所以造成大量专利闲置。

我国专利授权量近年来也出现了爆发式增长，以发明专利年授权数为例，20世纪90年代的年均增长率为12.70%，21世纪前十年升至26.69%（张米尔等，2013）。2011年我国的专利申请量已经突破160万件，其中发明专利申请量已经跃居世界第一位（刘洋等，2012）。为了解决审查能力不足的问题，除了扩充审查人员队伍之外，另一个途径就是放松审查的标准、加快审查进度，这样也往往导致了更多的专利授权，进一步诱发了更多的专利申请。

专利资助和专利申请、维持费用减免制度也一定程度上对专利申请激增起着推波助澜的作用。在我国，甚至一些地方政府的专利资助政策在执行过程发生了异化，产生了明显的"问题专利"，甚至为追求数量而弄虚作假；盲目地提出专利"倍增计划"，脱离实际发展水平，加重了专利的泡沫（朱雪忠，2013）。

（二）专利丛林和问题专利普遍存在

伴随着专利申请和授权的激增，"专利丛林"现象显现。积累创新中众多且重叠的专利可能形成了"专利丛林"，即相互重叠的专利权形成稠密的网络，寻求将新技术商业化的企业必须获得多个专利权人的许可（Shapiro，2001）。专利丛林致使许可交易中的谈判人数增加，费用也相应增加；信息的不确定性和交易成本过高，可能导致"技术市场"的失灵和低效率，影响通过专利许可传播和扩散知识的速度（Fischer，Ringler，2014）。

专利申请和授权的激增也引发了学者们对专利质量的担忧。尽管学界对专利质量还没有比较通行的定义，但是人们对专利质量的担忧却是现实存在的。社会公众和竞争对手均可以通过启动无效宣告程序来剔除部分低质量的或者错误授权的专利，但是只有当涉及社会公众和竞争对手切身利益的时候，该机制才可能会被启动，而且该程序的启动和运行也需要一定的成本。专利维持费用制度也能过滤部分低质量或者缺乏市场潜力的专利。但是现行市场体系下，由于专利质量非常难以判断，而专利数量易于统计、便于考核、体现业绩。所以评估一个企业市场价值和其技术能力的指标就是其拥有的专利数量，即便这些专利可能缺乏实施利用的价值，但是可以作为企业绩效的标准和获得投资的信号，企业还是有一定的动力去维持它们。

正如莱姆利和夏皮罗（Lemley，Shapiro，2005）所指出的，专利应当被视为或有财产权或者"射幸"财产权，在美国，被诉专利中大约50%的专利被宣告无效。

（三）专利组合利用

不仅仅是因为专利申请爆炸、专利质量会影响专利利用，专利的分布结构也可能会影响专利利用。有学者认为主体太多或者不能将有用的专利组合在一起，是专利难以实施和许可的主要原因（Baron，Delcamp，2012）。在积累创新、连续性创新和集成创新中，都需要相应的互补性专利，甚至需要上千项专利。由一个市场主体持有或者通过交易持有全部互补性专利，几乎不可能。

正是由于随着市场经济环境的深入发展，产品的复杂化、集成化程度越来越高，以单项专利为主导的技术模式已经无法适应现代的组织生产，在新的专利世界中专利组合的价值将远远大于单项专利价值之和，不断扩张的专利申请活动的原因之一正是企业普遍实施专利组合战略。企业根据其产品和拥有的专利，配合专利分析来寻找相关技术，并以核心技术为中心，建构特定核心技术领域的专利组合，使竞争对手无法利用"专利回避"的策略进入市场（王玲、杨武，2007）。有时一个公司无法完成这种组合，则通过成立技术联盟等形式组建专利池，从而共享该组合中的专利及其收益。

专利组合不仅影响生产性企业对技术的布局和把握，对于技术提供者或者市场中介者而言同样如此，已经围绕某个产品或者某种行业建立起相关的专利组合的人，才可能成为潜在的购买人或者被许可人（Schubert，2011）。越来越多的一揽子交易说明了专利组合的重要性。

另外，专利组合也是防御其他市场竞争者进攻的"武器"。比如在电子通信等技术领域，拥有足够数量的专利以构筑专利组合，也成为企业参与竞争和防止其他企业诉讼的重要武器，一旦自身被起诉，就立即运用自己专利组合中的专利进行反击，形成企业之间相互挟持的竞争格局（Lemley，Shapiro，2005）。

（四）专利力量对比的分化

专利数量激增和专利组合的兴起致使单个专利的价值被稀释和模糊。积累专利数量的竞争导致了基于专利数量而不是质量的估价体系。单个专利的价值被大公司之间盛行的交叉许可交易（双边的或者专利池）和对专利组合大小的比较而被模糊。这样交易有利于确保市场参与者不会轻易对其他参与者提起诉讼并减少交易成本，但是单个专利很难突出。由于单个专利的价值被稀释和模糊，相应地，单个专利的流动性也受到了影响。

专利膨胀和专利组合的效应也加剧了个体发明人及小公司与大公司之间的差距。前者创造或者拥有的专利更难于商业化，因为它们只拥有小型的专利组合，并且受到它们的财力和法律经验的限制，更降低了它们的议价能力（Hagiu，Yoffie，2011）。

第四节　专利商业模式的变化

传统上专利的利用对实体经营有着极强的依附性，专利价值的实现往往依靠专利权人自行实施。对于偶然出现的技术互补问题和较低层次的累积创新则可以通过交易方之间的交叉许可来实现。由于技术创新环境和专利态势的变化，专利商业模式也在发生着变化。开放式创新模式为专利利用提供了新的机会，专利联盟、专利钓饵、专利经营公司涌现并日趋活跃，专利技术市场发展迅速。从本质上讲，这些新的专利利用模式也包含了专利实施和许可，是对专利实施和许可的综合运用或者新型的运用，但是和传统的自行实施和简单许可有着较大的区别。

一　专利联盟

日益增长的专利数量下，某一产品所必需专利的权利人也呈分散式分布，依靠自行实施和简单交叉许可实现专利利用显得越来越不合时宜。专利联盟作为一种新的组织形式，开始担负起专利权的协调和利用的职能。它在市场竞争中的地位也越来越不容忽视。专利联盟的管理问题也成了当今企业专利战略的重要部分。

专利联盟也可称作专利池，实质上是企业合作范围在不断扩大的过程中利益再分配的产物。当企业之间的合作范围扩大时，收益就成了相互间争夺的目标，而利益的争夺也就成了联盟内部关系不稳定的导火索，这也使得专利联盟内部的重新谈判不断发生，直至不稳定关系解除。专利联盟是指由多个专利拥有者，为了能够彼此之间分享专利技术或者统一对外进行专利许可而形成的一个正式或者非正式的联盟组织（Ekenger，2003）。专利联盟的出现规避了专利丛林现象、反公共地悲剧和技术标准化现象。专利关系分为牵制、互补和替代等种类。原则上专利联盟中只存在牵制性专利和互补性专利，而不存在替代性专利。其中，替代性专利也被称为竞争性专利（陈锦其、徐明华，2008）。

　　构建专利池首先要成立一个独立于各企业成员的管理机构。成员企业的技术跟踪和评估工作以及核心专利的审核均应由该机构负责。一个拥有若干核心专利的专利池就可以通过控制技术标准来获得垄断利润，同时，专利池的形成也促进了专利技术的推广应用（王胜利，2009）。相关产业的企业根据各自的优势，分工合作研发核心技术，以核心专利构建专利池。联盟成员间相互合作，成员间具有互补性技术资源，各成员应保持其法律个体的独立性，且联盟也具有一定的时效性。学者指出，目前我国的技术联盟仍处于初级阶段，正逐步向一体化紧密型转变（余文斌、华鹰，2009）。

　　但是专利联盟组建专利池也有一定的局限性。第一，如果专利池中的专利是相互替代而不是互补的，专利池则会有反竞争的效果（Shapiro，2001）。第二，专利池有一定的进入门槛，拥有数量可观的专利组合的大公司易于进入，而小公司和个人则往往被拒之门外。第三，专利池仅仅适用于一小部分产业和市场，主要是在那些生产某些产品和服务的核心知识产权都归于几个大型的、可识别的公司所有的情形。实际上，如果一个公司拥有某个部门大部分核心的知识产权，它很可能无法通过加入专利池而获得更多收益，因为它可以自行获得更多。正如美国高通公司的例子，它总是拒绝加入与码分多址（CDMA）技术相关的专利池。因此，专利联盟和专利池只能解决部分专利市场无效率的问题。这也正说明了各种其他类型专利中介者的出现，它们着手解决市场失灵的一些问题，尤其是小发明人和公司无法发现商业化机会的问题（Hagiu，Yoffie，2011）。

二　专利诉讼公司

　　专利诉讼问题不仅仅局限于法律性或者技术性方面，同时也是企业决策者制定战略时考虑的关键内容。近年来，美国出现了许多不希望实际使用专利生产产品而获取专利权，对使用其专利的制造商要求专利侵权损害赔偿的个人或企业，被称为"专利流氓"，简称 NPEs（McDonough，2006）。2011 年，美国约有 380 个"专利流氓"，其中有 35 个拥有超过 100 件专利。"专利流氓"和作为目标的运营公司在过去的十年中均有显著增加。在 2000 年，"专利流氓"发起了近 100 件诉讼，针对的运营公司有 500 多家，而到了 2010 年，二者的数量增加到了超过 400 件和 2500 家。大多数学者认为专利流氓具有以下特点：一是它们获取知识产权（专利）仅仅是为了从被声称侵权人手中获取收益；二是它们不研发任何与它们的专利相关的技术或者产品；三是它们采取机会主义的行动，不到工业参与者做出不可返回的投资前不起诉（Hagiu，Yoffie，2011）。

当前研究者对专利钓饵有两种截然相反的态度。持反对意见的一方认为专利钓饵的诉讼行为扰乱了正常的市场竞争，对技术创新产生了消极影响。专利钓饵的出现将推动企业在一些具有迷惑性的专利丛林里面隐藏其专利，从而获取高额侵权回报，这些专利通常是模糊或者微不足道的专利或者是有问题的专利（Fischer，Henkel，2012）。另外，专利钓饵降低了产品生产公司的创新激励而浪费社会资源（Chien，2008）。持支持意见的一方认为，专利钓饵在专利市场中起到了中介作用，是市场中的专利交易商。其主要功能就是在市场中提供可信赖的威吓，降低交易成本与交易风险。正是它们使专利在市场上得以流转，从而提高了专利市场的效率。专利钓饵公司的出现只是专利市场自然发展的一个阶段。麦克多诺（McDonough，2006）的研究结论认为，专利钓饵公司的出现不但将减少大型公司蓄意侵权的机会，而且通过把跨行业的专家聚集起来也能够促进专利的生成，在此意义上说，专利钓饵的出现可以净化知识产权环境，推动经济的发展。

专利保护的强度和效力取决于知识产权法律制度。专利侵权举证难、受损害数额确认难是我国司法实务中常遇到的问题。同时，在《最高人民法院关于审理侵犯专利权纠纷案件应用法律若干问题的解释》中，明确规定"确定侵权人因侵权所获得的利益，应当限于侵权人因侵犯专利权行为所获得的利益；因其他权利所产生的利益，应当合理扣除"。这一方面给司法实务带来了新的困难，即如何确定某项或者某几项专利在侵权人收益中的贡献率，另一方面也降低了专利权人进行诉讼的激励。抽样调查表明，我国司法实务中的专利侵权赔偿数额计算方法倾向选择法定赔偿，这一比例占所有判决赔偿案件的93.5%，平均赔偿数额仅为8.366万元（贺宁馨、袁晓东，2012）。由于上述原因，以专利诉讼为业的专利公司在我国尚未得见。

三　专利经营公司的出现

专利集中作为一种新型的专利战略经营模式，近十年来在美国兴起，极大地改变着市场结构，引起了国内外学者的广泛关注。专利不仅仅是一种技术方案，也是一种商品。每一件专利的授权都不同程度地要求具备新颖性、创造性和实用性（在美国表现为实用性、新颖性和非显而易见性）。由于这种特性，专利并不能进行标准化生产和交易，在传统理论视野和社会实践中的专利交易多是点对点的，即技术提供者和技术需求者往往直接交易或者借助中介平台进行交易，缺乏流通环节。全球的任何公司都从商业价值链中选择了自己所要专注的环节，绝少有公司能够从事价值链的全部环节并取得成功。而专利经营公司的专注点恰恰落在发明这一环节，通过购买或自行开发取得一种专利组合，并向其他需要的企业打包许可，在技术提供者和技术需求者之间建立一个桥梁。如果侵权企业不愿意接受许可，将会面临潜在的诉讼风险。美国高智发明就是建立在这种专利集中战略上的新型专利经营公司。它们通过专利风险管理赚取收益，寻求估值过低的专利，并以高价卖出而获利；它们提供给它们投资人的价值很大一部分在于规模效应（Hagiu，Yoffie，2011）。

美国高智发明声称其目标是开发一种更有效、更有活力的发明经济，建立一种发明资本体系。开发、购买并合作创制发明，通过各种许可和合作项目提供这些发明给乐于引进新发明的公司。美国高智发明主要在信息技术、生物医疗和新材料、新能源等几个核心领域投资经营。它声称通过以下几点创造一个活跃的发明市场以连接买主、卖主和发明家：雇用天才的，致力于解决世界上最大的知识难题的发明家；购买个人发明家和商家的发明，把它们联合成一定的市场组合，用于广泛的许可贸易；与国际创新网络中的发明家合作，帮助他们实现发明的商业化。专利经营公司专门着力于对专利这一特殊资产的经营，实施专利集中战略。但是在这种整体的专利投资经营战略之下，高智发明在美国和中国的具体经营模式选择却又有所不同。美国不仅是专利经营公司的专利获取地，更是其获得收益的市场；而中国则仅仅是其专利获取地。美国高智发明在中国的活动主要集中在经营观念传播和专利获取上，尚未看到其在中国许可和销售专利或者提起诉讼的情况。

上述模式得到了学者的广泛关注。但是对于专利经营这一模式国内外的研究相对较少，尤其是对于其在本土的发展模式更是缺乏研究。本书予以重点关注。

第五节　专利经营公司的经营模式分析

一　专利经营模式的中美差异

（一）专利经营公司的美国模式

1. 专利获取

高智发明运营三大投资基金：发明科学基金，发明开发基金和发明投资基金。发明科学基金是以公司自行研究开发为主，基金运行时间区段覆盖创意取得、研究开发和取得专利三个阶段，在获得知识产权后通过许可、销售等方式获取利润的一股资金。发明开发基金运行中，首先寻找合适的发明者，然后通过谈判获得发明的技术信息，待专家对此项发明的前景和质量认可后，高智发明公司会资助发明创意，并把其开发成国际发明专利，同时通过独占许可的方式，取得专利的经营权，授权给国内外企业，与发明者按照约定比例分享利润或者资助发明者以该发明为基础兴建新公司（殷媛媛，2009）。发明投资基金主要是用于收购一批具有市场潜力的发明创造和专利权，在此基础上完成二次开发和组合集成，然后对外进行专利许可、转让并从中获利。高智发明征集发明的渠道包括：大型或小型的公司、政府、学术界、个人发明者等。高智发明购买的专利大部分都保持秘密。

2. 专利商业化

美国高智发明通过专利的许可、出售、成立专项公司等商业化方式来获取利润。与传统的专利许可不同的是，高智发明将通过以上三大投资基金取得的专利集中起来，经过其自身的专利图书馆综合打包，给客户提供互补的专利组合而不只是某一项专利，同时因为其专利的不断扩展，能够为客户提供可靠的、持续发展的技术资源。

在积累创新、连续性创新和集成创新中，都需要相应的互补性专利，甚至需要上千项专利。一些产品生产公司可能一不小心就落入其他人的专利权范围之内，可能遭受专利诉讼，而耗费冗长的时间和巨大的财力。2002年，当高智发明首次融资时，他们的口号清晰而又明确：公司的专利组合将帮助大型技术公司保护自己不受知识产权侵权案的干扰（迈克尔·奥雷、莫伊拉·赫布斯特，2006）。

当然，高智发明提供的产品不仅仅是反诉讼，更重要的是通过许可的形式为客户一站式地提供其所需要的各种专利和技术，降低了专利需求者的专利搜寻成本，将专利需求者与其庞大的发明制造网络成员相连接。英特尔、索尼、微软、苹果、诺基亚、谷歌等均为高智发明的签约客户。另外，高智发明还以某些专利为核心组建新公司进行商业化，如2008年成立了泰拉能源（TerraPower）公司，致力于开发生产廉价、安全和无碳的核能源，以解决传统核能源利用中铀原料浪费等问题。截至2011年5月，高智发明已经为投资者取得了大约20亿美元的收入。

3. 专利诉讼

专利诉讼不是高智发明获得收益的直接方式。虽然高智发明声称其与"专利流氓"不同，不会利用其专利进行诉讼，但是我们不能排除这种通过诉讼获取赔偿金或者其他费用的可能性。事实上，高智发明已经开始了其专利侵权诉讼活动。一般情况下，高智发明并不直接参与诉讼，而是借助多个壳公司起诉。但是在2010年12月8日，高智发明提交了他们的第一份诉状，控诉捷邦（Check Point）、迈克菲（McAfee）等几家公司专利侵权。它声称进行诉讼只不过是在长时间内无法达成合适（许可）协议的情况下所做的唯一选择。

其实，专利诉讼是专利许可能够得以有效进行的一种重要手段。同时也是一种信号传递机制——告知潜在的专利使用者或者市场进入者，其持有的专利是强而有效的（Jeitschko，Kim，2013）。当然，专利诉讼本身也是获得收益的一种方式。

（二）专利经营公司的中国模式

1. 观念传播

2008 年高智发明这个发明投资领域的巨擘正式踏入中国市场，并首次将全球领先的发明投资模式引入中国，同时还带来了旗下的一支专注于发明开发的投资基金。通过该基金，高智发明将与优秀的发明者合作，寻找并筛选出拥有市场前景的发明创造，帮助发明者将其发明创造开发成国际发明专利，继而通过专利授权等方式实现市场化，并与发明者分享利润。公司注册经营范围覆盖产业投资咨询、技术咨询和经济信息咨询。高智发明在中国活动频繁。其领导高层曾访问国家知识产权局，北京、广东等地方知识产权局和杭州等地方且获得接见；并到北京大学、电子科技大学等高校进行演讲，宣传发明创新和其经营模式；此外还通过协办发明创新大赛等扩大其影响力。

2. 专利获取

高智发明积极寻求与中国专利申请量靠前的高校进行合作，并且已经与十几所建立了合作关系。如 2010 年 3 月高智发明和上海交通大学共同签署了合作备忘录，双方合作实施"联合创新基金"项目，以鼓励该校教师面向前沿需求，进行创新发明；华东理工大学与高智发明通过"华理—高智亚洲国际发明合作计划"进行合作，并已经于 2010 年申请了 2 项美国专利。换言之，在现阶段，高智发明通过其观念宣传活动的配合，积极发掘中国作为外部资源提供者的作用，中国已经成为高智发明战略布局中的一部分。

二　专利经营模式差异的分析

（一）对专利经营公司诞生的解释

专利经营公司起初的目的就是为了应对专利诉讼，或许正是美国的知识产权制度孕育了专利经营公司。在美国，实体运营企业更容易遭受专利侵权的困扰，具体而言包括以下几个原因。一是由于先发明原则的采用，使得美国企业的专利权相比于其他先申请原则的国家更具有不确定性。二是专利技术的实际使用人没有良好的防御手段来宣告专利无效，通常只能坐等专利权人起诉之时才能提出异议。三是美国专利侵权中可以酌定赔偿金额为损害赔偿额的三倍以下，而且其诉讼时效长达六年之久；美国国际贸易委员会（ITC）程序作为侵权制度的重要补充，在专利纠纷解决中发挥越来越重要的作用。这对权利人而言无疑是提起诉讼的巨大诱因，而侵权人则可能为此而支付巨大的成本甚至破产。因担心其竞争者获得该许可，所以自己主动获得许可以增强其参与竞争的能力（Lemley，2000）；或者取得专利许可，用于在侵权诉讼中提出反诉讼（Hagiu，Yoffie，2011）。这就导致了市场对专利许可的强大需求，通过获得广泛的专利许可可以有效减少和防御侵权诉讼，而专利经营公司刚好可以满足这种需求。由于最新修改的美国专利法对前两点进行了修改，因此，可以预见的是，专利过度诉讼的情况可能会相应减轻，不过随着专利申请数量的增长和侵权制度的诱因，这种反诉讼需求可能仍然旺盛。

（二）中国模式的去收益化

而在中国，专利诉讼对企业的影响或许没有像美国那么严重。首先，由于中国采用先申请原则，专利权相比美国而言更具确定性。其次，任何人都何以通过专利无效的行政程序申请宣告专利无效，对于可能对自身经营造成影响的问题专利，经营者可以随时启动该程序。再次，中国专利侵权的损害数额计算方式比较保守。具体而言有四种计算方式：第一种是侵权人因侵权获得的利益，第二种是被侵权人因为侵权而受到的损失，第三种是按照专利许可费的倍数确定，第四种是法定赔偿。前三种方式中，想证明权利人受到损害的数额非常困难，而按照第四种，确定的赔偿金数额由法院酌定，而且最高不超过100万元。加之诉讼时效的限制，以及缺乏类似美国的ITC制度，对专利权人来讲，单纯的诉讼或许并不能带来像在美国那样多的利益。因此，中国市场上缺乏所谓的以专利诉讼为生的"专利流氓"公司，也就没有相应的专利经营公司应对专利诉讼。

（三）作为专利供应地的中国市场

中国国家财政资助完成的发明创造权利在历史上经历了归属国家所有、合同约定权利归属和原则上归项目承担单位所有的过程，而且相关的规定主要以政府规章为主，缺乏必要的稳定性。但是在 2008 年起开始实行的《科学技术进步法》第 20 条明确规定了除特殊情况外，项目承担人取得相关知识产权，这样就从法律的高度对国家财政资助完成的发明创造权归属进行了确定。正是由于这种法律确权，高校等科研机构才有更多的动力去开发专利，并有更多的自主权去进行专利交易。加之专利申请和专利维持需要高昂的费用、专利产业化难以实现等原因，专利权人会积极寻求技术和专利变现的途径，这就使得高智发明这样的专利经营公司有机会获得丰富的技术和专利资源。

第八章

新环境下的高校
专利活动考察

第一节　开放式创新对高校
专利活动的影响

正如前文所指出的，集成创新、协同创新、创新网络等理论均可以纳入开放式创新的理论框架中，但是开放式创新亦具有种种缺点，并非所有市场主体均应当采用的技术创新模式。不过，开放式创新的影响确实越来越广泛和深刻，也引发了学者的诸多关注，极大地改变着创新主体的创新模式。目前关于开放式创新的理论探讨有泛企业化的倾向，而忽视了其他技术创新主体（张震宇、陈劲，2008）。其实对于高校而言亦是如此，开放式创新的进程中，高校是企业重要的外部创新资源，可以为企业的技术创新和技术学习提供平台（殷辉等，2012）。不过高校与企业的合作参与度可能不同，来自产业和高校的团队和个人能一起从事具体的项目并生成共同的产出，是高度参与的合作；基于人员迁移的合作是中度参与的产学合作；高校知识产权交易则属于低度参与的产学合作（Perkmann，Walsh，2007）。同时跨机构的合作研发也成为高校自身学术研究的需要。开放式创新对高校的创新组织、创新过程和产权归属都会产生影响。

一　创新组织的变化

开放式创新要求创新主体摒弃原有的创新活动应该在企业内部实现的理念，打破传统的组织边界，将组织内部和外部的技术有机地结合为一个系统（张震宇、陈劲，2008）。因此开放式创新必然是在一定的社会关系和社会网络中实现。高校要适应开放式创新的环境，也必须变革自身的组织形式，以满足技术流动和信息交换的需要，尤其是高校与产业组织之间的相互联系和交流。

对企业实施开放式创新的组织形式研究较多，而对高校实施开放式创新的组织形式研究相对较少。杨武和申长江（2005）总结了企业实施开放式创新的四种主要组织方式：一是传统组织形式，通过购买专利、技术所有权实施开放式创新，二是投资参与研究机构的项目，三是成立研究联盟，四是成立合资公司。而对高校而言同样意味着，开放程度不同，高校的组织形态也不同。一方面，高校亦可以采用传统的组织形式，通过利用外在的技术中介机构等，更加积极地实施技术转移和交流，参与开放式创新。另一方面，开放式创新组织形式的又一表现是，组织间通过技术联盟或者设立新的市场主体来完成技术创造和市场开发。对于高校而言，也可以采取新的组织形态，比如通过共同设立研发中心和合资公司、通过技术入股等形式来寻求技术突破和市场开发。更重要的是，开放式创新并不一定要求组织形式的突变或者重大变革，开放式创新下，企业和其他市场主体之间的组织边界变得更加模糊，更加重视资源和信息的内外部流动。高校技术转移中心是高校组织变化的一个重要特征，这些机构在美国已经蔚然成风，在中国也获得了迅速的发展，成为连接高校和企业的重要节点。

另外，社会网络的形成包括各种正式和非正式的组织和个人联系。技术博览会、技术交流会均是高校嵌入技术创新和技术利用网络的窗口。在高校中，允许教职工参与企业经营是我国的常态。个人或者科研小组与产业部门和其他研究机构的联系与合作也是形成高校创新网络的重要节点。人力资本流动更是给开放式创新带来了信息和技术传播中介。在组织和技术中存在很多潜在的默会知识，通过人力资本的流动可以更好地进行知识交流和传播。

二　创新过程的变化

除了创新主体和组织形式的变化外，高校创新的过程也在发生变化。对于企业而言，开放式创新往往意味着对顾客、供应商甚至竞争对手需求和市场行为的灵活反应和不断调整，甚至与竞争对手开展合作，攻克本行业基础技术和重大技术难题。与企业等市场主体略微不同，高校创新活动多遵从"科研立项—项目开发—项目评定和利用"的创新模式，其创新过程显得相对封闭。但是，开放式创新的发展也影响着高校技术创新的过程。

在项目设立上，高校除了参与国家科技项目的申请外，也开始注重考虑市场需求，甚至直接与企业合作或者接收企业委托进行项目开发。尤其值得注意的是，在高校项目设立上也逐渐开始突破原来的科研计划体制，越来越重视市场需求，甚至越来越重视企业在国家创新体系中的主导作用和牵头作用。

在项目运行上，随着技术创新的复杂化和跨学科式的发展，项目承担人必须调动内外部资源。通过合作可能产生互补效应，参与方共享互补的创新资源、共担创新风险和成本，能缩短创新周期、提高创新效率（Boso et al.，2012）。合作还具有协同效应，不同知识领域的结合常常能够产生全新的技术，获得意想不到的技术突破和成果（Haeussler et al.，2012）。

对技术创新成果的保护和管理利用也得到了更多的重视。高校技术成果转化成为高校技术创新的重要内容和考核指标，通过直接或者间接的方式促进科技成果的转化和利用。如校办企业、高校专利转让和许可等。

三　产权归属的变化

高校专利不仅包括高校独立完成获得的专利，而且包括与其他主体共有的专利。例如，高校与企业共同完成的发明创造，并进而申请的专利成果。可以预见，随着开放式创新的深入发展，高校和其他创新主体共同享有知识产权的情况会越来越多，而技术产业化的"专属性"需求也对产权归属的分散化提出了要求。高校专利技术多以国家财政资助而完成。国家财政完全资助和部分资助又可能会产生不同的产权分配结果。

高校专利产权的另外一个变化趋势是，作为发明人的利益分享权在不断扩大，高校专利权利结构也将会越来越复杂。现代市场条件下，职务发明人的利益分享权的实现也越来越困难。一方面，专利市场化利用的实现可能需要集成大量的技术成果和其他资源，仅仅一种产品，如手机等通信产品，就可能会聚集多项专利技术成果。这样的结果是，发明人的技术对产品收益的贡献率难以计算，因而其利益分享难以得到保证。更不用说如果相关专利由高校和企业等其他主体共同持有的情况下，专利商业化收益将需要在高校、企业和实际发明人之间进行分配，这不仅仅在制度方面缺乏既有的有效规制，而且在会计计算方面亦有相当之困难。另一方面，反过来，由于缺乏明确的利益分享数额和比例，这也可能会扭曲对发明人的创新激励，不利于高校专利的创造。

第二节　新商业模式对高校专利活动的影响

对高校而言，开放式创新不仅仅带来了专利创造上的变化，更重要的是，开放式创新条件下，新的商业模式给高校带来了更多的机会和挑战。在开放式创新体系下，企业通过产学合作可以获得降低创新成本、分散创新风险等多种经济优势，显然，企业能从相互合作中获取诸多的利益（吴婷等，2010）。新的商业模式的兴起相应地使得企业和作为技术供给者的高校更加密切地联系起来。

一　新商业模式带来的机遇

开放式创新环境下，商业模式的发展也给高校提供了新的专利利用机会。

作为在发明业务方面全球领先的，拥有世界上最大、数量增长最快的专利组合的公司，类似高智发明这样的专利经营公司在中国的活动必然对中国专利市场产生重大的影响。从积极的方面看，这种专利投资有利于中国一些沉睡专利的商业化，也有利于激发更多的发明创造。同时作为一种新的商业模式，可能对我国产生示范效应和竞争效应，我国也可以模仿其商业模式建立自己的知识投资公司与之形成竞争。确如美国高智本身所宣称的那样，它可以连接发明创造人和专利需求人，形成一个活跃的专利市场，为富有创造力的科学家和工程师们所做的发明创新赋予了一个专业的商业化途径。产品开发的公司往往专注于2—3年的产品设计和开发周期，或者忙于从产品原型到生产制造的转移，没有精力去真正思考下一代的重大发明创新。即便他们去思考发明，也往往局限在相对狭窄的领域。如果能给予发明家一种纯粹依靠发明就足以谋生的途径，就能点燃发明创新的火焰，最终将更有力地推动技术进步和社会进步。对于发明者而言，有些已把与美国高智一道工作视为将其研发成果商业化的重要途径，还有一些则把此视为研发经费和专利申请经费的补充。不管出于哪种目的，他们都很高兴看到专利经营公司创造了这样一个专门针对发明的市场，以及能够将他们的发明成果商业化的有效途径。而被授权的客户则可以有效防御专利诉讼，获得产品生产所需的技术，接入技术供应网络。

二　新商业模式带来的挑战

虽然开放式创新带来了种种机遇，但是也给高校带来了不少挑战。

开放式创新下，对企业和创新主体内部资源的重视和整合也同样重要。内部创新能力和外部资源的获取是互补关系而非相互替代的关系（Poot et al.，2009）。开放式创新也会伴随着技术失败风险、投资失败风险和知识产权纠纷等风险。

对外部技术资源的内化需要企业建立相应的吸收能力（McAdam et al.，2014）。高校能否建立适妥的组织形式，能否对创新过程和创新成果进行合理的控制和管理影响着开放式创新的实现程度。

另外，在企图获得外部技术资源时，可能存在信息障碍或者难以达成合作意愿，尤其是对于双方来讲都是核心或者重要的技术而言。企业或者其他创新主体往往依靠其核心技术保持其竞争地位，一般不会将己方核心技术转移或者泄露给其他合作主体，或保留技术转移时间上的滞后性以换取自身技术地位的稳固（张莹、陈国宏，2001）。

开放式创新还可能会带来以下风险：对外来技术的依赖性加大，协调成本增加，合作管理的难度增加，难以对合作伙伴的进程进行控制以及技术知识的泄露等（陈劲、吴波，2012）。

第三节　新环境下高校的
专利质量考察

　　开放式创新为企业和其他创新主体进行技术开发提供了新的视角和方法,然而开放式创新对企业创新实效影响的研究仍有待深入。现有研究中对开放式创新的理论性研究相对丰富,但相关的实证研究非常缺乏。仅有的部分实证文献中,对开放式创新的定位和测量手段非常有限,对开放式创新经济绩效的研究也存在若干缺陷,对于技术成果的评价往往以专利申请量和授权量作为主要评价指标。对于基于开放式创新的研究成果是否比基于封闭式创新的研究成果有更高的质量和更好的效果这一问题,现有研究更是未能涉及。对这一问题的回答能够丰富开放式创新的实证研究,为技术创新实践提供指导。

　　本节以专利维持作为专利质量的代理变量,运用虚拟回归的方法对高校和科研机构等专业机构的参与、开放式创新的采用对专利质量的影响进行了分析。回归分析结果表明,高校和科研机构的参与并未能够提高专利质量,基于合作开发的开放式创新能够明显提升专利质量。

一　理论与模型

(一)专利质量的界定

　　现代技术环境下,由于专利审查部门、申请人以及专利政策等方面的因素导致专利申请呈爆炸态势,专利质量也越来越引发学者们的关注。传统的专利理论建立在"专利局是有效率的"的假设基础之上,专利获取和实施就像是一个运行良好的"黑箱"。事实上,专利局授予专利前不可能对在先技术进行充分的搜寻,而且法律没有对专利局授予正当的专利以适当的激励,专利局心存侥幸法院会矫正"问题专利"。甚至有学者认为专利局的这种漠视是理性的,相较于昂贵的搜寻成本和审查费用,劣质专利和"问题专利"带来的社会成本可能是相对较低的(Lemley,2000)。由于未能有效发掘现有技术或者技术无法适应市场需求,所以造成大量专利闲置。现行市场体系下,由于专利质量非常难以判断，而专利数量易于统计、便于考核、体现业绩。所以评估一个企业市场价值和其技术能力的指标就是其拥有的专利数量，即便这些专利可能缺乏实施利用的价值，但是可以作为企业绩效的标准和获得投资的信号，企业还是有一定的动力去维持它们（Allison et al.，2003）。

现有研究对专利质量并没有一个比较统一的界定。基于审查者的专利质量定义着重判断专利是否符合授权实质性条件。权利要求的数量，说明书中引用的现有技术以及其本身被引用的次数，是否加速申请要求，是否为专利合作条约（PCT）申请，专利族群大小等客观指标可以反映一个专利文件撰写的水平和技术含量（Chen，2010）。随着网络技术的发展，专利引用变得更加便捷而引发专利引证膨胀，加之不同行业的技术依存度不同等原因，这些指标的使用往往会引发偏差。专利授权率在一定程度上可以反映各个国家和地区或者同一国家和地区在不同时期的审查标准，进而反映授权专利的总体质量，然而却无法对单个专利进行有效评价。基于使用者的专利质量定义更多地考虑法律效力、技术先进性和经济效益等因素。专利法律效力的最终判断往往需要通过专利无效申请程序和诉讼程序来确定，技术先进性和经济效益也往往缺乏客观可行的操作方法而难以评价。专利技术水平高，撰写较好能够经得起审查的无效和诉讼程序，具有较大市场价值的专利自然是高质量的专利（朱雪忠、万小丽，2009）。然而这几个方面并不总是统一的，具有高技术价值的专利并不一定具有较高的经济价值和潜在收益。宋河发等人运用权重分析法对我国专利整体质量进行了分析，然而这种分析无法从微观上对单个专利的质量进行分析（宋河发等，2010）。香克曼（Schankerman，1986）利用专利缴费维持的特点，建立了专利维持模型来研究专利质量并对英、法、德三国的专利质量分布进行了估计。陈海秋等（2013）选择专利维持时间作为专利质量的代理变量对我国机械工具类专利进行了研究。格里利谢斯（Griliches，1998）进一步指出，专利维持时间是公认的能够反映专利技术和经济价值的质量特征指标。

（二）开放式创新对专利质量的影响

开放式创新模式强调外部创意和外部市场化渠道的重要性，强调技术合作的重要性（陈钰芬、陈劲，2009）。该模式下各个创新主体都被纳入创新的技术市场中。传统的理论研究更多地关注企业这一最重要的市场主体，多从企业或者产业的视角来进行开放式创新的研究，对其他创新主体的关注则多是作为为企业服务的利益相关者或者外部资源要素来进行。创新主体不仅包括企业，还包括高校和科研机构以及个人发明者。学界普遍认为，高校和科研机构具有创造优势，其专利成果的数量高，发明专利占的比例大，专利质量也相对较高。也有研究指出由于现行的科研评价体系等原因，企业申请的专利往往质量较高，研究机构申请的专利质量甚至不如个人（张古鹏、陈向东，2012）。开放式创新模式下，高校和科研机构的专利成果通过技术许可和转移等方式获得利用，或者企业直接与高校和科研机构合作，进行技术开发，企业与高校和科研机构之间的边界被打破。

基于技术合作开发的开放式创新可以提升专利质量。企业之间、企业与科研机构之间进行技术合作开发是开放式创新的一种重要形式。问题专利的产生更多的是基于专利申请动机以及专利资助政策定位偏颇等原因造成的（黎运智、孟奇勋，2009）。而技术合作开发由于存在较高的合作成本和管理成本以及知识产权风险，因而冲淡了知识产权投机收益，只有具有一定的技术价值并符合市场预期的项目才有合作开发的价值，因而能够提升专利质量。互补性资产和互补性能力契合度较高的创新主体之间的合作有更好的创新绩效（王海花等，2012）。基于理性的创新主体的假设，创新主体会更倾向于寻找有互补性创新资源和创新能力的合作伙伴，该技术的复杂性可能更高，其专利技术成果的质量也可能越高。既有的实证研究也发现，无论是竞争性研发合作（企业间合作）还是非竞争性研发合作（企业与科研机构合作），都会提升企业创新绩效（Huang，2011）。刘玮等（2013）的研究结果进一步表明，企业间横向、纵向合作，官产学研合作以及公共创新平台的建设都有利于企业创新能力的提高。硅谷的开放式创新模式下，合作专利申请的数量和占总体专利申请的比例均有较大提升（沙德春、曾国屏，2012）。

基于上述理论，本研究提出以下假设。

假设 H1：高校和科研机构参与研发的专利比其他主体完成的专利有更高的质量。

假设 H2：开放式创新的专利成果比封闭式创新的专利成果有更高的质量。

（三）研究方法

本研究对收集到的数据进行回归分析，考虑到发明专利与实用新型和外观设计不同类型专利授权条件和最长寿命的差异，对发明专利单独进行回归。回归分析是用途广泛而且极为有效的统计方法。但是由于主要用于处理分类变量，学界对虚拟回归的利用相对较少。由于本研究涉及的因变量为等比变量，自变量多为分类变量，非常适合用虚拟回归进行分析。首先对分类变量进行虚拟化处理，将没有高校和科研机构参与、未采用开放式创新、中西部地区、非职务成果等变量作为参照组，并赋值为 0。最终建立含虚拟变量的多元线性回归模型如下：

$$Qua = k + k_1 Uni + k_2 Ope + k_3 Are + k_4 Dut + e$$

方程（8-1）

上式中，k 为常量，e 为残差，k 为系数。由于样本量较大，本研究采用 SPSS 18.0 软件作为辅助工具进行统计。同时，由于实用新型和外观设计可能存在的差异，对之作为哑变量进行处理，并命名为 Typ。另外，对于向前和向后引用情况、是否属于专利合作条约（PCT）申请、专利族大小等质量表征因素，本研究认为该指标系度量专利质量的指标而非影响专利质量的输入变量，因而不列入回归方程进行分析。

二　实证分析

（一）数据变量

本研究的数据均来自国家知识产权局，通过专利检索与查询来获得每一件专利的相关数据信息。我国发明专利的最长寿命为 20 年，实用新型和外观设计的最长寿命为 10 年。因此，对于发明专利，本研究选取 1994 年之前的专利数据进行研究。而对于实用新型和外观设计，则选取 2004 年之前的数据进行研究。由于我国法律制度的原因以及专利数的可得性原因，本研究的专利数据中未包含香港、澳门和台湾地区。

专利质量-Qua。由于专利质量本身的界定在学界存在巨大争论，对其评价和测量更是存在巨大的难度。尤其是对于一件专利的经济价值、技术含量和法律效力进行综合评价，更是难上加难。学者们多通过建立综合指标，使用权重赋值等方法试图对专利进行事前或者事中评价，以求获得专利决策的相关信息。然而作为一种事后评价，专利寿命即专利维持时间可以很好地反映专利的综合质量。专利授权后还应当缴纳专利维持费用，且该费用不断递增，作为理性人，只有当专利带来的价值大于专利维持的成本时，才会选择继续维持专利。借鉴香克曼（Schankerman，1986）、陈海秋等人（2013）的研究，本研究亦采用专利维持时间作为专利质量的代理变量。该变量的测量可以通过专利无效或者到期的时间减去专利申请的时间而获得，本研究以年为单位，以365日为周期进行计算。

高校和科研机构参与-Uni。作为虚拟变量，通过查验专利申请机构的名称来判断，并分别赋值为0或者1。

开放式创新的采用-Ope。同样地，作为虚拟变量，如果该专利的申请人为两个或者两个以上的主体，则认为是采用了开放式创新并赋值为1，相反，则赋值为0。

另外，专利质量还可能受到地区（Are）、发明人类型（Typ）等因素的影响。宋河发等人的研究表明，东部地区各类专利总体质量最好，中部次之，西部最低。万小丽等人的研究指出，职务发明或者单位申请的发明往往具有较高的质量。本研究将这些影响因素作为控制变量进行处理。各变量定义如表8-1所示。

表8-1　　　　　　　　　　　　　变量定义

变量类别	变量名称	变量取值方法说明
因变量	专利质量-Qua	以专利维持时间作为专利质量的代理变量
解释变量	高校和科研机构参与-Uni	有高校和科研机构参与则赋值为1，否则赋值为0
	开放式创新的采用-Ope	专利申请人为两个或者两个以上赋值为1，否则赋值为0
控制变量	地区-Are	东部地区赋值为1，中西部地区赋值为0
	职务成果-Dut	职务发明赋值为1，非职务发明赋值为0

（二）变量描述性统计与相关分析

统计结果发现，国内发明专利中，单位合作申请的专利授权率约为

54%，远远高于国家知识产权局公布的全国平均水平（2008—2012 年
的平均授权率约为 27%）。以授权率为指标可以发现，合作完成的专利
整体上具有较高的质量。剔除未授权专利之后，得到发明专利的样本
330 个，其中高校和科研机构参与完成的专利 198 个，单位合作完成的
专利 127 个；实用新型和外观设计样本共 666 个（实用新型 377 个，外
观设计 289 个），其中高校和科研机构参与完成的 105 个，单位合作完
成的 118 个。样本描述性统计如表 8-2 所示。

表 8-2 　　　　主要变量描述性统计与皮尔森（Pearson）相关系数

发明专利							
	均值	标准差	1	2	3	4	5
Qua	10.812	4.877	1				
Uni	0.60	0.491	0.025	1			
Ope	0.38	0.487	0.238 ***	0.201 ***	1		
Are	0.83	0.376	0.028	-0.372 ***	0.552 ***	1	
Dut	0.67	0.470	-0.013	0.537 ***	0.308 ***	-0.143 **	1

实用新型和外观设计								
	均值	标准差	1	2	3	4	5	6
Qua	5.51	2.581	1					
Uni	0.16	0.365	-0.076 *	1				
Ope	0.18	0.382	0.214 ***	0.188 ***	1			
Are	0.72	0.450	0.038	-0.086 *	0.169 ***	1		
Dut	0.58	0.494	0.249 ***	0.366 ***	0.393 ***	0.044	1	
Typ	0.57	0.496	0.202 ***	0.213 ***	-0.006	-0.105 **	0.051	1

注：*** 在 0.001 水平上显著相关；** 在 0.01 水平上显著相关；* 在 0.05 水平上显著
相关。

（三）回归分析

回归分析结果如表 8-3 所示。结果表明，各变量 VIF 值均小于 2.3，
在接受范围内，各变量之间没有共线性。且调整后的 R^2 分别为 0.1 和
0.169，模型拟合较好。就发明专利而言，高校和科研机构是否参与合
作对专利质量并无显著影响，假设 H1 未能通过验证，拒绝原假设；开

放式创新对专利质量的影响为正,显著性水平为 0.001,假设 H2 通过验证,接受原假设。而对于实用新型和外观设计而言,高校和科研机构的参与对专利质量的影响为负,显著性水平为 0.001,拒绝原假设;开放式创新对专利质量的影响为正,显著性水平为 0.001,假设 H2 通过验证,接受原假设。另外,地区对发明专利的质量有负向的影响,对实用新型和外观设计无显著影响;职务成果对发明专利的质量有负向影响,对实用新型和外观设计却有正向影响;实用新型往往比外观设计的维持时间更长。

表 8-3 回归分析结果

发明专利			实用新型和外观设计		
因变量:Qua	标准化系数	VIF	因变量:Qua	标准化系数	VIF
常数	—	—	常数	—	—
Uni	−0.092	1.860	Uni	−0.255***	1.224
Ope	0.453***	2.133	Ope	0.157***	1.222
Are	−0.277**	2.248	Are	0.004	1.052
Dut	−0.142*	1.521	Dut	0.268***	1.321
			Typ	0.244***	1.057
R^2	0.316	—	R^2	0.411	—
调整 R^2	0.100	—	调整 R^2	0.169	—

注: *** 在 0.001 水平上显著相关; ** 在 0.01 水平上显著相关; * 在 0.05 水平上显著相关。

(四) 结果讨论

高校和科研机构的参与并未能够提升专利的质量,在实用新型和外观设计专利中,高校和科研机构参与完成的专利甚至维持时间更短,假设 H1 未能通过验证。这与张古鹏、陈向东等人(2012)的研究结论相一致,与高校和科研机构具有创新优势的认识相悖。然而,高校和科研机构维持专利的动机与企业并不相同。由于科研评价体制的原因,除了对专利经济价值的期待和追求之外,高校和科研机构的专利还肩负着职称和荣誉提升等职能,然而这些职能的发挥并不有赖于专利维持而存续，专利维持成本与配套经费的使用周期也可能会影响专利维持寿命；另外由于专利价值的实现还有赖于商业性互补资产的配合，高校往往缺乏这些互补性资产而无法实现专利的经济价值，从而对于一些技术完善但缺乏转化条件的专利也没有动力来继续维持。以专利维持时间作为代理变量来衡量专利价值能够对专利持有人的主观评价进行良好的反映，即高校和科研机构主观上对其专利的综合评价与其他主体对其专利的主观评价并无显著的差别，这在一定程度上反映了高校和科研机构专利转化乏力的现状。

合作完成的专利申请获得授权的比例更高，几乎是国内整体专利授权比例的两倍高，说明了从整体上看开放式创新的技术成果质量更高。进一步地，无论是发明专利的回归模型，还是实用新型和外观设计的回归模型，都显示开放式创新模式下，合作完成的成果对专利质量有明显的提升作用，这证实了本研究的假设 H2。一方面，通过合作获得互补性创新资源和创新能力，有利于技术方案的完成和改善，从而提升专利质量和专利维持寿命；另一方面，合作创新中的合作成本、合作风险的存在可以减少专利投机行为，从而提升专利质量。既有的研究多表明开放式创新在企业绩效以及专利产出数量方面的优势，本研究进一步证实了开放式创新对专利质量具有提升作用。

另外，中西部地区发明专利的质量比东部更高，相比而言有更长的寿命；而实用新型和外观设计的质量在东西部并无显著差异。虽然在专利申请和授权数量上中西部有明显差距，但是就专利质量而言，中西部地区的发明专利甚至质量更好，这一方面说明我国专利审查中的质量控制比较有效，另一方面也说明中西部地区的专利申请行为可能更为审慎，对专利的维持意愿也更高。职务行为完成的发明专利往往维持时间较短，这说明个体发明人可能更加珍视其发明成果，对其技术创造有更高的主观评价，而在履行职务中完成的专利，则可能更早地被单位所放弃；职务行为完成的实用新型和外观设计则往往具有较长的寿命，这说明我国企业对这两种类型专利的重视，也间接地说明了我国企业创新水平有待提高，要更加重视代表更高创造性的发明专利的创造、维持和利用。

（五）小结

虽然开放式创新概念的提出时间较晚，但是开放式创新的实践其实一直就在进行着。本研究对开放式创新模式对专利质量的影响进行了分析。实证研究发现，开放式创新能明显提升专利质量和维持寿命；高校和科研机构等主体被认为具有技术创新优势，然而其持有的专利质量和维持寿命并不高。基于以上研究结论，笔者提出以下建议。首先，鼓励企业和其他创新主体进行资源和创新能力整合。随着市场经济的深入发展，产品的复杂化、集成化程度也越来越高，以单纯的内部研发为主导的技术模式已经无法适应现代的组织生产，开放式的合作会越来越成为技术开发和专利申请、利用的模式，应当得到企业和其他创新主体的高度重视。其次，由于科研评价体制以及商业化资产和能力的缺乏等原因，高校和科研机构的专利维持情况相对较差。然而这也为其他市场参与主体提供了获得技术信息的机会，有利于既有技术的扩散、增加公共领域的知识。然而，既然所有市场主体都有平等的机会获得该相关技术信息，也可能会由于缺乏独占权利而造成"反公共地悲剧"，其他市场主体若是想对相关技术进行垄断的开发和利用，应当及早获得高校和科研机构的授权或者买受该专利，从而进行垄断开发。

本节对合作完成的专利主要以创新主体是否为独立的法人为准进行判断，而对于关联公司的合作、非关联公司的合作，同行业公司的合作、不同行业公司的合作，企业与科研机构的合作等种类进行区分研究，这种创新主体的不同对专利质量以及企业整体绩效的影响仍然有待深入研究。另外，专利维持时间作为专利质量的代理变量，可以对专利的质量和价值进行事后评价，然而这并不适用于对新申请和授权的专利进行评价，专利质量评价和价值评估仍是一个理论和实践上的难题。

第四节　新环境下高校的专利
活动效率考察

实现专利价值的方式主要有两种，即专利交易和专利一体化（Markman et al.，2005）。专利一体化需要相关的互补性资产，包括技术性互补资产和商业性互补资产。尤其是在积累创新、连续性创新和集成创新中，由一个高校持有或者通过交易持有全部互补性专利，几乎不可能，加之缺乏制造能力和销售渠道等商业性互补资产。除少数情况外，我国高校许多专利一体化的尝试，多以失败而告终（袁晓东，2009）。另外，专利侵权诉讼也是获得专利收益的一种方式。当存在专利侵权行为时，专利权人可以通过主张专利侵权赔偿而获利。尽管高校持有数量可观的专利，而且很少实现专利一体化，但是高校与依靠专利诉讼获利的"专利流氓"并不能相提并论（Lemley，2008）。我国高校很少通过专利诉讼的方式获得利益。因此专利交易对于缺乏专利实施能力的高校来讲显得尤为重要，是实现高校专利转化和运用的主要方式。在国外，专利许可交易亦是高校获得专利收益、实现专利价值的主要途径，专利许可交易的这种主导地位从未改变（Kesan，2009）。

开放式创新模式带来了新的专利创造和利用模式。然而，对于高校而言，其专利产权本质上却也是通过专利许可和转让等达致开发利用的目的的。"拜杜规则"体系下，面对新的创新模式和专利商业模式，高校和企业的合作更加紧密，但是关于这种产学研合作的技术转移效率，却缺乏直接的实证研究，因而本节重点之一是考察高校在与企业合作中产生的专利的利用效率。另外，开放式创新打破了组织边界，但是由于技术转移的空间效应，开放式创新并不意味着技术转移不受地域限制，因此，本节也同时考察高校专利利用的区域特征。

一　理论与模型

（一）研究假设

理论上，专利申请在公开之后，就可以为社会公众和技术需求方所知悉。而要完成高校专利许可交易还面临许多困难。比如实现专利信息传播，找寻匹配的交易对象，以合适的价格和条件实施许可等，这些过程要经历一段时间。本书定义专利从公开到实现许可的期限为许可时滞。专利许可时滞关系到专利权利主体维持专利和进行专利许可交易的决策。目前国外针对高校专利许可交易的研究主要有：高校专利许可交易和引用的区位效应（Mowery，Ziedonis，2001；Singh，Marx，2011）；

高校组织结构和技术转移中心在专利和技术许可交易中的作用（York, Ahn, 2012; Macho et al., 2007）; 高校专利许可交易率变化的原因探析等（Thursby, Kemp, 2002）。国内关于产学研合作和专利转化的研究较多, 专门针对高校专利许可交易的研究较少。李攀艺和蒲勇健（2007）分析了高校专利许可交易中的道德风险因素和契约安排, 但鲜有人专门针对高校专利许可时滞展开研究。通过实证分析挖掘我国高校专利许可时滞的特征并检验其影响因素, 对于完善专利交易理论和制定高校专利政策, 指导高校专利利用工作极具理论价值和现实意义。

1. 专利生命理论

专利具有一定的保护期限, 但是专利的实际生命却可能远远短于其最长保护期。一方面, 专利审查需要一定的时间。根据国家知识产权局公布的数据, 截至2011年12月底, 我国发明专利申请实质审查平均周期稳定在22.9个月, [①] 这实际上意味着专利有效生命相对于法定保护期而言是较短的。专利审查期限的延长还可能会扭曲竞争、阻碍技术创新（文家春, 2012）。专利审查中, 对于那些技术完善、市场条件成熟的专利而言, 专利申请人往往更愿意积极推进专利审查, 申请提早公开其专利申请并发起实质审查（发明专利）, 或者积极缴费、答辩、补正申请材料等。按照专利质量的理论和实证分析（Kapoor et al., 2013）, 这种专利恰好具有更高的质量和价值。基于此, 本研究假设这种专利的许可时滞也更短。

另一方面, 专利从公开到真正实现利用和实施还需要一段时间。由于需要采用与专利相匹配的设备、人员培训、营销方法等, 专利实际发生效用需要一定的时间, 在市场风险较高的情况下, 尤其如此（Sanberg et al., 2014）。对于高校而言还意味着, 在达致上述条件之前, 必须等待一定的时期, 以使专利信息充分传播, 并得到相应的认可, 激起购买需求。在我国, 发明、实用新型和外观设计三种专利的授权条件不同, 发明专利的技术方案往往更加复杂, 其传播和被市场接受的过程也可能更加漫长, 因此许可时滞可能会更长。

---

① 数据来源于国家知识产权局《我国专利审查工作实现"十二五"良好开局（上）》, http://www.sipo.gov.cn/sipo2013/mtjj/2011/201201/t20120113_ 641342. html.

　　此外，部分专利在未到期之前就被宣告无效（在法律上，视为自始无效）或者被权利人放弃。比如专利的有效生命可能因为更有效专利的出现而结束。

　　综合上述理论，本研究提出：

　　假设 H1：专利审查期与专利许可时滞呈正相关。

　　假设 H2：发明专利与实用新型和外观设计专利的许可时滞有显著差异。

　　2. 专利合作理论

　　学界普遍认为，高校具有创造优势，但是缺乏相应的实施能力。高校对外许可其专利，必须面临交易机会和交易成本的问题，即专利供需双方如何搜寻、匹配相应的交易对象，以双方满意的条件成交，并监督和保证约定的执行（Kelley，2011）。基于传统企业理论（尽管高校本身不是企业，但在考虑产学研合作和专利交易的时候，高校行为与企业没有本质差别）的观点，企业组织是市场机制的替代物。只有在交易成本高于组织成本的时候，进行科层化才是合适的，由企业内部更为低廉的管理成本取代交易成本。不过企业和市场机制的选择不是简单排斥的，无论是在市场之中还是企业内部，二者都是相互联结、相互渗透的。最终导致了企业间复杂易变的网络结构和多样化的制度安排。在对企业组织问题的理解中，有必要以市场、组织间协调和科层的三极结构替代传统的市场与科层两极结构（林闽钢，2002）。

　　产学研合作就属于这样的网络结构安排（丁荣贵等，2012）。为了解决专利转化与利用问题，很多学者鼓励进行产学研合作，以促进高校创造优势和企业实施能力优势的互补。校企合作完成的专利被认为能将高校和市场有效连接起来，有效解决高校缺乏实施能力和交易成本等问题（苏敬勤，1999）。李正卫和曹耀艳（2011）的研究表明，校企合作的专利往往具有较大的商业价值，并且这一关系在统计上较为显著。本研究据此提出：

　　假设 H3：与高校独立完成的专利相比，校企合作专利的许可时滞要短。

3. 区位效应理论

专利引用的状况证实了知识传播的区位效应（Jaffe et al.，1993；Audretsch，Stephan，1996；Thompson，2006；Singh，Marx，2011）。亚当斯（Adams，2002）的研究指出，学术外溢比产业外溢更具有地域性。莫维利和齐多尼斯（Mowery，Ziedonis，2001）等人对美国大学专利传播的研究进一步指出，专利许可交易的地理区位要明显短于其被引用的地理区位，并指出这可能是由于专利交易合同的非完备性造成的。即，专利许可往往伴随着技术咨询和服务等，而这些服务无法很好地通过电话、邮件等现代网络媒体进行传播。地理区位的远近决定了这些后续沟通成本的高低。由于交易主体在同一区位更易弥补合同非完备性造成的后续沟通和技术服务等问题，本研究据此提出：

假设 H4：我国高校专利许可交易具有区位性特征；交易对象在同一区域比交易对象在不同区域的许可时滞要短。

4. 活跃专利理论

不同技术领域的专利的活跃程度不同。我国 2005 年"十一五"（2006—2010 年）规划提出了电子信息技术、生物与新医药技术、航空航天技术、新材料技术、新能源和节能等重点高新技术领域。雷滔和陈向东（2011）对校企合作申请专利的网络图谱分析表明校企合作成果和上述高新领域吻合，能反映科技领域的前沿和重点。同时，阿利森等人（Allison et al.，2009）的研究表明软件和电子通信领域的专利侵权诉讼尤为活跃，而且这些专利多掌握在非生产性的企业实体手中。本研究假设不同活跃程度技术领域的专利许可时滞不同，并据之提出：

假设 H5：专利许可时滞具有技术领域差异。

（二）研究方法

本研究对收集到的数据进行虚拟回归。回归分析是用途广泛而且极为有效的统计方法。但是由于主要用于处理分类变量，学界对虚拟回归的利用相对较少。由于本研究涉及的因变量为等比变量，自变量多为分类变量，非常适合用虚拟回归进行分析。首先对分类变量进行虚拟化处理，将发明专利、同区位交易、合作专利以及专利技术领域 H 作为参照组，并赋值为 0。最终建立回归模型如下：

$$Dely = k + k_1 Span + k_2 Type + k_3 Area + k_4 Coop + k_i Field_j + e$$

$$(i = 5 - 11，j = 1 - 7)　　　　　方程（8-2）$$

上式中，k 为常量，e 为残差，k 为系数。由于样本量较大，本研究采用 SPSS18.0 软件作为辅助工具进行统计。

二　实证分析

（一）样本与数据来源

我国国家知识产权局从 2002 年开始公布我国专利许可合同备案的数据。由于 2008 年之前的备案数据中缺乏高校专利许可合同备案的数据，2009 年起专利交易的数据比较完备，因此本研究以 2010 年后的交易备案数据为总体对象，从该数据库中采取自动提取的方法以"发明人"项为对象提取含有"＊学"的备案数据，然后删除不属于高校类的主体数据。并在此基础上采用分层抽样的方式随机抽取 350 项数据作为本研究的样本。其中，由于合作完成的专利数量较少，为了比较的便利，对合作完成的专利数据层保留了较多样本，共 75 项。

由于国家知识产权局公布的许可合同备案数据中只具有发明名称、许可人、被许可人、备案日、许可种类等几个统计子项目，为了其他本研究所需要的信息，团队通过国家知识产权局网站的搜寻页面，对每一个专利样本进行搜索，补充专利权人的区位信息、专利申请时间、专利公布时间、专利授权时间和其所属的技术领域等信息。对于被许可人区位的相关信息，则通过工商行政管理局的各地方网站，搜索相应的注册登记信息予以确认。最终形成本研究的样本数据库。样本构成情况如表 8-4 所示。

表 8-4　　　　　　　　　　　　样本构成　　　　　　　　　　　单位：项

专利类型	发明专利	实用新型和外观设计	合计
	318	32	350
是否合作专利	合作专利	非合作专利	
	75	275	350

续表

交易对象	同区位交易				跨区位交易				
	135				215				350
技术领域	A 部	B 部	C 部	D 部	E 部	F 部	G 部	H 部	
	24	68	133	9	8	15	56	37	350

注：A—H 部为国际专利分类号划分的技术领域。

(二) 变量测量与数据处理

专利许可时滞 （Dely）。以专利交易的登记时间作为达成专利许可交易时间的替代值。以该时间与专利公开的时间差作为专利许可时滞，并以月为单位，以 30 天为周期，采用四舍五入的方法取值，数值保留小数点后 1 位。但是对于在公开之前就进行交易的，许可时滞赋值为 0。对于该次登记之前还有其他专利许可交易的，以较先进行的许可登记时间为准进行计算。

专利审查期限 （Span）。指专利授权日或被驳回日和专利申请日之间的时间差。同样，对该时间差，以月为单位，以 30 天为周期，采用四舍五入的方法取值，数值保留小数点后 1 位。

专利类型 （Type）。以其授权条件的严苛性和是否进行实质审查为标准分为两大类。发明专利为一类，并赋值为 0；实用新型和外观设计为一类，为并赋值为 1。

是否为合作专利 （Coop）。对于高校独自申请的专利则赋值为 0；对于合作完成的专利，不论高校是否为第一权利人，都赋值为 1。

对于专利交易的区位 （Area），按照许可人和被许可人之间的地理距离进行赋值。如果该项专利交易中许可人或者共同许可人之一与被许可人在同一城市 （地级市以及直辖市），则认为该交易中许可人和被许可人在同一区位，并赋值为 0；反之则认为该交易中许可人和被许可人不在同一区位，并赋值为 1。

对于专利的技术领域 （Field），使用国际专利分类号 （IPC） 划分专利的技术领域。该分类号分为 "部" "大类" "小类" "目" 四个等级 （如分类号 C08B1/001/02，C 为部，08 为大类，B 为小类，1/001/02 为目）。在分析时，根据研究需要，分别以 "部" 和 "大类" 为单位。而外观设计专利采用不同于国际专利分类号的洛加诺分类方式，高校持有的和完成交易的外观设计专利均较少，抽取的样本中外观设计专利仅有 1 项（技术领域为：10-05），本研究根据技术属性将其划归为技术 G 类。

（三）变量描述性统计

统计结果表明，我国高校普遍存在专利许可时滞的现象，许可时滞最大值为 115.2 个月，最小值为 0 个月，平均值为 39.0 个月。许可时滞越短，说明该专利更容易实现价值，其实质生命周期可能更长，对权利人的价值也就越大。我国高校完成的专利许可交易中，有超过九成的为发明专利，有近四成的专利许可交易发生在同区位之内。从技术领域分布来看，C 部、B 部和 G 部的专利许可交易数量最多。从细分领域来看，排名前五的分别是 G01（测量；测试）、C08（有机高分子化合物等）、C07（有机化学）、B01（一般的物理或化学的方法或装置）和 H01（基本电气元件）五个技术领域。样本描述性统计结果如表 8-5 所示。

表 8-5　　　　　　　　　　样本描述性统计

许可时滞（月）	最小值	最大值	中值	均值	标准差
总样本	0	115.2	37.300	38.976	18.861
发明专利	0	115.2	38.550	41.006	17.962
实用新型和外观设计	0	73.5	15.550	18.844	15.653
合作专利	0	98.5	37.300	37.589	18.207
非合作专利	0	115.2	37.300	39.359	19.050
同区位交易	0	115.2	32.800	35.279	19.704
跨区位交易	0	100.3	38.700	41.303	17.971
A 部	15.2	65.9	40.050	40.854	14.477
B 部	0	98.9	34.000	36.293	20.384
C 部	8.6	115.2	40.400	43.638	18.538
D 部	17.6	61.6	32.800	35.867	15.698

续表

许可时滞（月）	最小值	最大值	中值	均值	标准差
E 部	22.2	73.5	43.850	45.350	16.977
F 部	7.8	78.9	28.400	31.520	19.524
G 部	2.8	73.3	31.350	34.030	17.240
H 部	0	78.8	31.300	35.851	19.729

（四）回归分析结果

回归分析结果可以看出，回归模型通过了 F 检验（p<0.001）；各自变量的膨胀因子（VIF）都小于 2.9，通过了多重共线性检验；调整后 R^2 达到了 0.290，表明自变量能够显著解释许可时滞方差的变异，模型总体效果较好。专利审查期限、专利类型、是否为同区位交易和技术领域对许可时滞均具有显著影响，是否为合作专利对许可时滞无显著影响。回归分析结果如表 8-6 所示。

表 8-6   回归分析结果

Dely	标准差	系数	t 值	P 值	VIF
常数	4.226	—	2.661	0.008 **	—
Span	0.095	0.410	7.581	0.000 ***	1.394
Type	3.642	−0.140	−2.507	0.013 *	1.479
Area	1.818	0.107	2.272	0.024 *	1.051
Coop	2.184	−0.042	−0.874	0.383	1.078
Field A	4.239	0.073	1.282	0.201	1.541
Field B	3.334	0.106	1.512	0.132	2.336
Field C	3.003	0.216	2.792	0.006 **	2.852
Field D	6.106	0.038	0.743	0.458	1.254
Field E	6.426	0.153	2.991	0.003 **	1.238
Field F	5.113	0.086	1.571	0.117	1.440
Field G	3.467	0.072	1.060	0.290	2.169
F 值	12.571	—	—	0.000 ***	—

续表

Dely	标准差	系数	t 值	P 值	VIF
R^2	0.290	—	—	—	—
调整 R^2	0.267	—	—	—	—

注：＊＊＊在0.001水平上显著；＊＊在0.01水平上显著；＊在0.05水平上显著。

专利审查周期的回归系数为正，说明专利审查周期与专利许可时滞呈正相关。假设 H1 得到了验证。即如果发明人认为其专利具有较高的市场价值，并积极推进其专利审查，则该专利的许可时滞也会更短。专利类型的回归系数为负，说明相较于参照组发明专利而言，外观设计和实用新型专利对许可时滞有消极影响，即许可时滞会更短，假设 H2 得到了验证。同时，根据描述性统计结果，除去实质审查期，发明专利与非发明专利的许可时滞中低于三年的部分所占比例均超过了90%。

专利是否合作完成对专利许可时滞无显著影响。假设 H3 未通过验证。原因在于要一分为二地看待产学研合作。有一部分产学研合作是基于企业的直接需求而产生的，这种专利往往并不用于交易，而是由企业自行实施。另外一部分可能用于市场交易，也可能被闲置。因此在产学研合作中，如果企业和高校均无专利实施能力，即便是双方合作完成的专利，也和高校单独完成的专利一样，面临同样的商业化问题。因此高校在产学研合作中，仅仅是与企业合作，而不选择有相应商业化能力的企业，于提升高校专利利用无明显益处。

高校近40%的专利许可发生在本城区内，近60%的专利许可发生在本省域内。即高校专利许可的确具有区位特征。同时与参照组本区位交易相比，跨区位的交易对许可时滞有显著的积极作用，即跨区位交易的许可时滞往往更长。假设 H4 得到了验证。说明高校专利许可不仅具有区位效应，而且本区位交易在时间上更具有效率。

专利技术领域对专利许可时滞有显著影响。存在较多专利交易的几个领域确实属于国家重点鼓励的领域。相对于参照组技术领域 H（电学）而言，技术领域 C（化学；冶金）对专利许可时滞具有积极的影响，即许可时滞更长。这与阿利森等人（Allison et al.，2009）的研究结果比较契合。电子通信领域的专利交易较为活跃，不仅交易量相对较高，而且更具有时间效率。

三　分析结论

专利许可交易是高校实现专利利用的首要方式。而专利申请在公开之后往往还需要继续等待交易时机。通过对高校 350 个专利许可交易的考察，我们可以发现：高校专利许可时滞现象普遍存在，发明专利许可时滞均值为 41.0 个月，除去实质审查期，许可时滞也大多不超过 3 年，实用新型和外观设计的许可时滞均值为 18.8 个月，且大多数不超过 3 年；专利审查期与专利许可时滞呈显著的正相关，即积极推进专利审查的专利，其许可时滞也更短；高校专利许可时滞有一定的技术领域差异。

更重要的是，校企合作的发明，其许可时滞和高校独自完成的专利许可时滞无显著差异；高校专利交易的区位特征明显，同区位交易比跨区位交易更具时间效率，均值相差 6 个月。这说明在现有的制度条件下，对于技术许可交易这种专利利用方式而言，高校合作创新中创造的专利并未能体现出市场化利用的优势；同时，专利利用仍受到较强的地域限制，近 60% 的高校专利许可发生在本区域内，而且本区位交易在时间上更具有效率。高校对于开放式创新的适应能力有限。

因此，对于高校专利工作者、专利需求人和相关主管机构来说，有以下结论性意见供其决策参考。一是对于高校专利维持的资助以 3 年以内为佳。目前我国部分高校和地方政府的专利维持资助方案也选择了 3 年的资助期限，这一做法值得推广。二是作为专利需求方，在获得专利许可或者受让专利权时，专利申请人是否积极推进专利审查是判断专利价值的一条重要参考标准。这样的专利往往技术更为成熟，有较好的市场前景。三是在校企合作中，为了解决缺乏专利实施能力和市场需求问题，最佳的办法是寻求具备实施条件的企业进行合作，立基于创造优势互补的专利并不具备专利交易的优势。四是高校专利创造和申请应当优先考虑本区域产业需求，积极投身重大战略性新兴产业的技术开发。这样的专利技术成果更易获得交易和利用。

采用客观数据进行分析，增加了本节研究的信度，专注于许可时滞的分析细化和深化了高校专利研究。本节研究对专利质量、产学研合作以及区域创新理论具有一定的贡献。以国家知识产权局的许可备案日期作为高校专利许可交易实现日期的替代指标，略推迟了高校专利许可的实现日期，但基本上反映了高校专利许可交易的实际情况。由于抽取样本中部分技术领域的样本数量较少，一定程度上限制了部分研究结果的推广价值。跳出宏大的叙事要旨，对高校专利创造、利用、保护和管理进行精细化分析和加强国际比较是今后研究的重点之一。

第九章

高校专利制度演化的
趋势和建议

面对高校专利创造和利用的现实状况，面对新的技术创新环境和专利商业模式，我国高校专利制度也在发生变迁。虽然只是规章制度层面，尚未上升到法律法规层面，但已经体现出制度对环境的适应性反应和自我变革，而且这种变革的影响范围也正在扩大。这种变革以专利产权制度为核心，涉及与专利产权相关的科研立项、专利利用、专利资助等方面，旨在一方面促进高校专利创造，另一方面提升高校专利利用能力和利用效果。

第一节　高校专利制度演化的趋势

一　高校专利利用制度的觉醒

2008 年国务院颁布了《国家知识产权战略纲要》（以下简称《纲要》），对高校知识产权管理提出新的要求。为提升我国知识产权创造、运用、保护和管理能力，建设创新型国家，实现全面建设小康社会目标，《纲要》要求充分发挥高等学校、科研院所在知识产权创造中的重要作用，要求引导支持创新要素向企业集聚，促进高等学校、科研院所的创新成果向企业转移，推动企业知识产权的应用和产业化，缩短产业化周期。可以看出，这时的制度体系认可了高校在知识和技术创造上的重要作用，并已经体现出了对高校技术成果市场化利用的关注，重视向企业转移高校的技术成果，通过企业来实现技术应用和产品化以及产业化。

　　2011 年教育部、科技部提出"高等学校创新能力提升计划"。为促进高等教育与科技、经济、文化的有机结合，大力提升高等学校的创新能力，支撑创新型国家和人力资源强国建设，鼓励完善协同创新机制，加强技术集成和转化。这一制度的出台，使得高校知识产权政策有了进一步的飞跃，政府逐渐认识到了在技术开发和技术应用过程中开放式创新的重要性，鼓励高校在技术创造活动中协同创新，加强技术集成。这种技术集成导向有利于解决技术的互补性问题，形成互补性技术组合；协同创新的机制不仅指技术创新过程中的优势资源互补、创新平台共享，更意味着高校技术创新发展与市场需求、企业能力的协调，重视技术和其他市场因素的协调发展。

　　2012 年 4 月 28 日，国务院办公厅转发《关于加强战略性新兴产业知识产权工作的若干意见》，以提高我国战略性新兴产业的知识产权创造、运用、保护和管理能力，推动战略性新兴产业的培育和发展，鼓励构建产学研合作新机制，实施产业集聚区知识产权集群管理。这一政策立足战略性新兴产业发展，但也看到了高校在其中的重要作用，开放式创新下的产业聚集和知识产权集群被重视。这充分体现了本书提及的专利组合利用在当下经济环境中的重要作用。

　　地方政府层面也体现出相应的制度变革，如 2013 年的《山东省专利条例》第 16 条规定"鼓励和支持高等学校、科研机构和企业采取多种形式开展发明创造，实现专利技术的产业化。专利行政等有关部门应当建立专利技术转移机制，鼓励和指导高等学校、科研机构与企业之间加强专利技术的转移"；同年通过的《北京市专利保护和促进条例》也指出要"鼓励高等院校和科研院所依法申请专利，实施专利；支持企业、高等院校、科研院所开展多渠道、多形式的合作，共同研究开发和实施专利"。在这样的制度设计中我们也可以看出，地方政府认识到了专利利用的重要性，但对于怎样的专利可以得到利用，专利利用的实现方式应当如何缺乏必要的认识。因而在制度设计上，只是表达了专利利用的"诉求"和"愿望"，对专利的鉴别和利用仍缺乏有效的制度设计进行推进。

二 高校专利产权制度的变革

高校专利利用中的现实状况不仅让人对专利利用制度本身产生了怀疑并逐步进行试探性地改革，还有的地方政策制定者已经看到了高校专利产权本身可能存在的问题，并试图进行改造。高校专利产权不仅仅是归谁所有的问题，更重要的是在明确了专利产权归属之后，如何优化产权结构，进行权力下放，实现对发明人的激励。

2012 年武汉市人民政府出台的《促进东湖国家自主创新示范区科技成果转化体制机制创新的若干意见》中，就鼓励在不改变高校专利产权结构的前提下，当高校未能及时实现专利利用时，赋予发明人自主实施成果转化的权利，并提高这种情形下发明人的利益分享比例。

不得不承认，地方政府的政策制定中，由于其拥有的权力有限，无力对高校专利产权制度本身进行变革，而且上述规定也并不具有强制性的规范效力。但是作为一种地方性的政策规定，这种指示性的政策条款和制度导向正是对"拜杜规则"下高校专利产权结构调整的初步尝试，为日后更深刻的制度变革提供了一种可能的方案。这种地方政府制度变革的冲动也正好在一定程度上印证了周业安（2000）"地方政府作为制度创新主体，中央政府作为制度选择主体"的制度演化变迁理论。

三 高校科研立项制度的调整

更深刻的制度反思是开始关注高校专利制度的源头——国家科技资助政策体系本身。

2007 年的《国家自然科学基金条例》中提出了科研立项中要企业参与的宗旨。如该条例第 7 条规定"基金管理机构制定基金发展规划和年度基金项目指南，应当广泛听取高等学校、科学研究机构、学术团体和有关国家机关、企业的意见，组织有关专家进行科学论证"。

2010 年国务院《关于加快培育和发展战略性新兴产业的决定》（国发〔2010〕32 号）则更加体现出科研立项中企业的主导地位和核心作用。该决定提出，"对面向应用、具有明确市场前景的政府科技计划项目，建立由企业牵头组织、高等院校和科研机构共同参与实施的有效机制"。并提出"依托骨干企业，围绕关键核心技术的研发、系统集成和成果中试转化……发展一批由企业主导，科研机构、高校积极参与的产业技术创新联盟"。2011 年国务院办公厅《关于加快发展高技术服务业的指导意见》（国办发〔2011〕58 号）提出，"支持高校和科研院所面向市场提高研发服务能力，创建特色服务平台"。2012 年《"十二五"国家战略性新兴产业发展规划》（国发〔2012〕28 号）中，则进一步延续了上述政策，并提出"支持联盟成员构建专利池、制定技术标准等"。同样地，在当年具体的产业规划中，也提出了类似的要求，如《节能与新能源汽车产业发展规划（2012—2020 年）》。

对企业和市场地位的推崇，不仅仅体现在对骨干企业的依靠和支持上，还体现在对小型微型企业的重视和扶持上。2012 年国务院《关于进一步支持小型微型企业健康发展的意见》中提出，"鼓励大专院校、科研机构和大企业向小型微型企业开放研发试验设施"。

地方政府科研立项也显示出同样的动向。2010 年《中关村国家自主创新示范区条例》规定，在科研立项中引入市场需求和市场机制，鼓励企业和技术联盟参与科研立项。并组织示范区内的企业、高等院校、科研院所和由其组成的联合体参与招标。对符合条件的产业技术联盟，可登记为法人。对技术联盟的界定突破了理论意义上的"一种多个专利所有人之间汇集其专利的协议安排"，增强了技术联盟运作的灵活性。

四　高校专利资助制度的反思

我国高校的专利资助制度因为多头管理而出现了重复资助和过分资助的情况。首先，在课题立项和实施中受到了课题经费的资助。其次，我国各级政府也对专利实施刺激政策，对包括高校在内的各种创新主体申请专利进行资助。如根据《浙江省专利专项资金管理办法》，"本省企事业单位、社会团体和第一申请人地址在本省辖区内的自然人"均属于可资助的范围，资助对象主要为发明专利的申请和授权，其中，国内发明专利资助 3000 元；国外发明专利每件资助 3 万元。再如，根据现行实施的《上海市专利费资助办法》，发明、实用新型和外观设计均可以得到资助，资助的对象也包括高校单位在内。另外，北京、广东、江苏等地,莫不如此。对于高校而言,我国教育部与国家知识产权局的相关规定中本已对高校提出的发明在费用上进行了减免,现行的资助政策导致了高校专利资助额度大于专利申请所需的成本,专利申请变得有利可图,专利资助政策异化为一种额外的奖励(傅利英、张晓东,2011)。

然而,随着我国专利申请的爆发式增长,专利质量引发了人们的普遍担忧,也引起了政策制定者的重视,专利资助政策也在发生着变化。首先,专利资助的范围越来越趋向于较高质量的发明专利;其次,地方政府也意识到了重复资助的问题并予以规范,比如,最新修订通过的《上海市专利费资助办法》就规定"凡获得中央财政或市级财政有关专利资助资金的,不得重复申请资助";再次,对资助额度进行控制,《关于专利申请资助工作的指导意见》规定对专利费用的资助应当按比例进行,一般不得超过70%,各地按照固定金额资助的,其固定金额亦往往不得超过专利费用总额的一定比例;另外,资助审查也更趋严格。

不仅如此,上述的专利资助政策仍然存在一定的缺陷。专利资助仍然主要作用于专利申请和授权,即专利的创造阶段,对专利的转化和利用这一根本性的问题,专利资助政策很少能够发挥有效作用。我国一些地方也逐步认识到了这种问题,开始对专利利用进行刺激和资助,如《北京市专利商用化促进办法》就规定,对专利转让、专利许可行为进行资助,对于不在本地注册的受让人或者被许可人,资助金额最高为50万元,对于在本地注册的,资助金额最高可达100万元。然而这种资助事实上形成了对专利权人的奖励,资助资金通过价格传导机制会降低许可和转让的合同价格,并不具有真正的刺激效果。邯郸国家高新技术创业服务中心出台了《申请专利及专利孵化资助奖励办法》,除了对专利申请和授权进行不同程度的资助之外,还对专利项目投产后进行资助。其中,实用新型专利给予1万元的孵化种子基金支持,发明专利给予2万元的资金支持。这种资助政策将专利资助的关注点又推进了一步。

2014年8月印发的《佛山市专利资助办法补充规定》吸收了上述资助政策的各项优点,并进行了进一步的尝试,对专利资助进行了更加详细的规定。对获得多项专利的企业进行超额资助,对专利代理机构和专利代理人才进行特别资助；对 4—6 年内的专利维持费用进行 50% 的资助；对专利权人在国内外的诉讼活动进行资助；对专利交易和质押融资进行资助；对专利企业和专利平台进行资助等。但是，由于影响专利利用的因素太多，不仅仅是需要生产、销售成本，还需要商业成功所需要的所有技术的和市场的资源，这些并不是上述资助所能够解决的。上述政策虽然并非专门针对高校，然而也不可避免地对高校产生政策影响，因此不可不察。

第二节　高校专利制度演化中的政策建议

从制度变迁的理论出发，结合我国专利利用的现状和开放式创新对我国高校专利活动的影响，通过梳理我国高校专利相关制度的演化，本书力图更准确地指出我国高校专利制度的变化趋势和方向，而不是构建出一种全新的制度体系和方案。具体而言，以下的制度规则正在形成中，并且能够适应开放式创新环境下的制度需求，因此应当进一步强化和推广，并且在制度发展成熟的时候可以进行体系化的立法，让部分规则得到法律层面的认可。

一　高校专利利用制度

选择性地实施专利一体化，引导风险投资促进专利利用。目前，专利一体化仍是我国高校专利利用的重要方式，但是高校不具有互补性商业资产。高校在选择专利一体化时，应充分利用风险投资和专利孵化器的作用，在获取互补性资产之后进行专利一体化。

引导专利适当集中，促进专利交易。互补性资产在专利利用中发挥着重要作用。高校拥有互补性专利，企业拥有互补性生产能力，而专利经营公司拥有互补性经营能力。将互补性专利适当集中，降低交叉许可和多次许可的谈判成本，增强专利的市场化程度。单个专利价值和有效性有时难以判断，专利适当集中可以降低技术和市场风险。专利交易可以提高专利利用效率，促进互补性资源的合理流动。目前，韩国和日本政府准备建立类似于高智投资的专利经营公司，我国也应在借鉴韩国、日本、印度等国所采取的回应性政策的基础上，结合我国具体国情，引导建立类似外国那样的专利经营公司。由于我国专利交易平台的发展尚处于起步阶段，对高校专利利用的作用不明显，尤其是对专利实力较强的高校可能会有副作用，其效益和贡献有待考察，所以我国高校对专利交易平台应当谨慎对待。

二 高校专利产权制度

完善对职务发明人或设计人的激励机制。重视职务发明人或设计人在专利维护和利用中的作用，建立和完善职务发明人在专利利用和维护中的意志表达渠道。通过提高专利保护能力来获得专利收益和促进专利利用。

提高对职务发明人或者设计人的奖励和报酬，并确保这一权益的实现。一项交易可能涉及多项知识产权，应当按照技术贡献率给职务发明人支付奖励和报酬。高校将职务发明创造、职务技术成果转让给他人或许可他人使用的，应当从转让或许可使用所取得的净收入中，按照该项成果的贡献率提取报酬。职务发明创造、职务技术成果的完成人贡献多项成果的，累计计算；职务发明创造、职务技术成果的完成人为多人的，奖励和报酬按贡献度进行分摊。

对一定期限，比如3年内无法得到利用的专利，将其商业利用的权利赋予职务发明人。这一制度具有理论优势，能够充分调动科研团队和发明人的积极性，克服高校知识产权管理体制的障碍，并且在现实中业已萌发了这种制度雏形，这一做法有可能扩大，也值得进一步推广。

三 高校科研立项制度

优化专利资助体系，鼓励开放式创新。一方面，在科研立项和科研资助中既要保证基础研究和探索性研究，又要考虑市场需求，对我国战略性新兴产业急需的技术重点资助。另一方面，鼓励开放式创新，加强校企合作，使创新要素和创新成果向企业聚集，专利创造更加面向市场，充分发挥高校、企业和政府各自的优势和资源，促进高校专利利用。

在校企合作中，为了解决缺乏专利实施能力和市场需求问题，最佳的办法是寻求具备实施条件的企业进行合作，立基于创造优势互补的专利并不具备专利交易的优势。高校专利创造和申请应当优先考虑本区域产业需求，积极投身重大战略性新兴产业的技术开发。这样的专利技术成果更易获得交易和利用。

四　高校专利资助制度

现行的专利资助制度仍着力于对专利创造的激励，对专利利用并不能起到很好的促进作用，并且多管齐下的专利资助政策也可能会背离专利费用制度的初衷。因此，一方面要对专利创造和维护的激励进行优化，加强对专利维持费用的资助或者减免。现行的资助过分关注授权前的申请成本，而对维护费用资助过于漠视。高校专利从授权到得到利用往往要经历一段时间，这段时间要经历专利信息的扩散，专利需求方与供给方的匹配和沟通等，只有度过专利维持这个时期专利才能得到利用，而这个时期专利权人则无法得到专利的回报而需要继续担负专利维持成本，因此专利维持资助显得尤为重要，可以考虑设置一定比例的、3—5 年的专利维持资助或者费用减免。

另一方面要对专利商业化利用的刺激和资助已经引起了地方政府的重视并出台、实施一些地方性规范。然而，多数既有的资助政策缺乏对专利利用活动规律的考察，资助手段和资助目的不能很好地匹配。一些科技园区和地区政府的探索性制度创新已经将专利资助的重心向专利利用倾斜，比如《佛山市专利资助办法补充规定》已经开始重视专利维护、维权和商业化运用。专利利用的形式无外乎转让和许可、自主开发、诉讼获益以及衍生的专利融资等。由于价格传导机制的存在，对专利转让和许可的资助并不能促进专利的利用，促进专利商业化利用的专利资助应当着力于专利开发阶段，对专利产品化和诉讼等活动进行资助。对于高校而言，亦可通过参与国家和地方的专利资助活动而增强专利创造和运用的效果。

第十章

上篇小结

通过对我国高校专利制度变迁下的专利创造和利用的理论分析及实证考察，本研究发现如下结果。

作为规范高校专利产权的重要制度，"拜杜规则"在世界范围内广为传播，但其制度变迁的过程也说明了"拜杜规则"与其他制度相互联系的重要性。在我国除了"拜杜规则"之外，国有资产的属性仍然是高校专利利用上的一个重要的无形枷锁，高校评价制度和技术转移制度均可能影响"拜杜规则"的有效性。我国高校专利创造主要受到科研资金投入的影响，科研人员全时当量对高校专利产出没有明显的作用。这可能是由于我国的人力资本水平尚未达到其促进自主创新的"门槛"，高素质人才的比例较低，研发人员过于饱和，激励机制相对缺乏等原因造成的。高校受资助程度与高校专利利用率并不是同步变化，"拜杜规则"并未能够明显促进我国高校专利的创造和利用。造成这种情况的原因有三：一是"拜杜规则"确立的产权制度并未能够取代我国长期以来的科研考核机制的影响，未能为高校专利利用提供有效激励；二是专利利用本身就是一个难题，不论是高校还是一般的创新主体，大多数的专利均因缺乏各种条件而无法得到利用；三是虽然法律位阶和法律效力不同，但是"拜杜规则"出台之前的制度体系已经形成了类似的产权安排。

技术创新的环境和技术创新的模式也在发生着变化。熊彼特的创新理论无法揭示技术创新发生的过程。集成创新、协同创新、开放式创新、创新网络等理论是对创新过程的揭示，但却带来了理论上的隔阂和混乱。通过比较分析发现，开放式创新能够统合上述技术创新模式，并且能够避免集成创新和协同创新中的构建理性倾向，可以被称为一种技术创新"范式"。但是开放式创新具有稀释创造力、技术专属性差等缺点，并不是技术创新的唯一路径选择。随着开放式创新的深入发展，新的商业模式开始涌现，对高校专利活动和专利产权制度产生了进一步的冲击。而我国在开放式环境下的专利利用效率并没有明显的改进，正催生着高校专利制度进行新一轮的变革。

对近年来我国高校专利相关政策的梳理发现，高校专利制度演变体现出一定的变化趋向：高校专利利用制度觉醒，专利利用和技术集成、技术联盟、技术标准等问题得到重视，高校产权制度在法律框架下发生着潜在的变革，高校科研立项制度中越来越重视企业的核心和主体作用，高校专利资助制度趋于合理化。最终本篇提出了应当适应这些制度演变的形势，进一步推进高校专利制度变革的建议。具体包括：加强应用型科研项目立项中企业的主导地位，赋予职务发明人和课题组更多的决策权和分享权并保障其实现，引导专利集中利用和促进专利交易等。

然而，本篇的研究也有一定的局限性。在对"拜杜规则"促进高校专利产出有效性和影响高校专利利用的因素等问题的研究中，采用了宏观数据和高校层面的数据，以全国整体和高校整体为对象对专利投入产出和利用情况进行了分析；但更可靠的方式是可以通过微观层面以专利权人为中心进行调查研究，探究"拜杜规则"前后，专利发明人态度、行为和专利创造与利用效果的转变。同时，开放式创新的技术经济环境下，专利联盟、专利诉讼、专利经营公司等商业模式开始涌现并不断发展，这也逼着高校专利制度变革的进一步深化。由于这种新的经济形势和商业模式的发展仍未深入，相应的研究仍较多停留在理论探析层面，高校参与开放式创新的组织方式、过程、深度和方法等研究仍待深入。另外由于高校仍担负着更为重要的知识创造和传播功能，本篇研究仅仅从专利创造和利用等角度来进行难免不能面面俱到。今后的研究可以进一步从微观层面对发明人的心理、态度和行为进行研究，探索开放式创新环境下，高校参与新兴商业模式的方式、方法，并不断深化高校专利产权制度变革，以适应和促进高校专利创造和利用等活动，为高校科技创造和转化利用提供制度激励。

下　篇

我国国立科研机构的
创新制度协同

第十一章

下篇绪论

第一节　研究目的和意义

一　研究目的

国立科研机构是由国家建立并资助的各类科研机构，体现国家意志，有组织、规模化地开展科研活动，是国家创新体系的重要组成部分，包括国家大型综合性科研机构和部门所属专业性科研机构（白春礼，2013）。国立科研机构的重要性与特殊性就在于其研究的基础性、战略性和前瞻性的贡献（简称"三性贡献"），此种研究是大学分散的、自由探索式的研究力所不能及的，也是企业在一定期限内没有既定回报而不愿从事的。2012 年《关于深化科技体制改革加快国家创新体系建设的意见》中指出，要提高科研院所服务于经济社会发展的能力，发挥国家科研机构的骨干和引领作用，建立健全现代科研院所制度。因此，国立科研机构在发挥其"三性贡献"的同时要提高服务社会经济发展的能力。

但是，具有应用性技术研发能力的国立科研机构在技术创新中存在难以跨越的"死亡之谷"，大量的研究开发成果难以得到有效运用。究其原因，存在相互关联的三个方面。（1）制度层面表现为创新政策的碎片化以及政策间的冲突与矛盾，政策缺乏操作性、检验性、执行性。（2）政策引导下的实践层面则表现为创新模式的困境。在科技创新即由基础研究向应用研究转化的创新政策引导下，国立科研机构形成了单向的线性创新模式，角色定位则是"国家管制"下的"研发组织"，而非"创新组织"。（3）从创新模式与创新政策的互动关系来看，创新政策与创新模式的协同性缺乏，现有的政策供给不足以支撑国立科研机构创新活动，不利于创新模式的转变，亟须一个有效的分析工具将创新模式转变所产生的政策需求进行整合与反馈。

基于此，有必要以我国国立科研机构创新政策及其与创新模式的协同作为研究主题，分析创新政策的现状及其对国立科研机构创新模式的影响；前瞻性地探析国立科研机构创新模式的转变，以及创新模式转变后所产生的政策需求；并以创新模式转变为核心，结合政策供给与需求，设计国立科研机构创新的具体制度方案；构建跨越"死亡之谷"的国立科研机构创新政策与创新模式的协同机制，为我国国立科研机构发挥骨干引领作用提供制度与实践层面的支撑。

二　研究意义

首先，明确我国国立科研机构创新政策的总体分布情况与存在的问题，为解析创新政策对创新模式的影响提供整体分析框架。

国立科研机构创新的相关政策分散地存在于以"科研机构""科研单位""科研院所""事业单位"等为调整对象的政策中，要分析创新政策存在的问题及其对创新模式的影响，首先要对创新政策有一个整体的认识。运用政策统计方法对现有政策进行全面梳理，并运用内容分析法对检索出的有效政策文本的实质性内容进行分析，有助于准确地剖析创新政策所存在的问题。

其次，明确我国国立科研机构具体创新政策的实施情况与制度性障碍，解析具体制度对创新模式的影响，为完善国立科研机构创新的具体制度设计方案。

具体政策与制度直接决定着国立科研机构及其科技人员的价值目标与行为方式，因此有必要选取具有典型代表性的具体政策进行研究，并重点分析该具体政策对创新模式的影响。本篇选择财政性资金资助的科技项目成果的权利归属与管理规则（简称"政府资助科技项目成果权益规则"）进行分析，不仅因为国立科研机构具有"政府特性"，更因为政府资助科技项目成果权益规则符合国立科研机构科研活动的特点，又属于创新政策的核心内容，其中的权利归属与利益分配制度更是技术创新的前提与基础。通过对该政策的深入剖析，明确我国的国立科研机构在创新活动中所面临的制度性障碍。

再次，明确我国国立科研机构创新模式存在的问题及原因，并以此为基础研究创新模式的转变及其产生的政策需求。

我国国立科研机构划归为"事业单位"范畴，事业单位的定位导致国立科研机构受限于我国长期以来的计划体制框架，并形成了"国家管制"下的创新模式。分析此种创新模式存在的问题并吸收新型科研机构的有效经验，有助于在科技体制改革的时代契机下转变创新模式，充分释放国立科研机构的创新潜能。

复次，借鉴吸收美国国立科研机构创新政策的有效经验。

美国20世纪中期以来的科技政策不仅影响着本国的科技创新活动，也影响着其他国家的科技政策与创新政策。美国已逐渐形成了较为完善的联邦实验室创新政策，集中表现为20世纪80年代以来的《史蒂文森·怀德勒技术创新法》《拜杜法案》《联邦技术转移法》《政府绩效与结果法》等，对促进并引导美国联邦实验室将角色扩充到技术转移领域起到了关键性的作用。通过对比中美两国创新政策的差异，为我国国立科研机构创新政策的完善，以及创新政策与创新模式的协同研究提供借鉴。

最后，构建我国国立科研机构创新政策与创新模式的协同机制。

以政策供给与需求为逻辑主线分析国立科研机构创新政策与创新模式之间的关系，从创新政策视角分析创新模式存在的问题与原因，并运用 ROCCIPI 模型分析政策供给与创新模式的关系、创新模式与政策需求的关系，整合创新发展中的政策需求并提出政策完善建议，构建跨越"死亡之谷"的协同机制，为我国国立科研机构的发展与建设提供建议。

第二节 研究综述

一 关于国家创新体系的研究

（一）国家创新体系（NIS）的概念与作用

关于国家创新体系（National Innovation System，NIS）的概念，弗里曼（Freeman，1987）认为，NIS 是由公共部门和私营部门中各种机构组成的网络，这些相互关联的机构在活动中推动技术的创新与扩散。弗里曼（Freeman，1992）进一步认为，从广义上说，NIS 包括国民经济中所涉及的引入和扩散新产品，以及与此有关的过程和系统的所有结构；从狭义上说，NIS 仅包括与科技活动直接相关的机构。随着 1994 年经济合作与发展组织（OECD）启动的"国家创新体系研究项目"（National Innovation System Project），国家创新体系的研究从理论研究进入各国角色层面。随着理论的发展与创新，在国家创新体系基础上提出了创新生态系统（Innovation Ecosystem）的概念。

（二）我国国家创新体系及其存在的问题

在我国，国家创新体系的概念直到 2006 年才首次出现于政策文件中共中央国务院《关于实施科技规划纲要增强自主创新能力的决定》之中，但与此相关的主题可追溯至 1985 年的《中共中央关于科学技术体制改革的决定》。关于国家创新系统的概念，冯之浚（1999）认为是由经济和科技的组织机构组成的创新推动网络，王春法（2003）认为是一种有关科技知识流动和应用的制度安排。王海艳、张寒（2014）系统地描述了美国、英国、德国、日本、韩国、芬兰的国家创新体系，并集中探讨了国家创新体系中的政府定位问题，认为政府合理定位是关键。关丽洁、纪玉山（2013）在分析技术创新相关理论的基础上，认为当前我国国家创新体系存在自主创新能力较弱、企业创新动力不足、协同效应较弱、政府提供的技术创新环境不理想等问题。李世闻（2013）运用数据统计与对比分析，认为我国研发经费总额较低、研发强度不高、研发队伍结构不合理，创新主体间合作不充分。刘春田（2014）认为国家创新体系是一个包括技术、制度、机制等要素的复杂系统，中国国家创新体系目前的主要问题之一是知识产权法治相对落后。

（三）国家创新体系的新发展以及创新主体的关系

随着研究的不断深入，国家创新体系已发展到国家创新生态体系（National Innovation Ecosystem）的新阶段。美国总统科技顾问委员会（PCAST）2004 年先后发表了两个研究报告（"*Sustaining the Nation's Innovation Ecosystems：Information Technology Manufacturing and Competitiveness*"和"*Sustaining the Nation's Innovation Ecosystems：Maintaining the*

Strength of Our Science and Engineering Capabilities"），其中将"创新生态系统"作为国家创新的核心概念。随着创新体系的发展，曾国屏等人（2013）认为国家创新生态体系正越来越强调创新体系的动态性、栖息性质与生长性，即动态性演化性、创新要素的有机聚集、系统的自组织生长性。

国家创新系统或国家创新生态系统都依托创新主体而存在，其中的创新主体主要包括科研院所、高校、企业等。瓦苏德瓦（Vasudeva，2009）认为政府在国家创新体系中扮演重要角色。弗里曼（Freeman，1991）认为创新网络涵盖了公司之间的多种合作关系，网络成员参与研发、商业化和产品的传播等创新活动中。道奇林和马修斯（Dodgson，Mathews，2008）认为要深入了解国家创新体系，必须首先理解系统中各主体间的关系及相互作用。Zhou HY（2007）认为大学是国家创新体系建设中重要的人才输出单位。Lee（2014）通过研究发现大学是私营企业的重要研究伙伴，而且国家对于促进大学—工业界（university-industry）研发合作的政策一直在加强。李正风、席酉民（2013）认为大学的特点是研究与教育的结合以及自由探索式研究，国立科研机构则是直接服务于国家目标。张炜、杨选留（2006）认为国家研发机构应掌握更多的具有市场竞争力的核心技术，而不是与企业争"市场"。周大亚（2013）则论述了科技社团在国家创新体系中不同于其他创新主体的独特作用。

综上，随着国家创新体系研究的不断深入，目前其呈现出动态性、复杂性、网络性、多样化的特点。研究主题已从基本理论、概念、内涵等基本要素发展成以创新主体为核心的全局性、整体性、系统性研究。对于创新系统中的创新主体，不仅关注各创新主体的地位与作用，更关注各创新主体间的合作关系与协同效应，为国立科研机构的研究提供了前提与基础。

二 关于国立科研机构创新的研究

（一）基础研究与应用研究的关系

万尼瓦尔·布什（Vannevar Bush）在《科学——无止境的前沿》

（*Science—The Endless Frontier*）中，坚持了基础科学与应用科学的两分法，并认为从长远来看，基础研究是技术进步持久而强大的动力。创新是一种"线性模型"（见图 11-1），即基础研究到生产经营是一个线性发展过程。

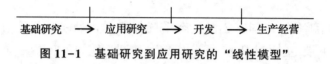

图 11-1   基础研究到应用研究的"线性模型"

司托克斯（Stokes，1997）在《巴斯德象限：基础科学与技术创新》中，提出了科学研究的象限模型，并运用巴斯德奠定的微生物学既是基础研究又是应用研究的典型事例来说明基础研究与应用研究的关系，认为是"应用引起的基础研究"，科研问题的选择和研究方向的确定常由社会需要而引起。并认为基础研究与技术创新之间是一种相互作用的关系（见图 11-2）。

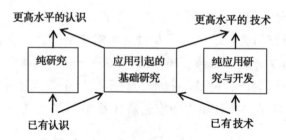

图 11-2   基于"应用引起的基础研究"的双轨道模型

随着基础研究与应用研究关系的争论与发展变化，创新主体的创新过程与知识生产过程也在不断变化与发展。李平、杨淳（2014）以蒙特利海湾研究所（MBARI）正在从学院科学向后学院科学转型为例，认为在研究中将科学与技术紧密结合已成为趋势，后学院知识生产方式实现了在同一个知识生产体内不同类型生产之间的不断反馈与交融。

因此，科学与技术间的互动关系已并非简单地从科学发现到技术创新，基础研究与技术创新的关系已慢慢显示出复杂的、动态的、系统的、双向互动的特点。基础研究与应用的关系、科学与技术的关系并没有绝对的定论，而是在不同的时代背景与社会需求之下会呈现出不同特点。与此同时，政府及其创新政策对于基础研究与应用研究的态度，不仅直接反映在国立科研机构的发展历程与角色定位上，更直接决定其研究方向与创新模式。

（二）国立科研机构创新活动的研究

博兹曼（Bozeman，1988）以美国16000个实验室为研究对象，阐述了美国联邦实验室对于国家创新发展的重要性。格罗斯（Gross，2003）探讨如何将美国实验室的创新成果进行商业化运用。亚当斯（Adams，2003）认为美国《史蒂文森·怀德勒技术创新法》所引入的研发合作协议CRADAs（Cooperative Research and Development Agreements）在联邦实验室与企业的技术转移中占主导性地位。萨维德拉和博兹曼（Saavedra，Bozeman，2004）对229项美国联邦实验室与产业界的合作项目（federal laboratory‐industry technology transfer）进行分析，研究认为联邦实验室与公司在创新活动中扮演不同的、有区别的角色（一定梯度的技术角色）有利于增强合作有效性，并且根据回归模型的结果发现公司所掌握的市场信息对提高合作效率尤为关键，此种观点与哈姆和莫维利（Ham，Mowery，1998）的研究一致。休斯等（Walejko，Hughes，2012）认为，美国联邦实验室拥有包括科学家与工程师的多学科团队、庞大与复杂的设施以及涉密研究的能力等独特的资源，随着资源投入的不断增加，研发投入需要更多回报，因此美国联邦实验室在完成研究任务的同时需要与市场主体合作进行技术商业化。

史密斯（Smith，2000）认为国立科研机构要适应全球化和以技术为基础的竞争，应从面向内部的研发组织转变为更注重外部的创新组织。史密斯（Smith，2003）进一步认为，对于国立科研机构而言，由内部驱动的研发文化转变为商业化和外部驱动的研发文化尤为重要。因此，国立科研机构的创新不仅要关注其作为一个单独创新主体的活动，更应关注其与其他创新主体的合作关系，特别是与产业界的关系。

（三）我国国立科研机构创新的问题及其解决方案

美国国会（1985）指出，知识产权商业化的过程复杂、时间长、成本高，而且风险高、经常失败。我国国立科研机构的创新活动也遇到一些困境。李文波（2003）研究指出，国家政策等因素影响我国大学和国立科研机构技术转移效果。许为民、杨少飞（2005）研究认为，与发达国家相比，我国国立科研机构存在学科单一、研究领域不够宽广，缺乏有效的人员、知识的开放与流动机制等问题。符颖（2006）分析了国家重点实验室在知识产权保护过程中存在的一些问题，例如专利数量偏低、知识产权的结构不合理、专利转化率偏低等。刘海波、刘金蕾（2011）从科研机构治理的视角分析了科研机构作为事业单位而导致的科研、行政与市场三种规律的冲突，认为应进行科研机构立法。薛澜、陈坚（2012）认为我国国立科研机构在转制改革中定位不准。《人民日报》曾报道，科研人员认为国有资产管理制度中的审批制度阻碍了科技成果转化。柳卸林等（2012）则认为我国目前还非常缺乏促进科研院所技术转移体系建设的制度创新和政策保障。

在探索解决方案的过程中，周岱等（2007）介绍了美国联邦实验室在管理体制和运行机制方面的经验，对我国国立科研机构分类以及实验室的管理体制具有借鉴意义。卞松保等（2011）系统介绍了美国与德国的国家实验室体系与研发资助体系及其对我国国立科研机构研发资助制度的启发。对于如何解决科技成果转化中的困境，张胜、郭英远（2014）认为要改革国有资产管理制度，赋予国有科研事业单位对科技成果的自主定价权与分配权。

同时，从政府层面而言，也尝试通过科研机构改革来解决困境。1985 年《中共中央关于科学技术体制改革的决定》中关于"扩大研究机构的自主权""研究所实行所长负责制"的规定驱动了科研机构改革。周志田、张丽华（2002）指出科研机构改革中存在公益性与商业性的双重目标冲突，商业化目标对公益性目标侵蚀，建议我国公益类科研机构改革过程中要不断扩大其科研成果的外部性，避免对商业目标的过度追求。杜小军、张杰军（2004）则介绍了日本公共科研机构改革为独立行政法人的情况以及对我国的借鉴意义。薛澜、陈坚（2012）通过实证调查研究，认为我国公益科研机构和转制科研机构尚未形成各自成熟的发展模式，现代科研院所体系建设任重而道远。

综上所述，国立科研机构的知识生产过程与创新模式受到基础研究与应用研究关系的影响，而伴随着后学院科学的发展与影响，部分国立科研机构的知识生产活动正在从纯基础研究向基础研究与应用研究兼顾的态势发展。世界范围内的国立科研机构，特别是美国联邦实验室的发展历程表明国立科研机构在知识生产与创新过程中与产业界关系密切，并且产研合作（federal laboratory-industry cooperation）在国家创新体系中发挥着重要作用。我国国立科研机构创新过程中存在定位不准、技术转移中的知识产权问题、科学评价机制不完善、管理制度不合理、国有资产管理的制度障碍、缺乏促进科研院所技术转移体系建设的制度创新和政策保障等问题。但随着科技体制改革的深入，我国国立科研机构创新中的困境将会得到突破与解决。

三　关于创新政策的理论与方法研究

（一）创新政策的基本内涵

创新体系是指影响创新发展和扩散的经济、社会、政治、组织、制度等因素。福尔曼和波特（Furman, Porter, 2002）认为公共政策对于国家创新能力的形成与发展有着非常重要的作用。关于创新政策的定义，莱莫拉（Lemola, 2002）认为是为了鼓励创新性研究、运用创新性成果、促进创新活动而采取的公共措施。

刘凤朝、孙玉涛（2007）认为创新政策有利于弥补技术创新中的市场失灵，建立有效的创新网络，为创新活动提供良好的环境，提高创新主体的创新能力。温肇东、陈明辉（2007）认为创新政策的形成主要在于政策工具的组合，创新政策作为一种政策资源供给为创新活动提供保障，功能是作为连结科技政策与产业政策之间的桥梁，实现技术创新与市场需求的有效对接。伯纳德等（Autant-Bernard et al., 2013）认为在知识经济时代，创新政策最主要的作用就是构建各种促进知识获取与知识吸收的机制。米特和史密斯（Mytelka, Smith, 2002）认为创新理论与创新政策的联系（theory-policy link）已成为本领域知识发展的中心，可为决策者提供概念性的政策目标以及政策设计工具。

（二）科技政策

莫拉基和马丁（Morlacchi, Martin, 2009）认为STI（Science, Technology and Innovation）政策研究就是运用社会科学去研究科学、技

术与创新的政策，既不是理论驱动也不是范式驱动，而是为解决实际需求的问题导向。苏竣（2014）认为公共科技政策是以科学技术活动为政策客体的公共政策，目的在于通过公共政策影响科技活动，是引导和促进科技成果转化的政策的总称。

（三）知识产权政策

知识产权政策是创新政策的重要组成部分，关于知识产权政策的研究，塞尔（Sell，2003）提出，美国知识产权政策始终以工具主义哲学为基础，采取了一种以市场为导向的实用主义立场，其知识产权政策更多是反映了私人部门的利益诉求。马斯克斯等（Maskus et al.，1998）提出，对中国而言，仅有严格的知识产权保护制度并不足以促进技术发展和进步，还需要更广泛的互补性举措。

（四）创新政策的方法研究

20 世纪 90 年代以来，政策工具（Public Policy Instrument）日益成为西方政策科学研究的一个重要研究主题。莱斯特·M. 萨拉蒙（2002）认为政府治理工具是一种有效的组织集体行动并解决公共问题的方法。对于政策工具的使用，胡德（Hood，1983）主张政府可以运用多元工具实现政策目标。胡明勇、周寄中（2001）认为政府资助型的政策工具，总体而言有利于促进创新活动，政策工具之间存在牵制与补充作用。黄红华（2010）认为在公共管理研究中引入政策工具的理论与方法，能有效地解决政策具体性与操作性缺乏的问题，提高政策的可执行性，并指出要在政府、市场、科研机构等多主体互动的基础上，选择最优政策工具。博拉斯和艾昆斯特（Borrás，Edquist，2013）研究认为，要设计创新政策工具组合来解决创新体系的问题，这种组合叫作"政策组合"（policy mix），是基于"问题驱动"的，会使得创新政策具有"系统化"的特点。

内容分析方法（content analysis method）作为一种追踪信息描述和文本内容的工具，在传播学、信息科学和市场营销等学科中得到广泛应用（Weber，1985）。内容分析方法被运用于政策分析中，要追溯到1989 年美国国家总评估办公室出版的《内容分析：一种结构化分析文本的方法》，其中将政策文本中的各种有效信息进行分类整合并转化为可开展定量分析的信息，定量与定性研究的结合增加了政策研究的科学性。在我国国家和地方科技创新政策的研究中，苏敬勤等（2012）引入内容分析法，将文本信息转化为数量表示的信息，作为一种基于定性研究的量化分析方法，其优点是能有效地克服单纯定性研究所产生的主观性与不确定性。国内外已有研究将内容分析法运用于科技创新政策、知识产权政策、能源政策、旅游政策等，为国立科研机构创新政策的研究提供了参考与借鉴。

（五）国立科研机构创新政策的研究

博兹曼（Bozeman，2000）提供"技术转移的有效模型"（contingent effectiveness model of technology transfer）来整合美国技术转移与公共政策的研究文献与相关理论。贾菲和勒纳（Jaffe，Lerner，1999）在美国国家经济研究局的系列工作论文中指出，1980年后的政策变化对国家实验室的专利活动有实质性影响，不同于大学的是，实验室专利的质量随着数量的增加保持了应有水平，甚至有些提高。博兹曼（Bozeman，2000）与贾菲（Jaffe，2000）认为推动联邦实验室角色扩充到技术转移领域的是《史蒂文森·怀德勒技术创新法》，该法案的核心内容之一就是明确了联邦实验室技术转移的任务。林耕、傅正华（2008）认为1986年《联邦技术转移法》是《史蒂文森·怀德勒技术创新法》的补充性法案，其立法目的在于加速推动技术转移和商品化。埃克派奇和弗里奇（Eickelpasch，Fritsch，2005）描述了德国创新政策的一个新方法，即鼓励通过合作竞争方式（cooperation-contest approach）争取公共资源分配，不仅使申请人在项目上具有较高的自由度，而且能提供"量身定做"的帮助与支持。而罗宾和舒伯特（Robin，Schubert，2013）对法德两国2004—2008年创新政策的实施效果进行实证研究，认为研发活动中的公私合作（public-private collaboration）不应被过分鼓励，因为其无法有效维系创新。

综上，创新政策的研究呈现出快速发展态势，在基本理论与方法论上都有所延伸与扩展。基于上述研究，本篇认为狭义创新政策是指联结科技政策与产业政策的政策，主要任务在于消除技术与产业之间的鸿沟，例如知识产权政策等。而广义创新政策则指促进知识创造、知识生产、知识运用的政策，包括科技、财政、税收、产业、金融、知识产权等政策。本篇采用广义创新政策的视角来分析，因此，国立科研机构的创新政策是指为了鼓励国立科研机构创新的政策，包括科技、财政、税收、产业、金融、知识产权等政策。

四　关于协同理论的研究

协同学是 20 世纪下半叶新兴的、影响最大的学科之一，跨越自然科学和社会科学，研究系统从无序到有序转变的规律与特征。赫尔曼·哈肯在《协同学：大自然构成的奥秘》一书的序言中指出，协同学即"协调合作之学"，旨在发现结构赖以形成的普遍规律。哈肯（Haken，1983）对协同学提出了科学性的论述，无论什么系统从无序向有序的变化，都是大量子系统相互作用又协调一致的结果，都可以用同样的理论与数学模型处理。哈肯的协同学理论不仅在自然科学而且在社会科学中都产生了广泛而深刻的影响，学者根据所属学科领域特点对"协同"的概念进行解释。

知识协同。卡兰兹和帕特里克（Karlenzig，Patrick，2002）认为知识协同是一个组织战略方法，可以动态建立内部系统、外部系统、商业过程，以达到最大化商业绩效的目的。麦凯维等（Mckelvey et al.，2003）认为知识协同至少需要两家公司参与，实质上是一种知识协同开发活动且成效显而易见。陈建斌等（2014）认为知识协同是团队知识协作过程和结果的综合反映。

协同管理。周毓萍（2012）认为协同管理理论的基础是协同论，研究目的是协同效应，它是一种专门研究系统协同规律以及如何对这一规律加以控制的理论体系。协同管理具有目的性、非线性、优化性、互动性和同步性等特征。

政策协同。政策协同的问题源于要解决的政策冲突。坎贝尔（Campbell，1984）认为导致政策冲突的因素主要有四种：正式组织之间的隔绝性，在利益表达结构上形成隔阂而产生的政策冲突，非正式的派别的影响，以及等级上的分隔问题。伯恩斯（Burns，2002）认为政策协调是两种或两种以上的政策为了防止政策之间的矛盾与冲突，实现政策目标，而相互融合演进的过程。彭纪生等（2008）研究认为，我国技术创新政策的颁发机构与政策协同的核心机构并不理所当然就是科技部门，而更多的是国家政府中掌握经济和行政资源的部门，我国科技创新政策已慢慢从运用单一政策转变为利用政策工具组合与政策协同来实现政策目标。因此，政策协同是一个动态的过程，它存在于系统运动过程中；政策协同是一种理想状态，判断协同的标准不是消除"冲突"，而是是否实现系统整体功能、产生新质；政策协同在本质上是利益协同。

关于不同主体间的协同创新问题，吴荣斌（2012）论述了科研机构与高校知识创新协同的问题。温珂等人（2014）通过对101家公立研究院所的实证研究指出，当前中国科研机构的合作主动性和关系治理能力对创新社会资本有显著的正效应，但其内部协调能力却不利于创新社会资本发展，技术转化办公室（Technology Transfer Office，TTO）的设立未能显著正向调节内部协调能力与创新社会资本之间的关系。

综上，协同学是研究一个或多个复杂系统如何从无序转变为有序的规律，是研究一个系统内部多个复杂的子系统之间如何消除冲突并实现合作以达到系统目标的规律。协同学已从最初的物理学领域延伸至自然科学领域，而且在社会科学领域产生着深刻影响。协同学被广泛运用于知识协同、协同管理、政策协同中。我国关于协同创新的理论研究与实践活动，特别是产学研协同创新的研究成果与实践经验，为国立科研机构创新模式的转变提供了借鉴。

五　国内外研究现状综合述评

（一）现有研究的借鉴

根据现有研究成果，与国立科研机构创新政策和创新模式相关联的研究领域已较为成熟，为描述国立科研机构创新政策、创新模式的现状并剖析其中存在的问题提供了理论依据与分析工具，为我国国立科研机构创新政策的完善以及构建创新政策与创新模式的协同机制提供了基础。

国家创新体系的研究成果对于分析国立科研机构及其创新活动的特殊性具有重要意义，进一步而言，有助于在国家创新体系的总体框架下分析国立科研机构、高等学校、企业的联系与区别。同时，国家创新体系动态性、复杂性、多样性的创新过程，为我国国立科研机构创新模式的转变提供路径引导。

创新政策的基本理论为准确理解国立科研机构创新政策的内涵提供了基础并划定了研究边界。内容分析方法的引入有助于准确地找出国立科研机构存在的问题。"问题驱动"的政策工具研究方法能有效地选择解决问题的最优政策工具。

协同学丰富了本研究主题，知识协同有助于国立科研机构的知识生产与创造活动，协同管理有助于国立科研机构内部创新要素与环节的衔接，政策协同为实现国立科研机构创新政策的整体功能提供参考，不同创新主体之间的协同创新则为国立科研机构创新模式的转变路径提供参考与借鉴。

（二）现有研究存在的薄弱之处

现有研究仍存在一些薄弱部分。（1）对国立科研机构创新中存在的问题挖掘得不深入。（2）缺乏以国立科研机构创新为调整对象的政策研究，导致目前的相关政策或停留于原则性层面，或存在政策冲突，或无法实现预期的制度效果，现有的政策占用了有限的政策资源却无法实现政策预期，导致国立科研机构创新存在的问题无法有效解决。（3）缺乏对国立科研机构创新政策与创新模式关系的研究，二者间存在的政策供给与政策需求互动关系并未引起关注。现有研究的薄弱之处印证了本研究的意义，本研究以创新政策及其与创新模式的协同关系为主题，以政策供给与政策需求的关系为逻辑主线，运用政策统计分析与内容分析方法，尝试从政策视角解决国立科研机构创新中存在的问题。

（三）本研究面临的挑战

我国国立科研机构创新政策与创新模式的研究面临以下难点。（1）国立科研机构在我国并非一个通用的固定概念，理论研究中存在"国立科研机构""国家科研机构""国家级科研机构""非营利科研机构""公共科研机构""中央科研机构""公益类科研机构""公立科研机构""中央科研院所""国有科研院所""国家级科研院所"等用语，而且各种用语的概念内涵并非一致，增加了研究难度。（2）政策中各类概念混用，国立科研机构被"科研机构""科研院所""科研单位""科学技术研究开发机构"等概念所整合、涵盖，并非一类特殊的政策调整对象，增加了政策统计与分析的难度。（3）虽然目前有关于创新政策与创新活动的研究，但将协同学方法运用于国立科研机构创新，仍具有一定的挑战。

第三节　主要创新点

首先，运用内容分析法对我国国立科研机构创新政策进行分析，结果显示我国国立科研机构并非一类单独的政策调整对象，政策工具与政策功能多表现为"管理主导"模式，而非"创新主导"。

运用内容分析方法对 294 份政策进行分析，结果显示，我国国立科研机构的创新政策碎片化地存在于以各类创新主体为调整对象的政策中，国立科研机构并非一类单独的政策调整对象，不利于形成统一有效的政策体系。通过对 294 份政策中具有高相关性的 89 份政策进行文本分析，发现政策宏观抽象性突出，表现为导向型政策较多；政府在国立科研机构创新中的作用突出，市场因素尚未充分发挥作用，表现为政府供给型与环境保障型政策所占比重较大，需求型政策所占比重很少。我国国立科研机构目前的创新政策供给更多体现为"管理主导"模式，而非"创新主导"。

其次，通过对政府资助科技项目成果权益规则的分析，揭示我国国立科研机构创新政策存在的制度冲突与缺失，集中表现为国有资产管理的制度性障碍以及协同创新理念的缺乏，现有的政策供给阻碍了国立科研机构创新。

政府资助科技项目成果权益规则是我国国立科研机构创新政策中的重要政策，"拜杜规则"作为政府资助科技项目成果权益规则的核心制度，其制度内容与政策实施直接关系到国立科研机构的创新活动。虽然中国"拜杜规则"对于政府资助科技项目成果所形成的知识产权在权利归属上进行了"放权"的制度突破，但在政策实施中，不仅协同创新理念缺乏，而且面临诸多障碍，尤其是国有资产管理的制度性障碍，表现为国有资产管理中"国家统一所有"原则与"拜杜规则"中所确立的"放权"制度相冲突,科技成果的所有权、处置权、收益权受限,阻碍了国立科研机构创新。

再次,构建我国国立科研机构创新政策与创新模式的协同机制,形成政策供给、引导创新、创新转变、政策需求、政策完善、新政策供给的良性循环,并运用 ROCCIPI 模型整合创新政策与创新模式间的互动关系,形成政策新增、修改、完善的建议。

我国国立科研机构创新政策与创新模式协同性缺乏,现有的政策供给难以有效促进创新,我国国立科研机构创新模式亟待转变,包括创新目标、创新主体、创新环节、创新评价的转变,创新模式的转变提出了不同层次和不同类型的政策需求。运用 ROCCIPI 模型整合创新模式的政策需求,从规则、机会、能力、沟通、利益、过程、观念七个方面设计国立科研机构创新的具体制度方案,构建跨越"死亡之谷"的创新政策与创新模式的协同机制,最终形成政策供给、引导创新、创新转变、政策需求、政策完善、新政策供给的良性循环机制,为我国国立科研机构发挥骨干引领作用提供实践与制度层面的支撑。

第四节　研究方法与逻辑框架

本研究采用政策分析方法,通过政策统计与计量,分析国立科研机构在政策中的主体地位,以及政策工具的分布与使用状况;运用内容分析方法,通过样本选择、制定分析框架、定义分析单元、统计分析等步骤,对国立科研机构创新政策进行定性与定量研究;采用比较研究的方法,对比分析中美两国国立科研机构及其创新活动、创新政策的差异性,有针对性地借鉴美国的经验。

本研究拟进行国立科研机构创新政策及其与创新模式的协同研究。首先明确国立科研机构及其创新的特殊性,以及此种特殊性在政策中的映射。然后运用政策统计分析与内容分析法对现有国立科研机构创新政策存量进行分析,包括总体政策分析和以政府资助科技项目成果权益规则为代表的具体政策分析,阐明总体政策与具体政策中存在的问题。进而分析创新政策对创新模式的影响，重点是现有创新政策框架下创新模式存在的问题，以及创新模式的转变及其产生的政策需求。最后通过创新政策与创新模式的协同性分析提出我国国立科研机构创新政策与创新模式的协同机制。研究路径如图 11-3 所示。

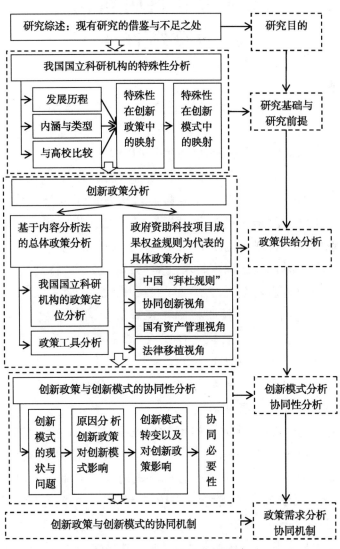

图 11-3　本研究的逻辑框架

第十二章

我国国立科研机构
的特殊性

第一节　国立科研机构的发展历程

一　世界范围内国立科研机构的发展历程

17—18 世纪：国立科研机构的起源。相较于大学而言，国立科研机构历史并不悠久。一般认为，国立科研机构发源于欧洲，成立于 17 世纪的英国皇家学会是最早的近代科学组织。文庭孝（2010）研究认为，十七八世纪的国立科研机构虽然处于萌芽发展期，规模体量上无法与现在相比，但在当时代表着国家科学发展的最高水平，特别是当时所形成的科学精神与规范影响至今。

19—20 世纪初：国立科研机构初现雏形且面临挑战。19 世纪，科学建制进入了社会化的新阶段，1810 年威廉·冯·洪堡领导了一场大学的改革运动，把教学与研究结合作为办学方针，国立科研机构与大学科研机构的分工问题开始受到关注。但国立科研机构的重要性仍然不能忽视，其仍然代表着国家科学的整体水平。

20 世纪至今：国立科研机构不断发展成熟。20 世纪初期，由于一些国家的大学科研不够发达，或是因教学工作无法开展某些领域的科研，各国陆续创建了一批综合性的科研机构。如 1911 年德国创建的威廉皇家协会（马普学会的前身）、1917 年日本成立的理化学研究所（Institute of Physical and Chemical Research）等。两次世界大战，特别是第二次世界大战前后，各国政府均加强了对科学技术活动的干预程度，强化了政府在科技发展中的作用，其中最为典型的是"二战"期间美国联邦实验室的发展，在一系列以军事为目的的科技活动与研究计划的推动下，美国联邦实验室体系得以迅速发展。

国立科研机构经过一个世纪的发展，研究领域几乎覆盖了政府干预的所有领域，在国家创新体系中占据着重要的不可替代的地位。发达国家的科技创新体系发展历程表明，其不约而同地将重点放在以国家实验室为代表的、在研究领域具有多学科交叉优势的、在研究配置上具有优势硬件设施与资源的大型科研主体上，并将其作为国家的重大性战略部署。

二　我国国立科研机构的发展历程

（一）国立科研机构的建立

现代意义上的国立科研机构在我国起步较晚。民国时期，1928年创建的"中央研究院"和1929年建立的"北平研究院"是代表着当时社会最高水平的综合性科研机构，其学科建设具有典型意义。"中央研究院"初期设立9个研究所，1948年增加到13个研究所和研究所筹备处。同时，还建立了专业研究机构，如地质调查所（1913年）、"中央"工业试验所（1930年）、"中央"农业试验所（1931年）、航空研究所（1939年）等（张久春、张柏春，2014）。

（二）国立科研机构的发展

1949年中国科学院成立，是中国自然科学最高学术机构、科学技术最高咨询机构、自然科学与高技术综合研究发展中心。如今的中国科学院拥有12个分院、100多家科研院所、3所大学、130多个国家级重点实验室和工程中心、210多个野外观测台站。而且，国务院各部委先后创办了数百个科研院所，在各重点大学建立了国家重点实验室、工程技术研究中心，国有大中型企业也先后建立了大批的实验室和研发中心，并且启动了国家实验室的建设进程。

（三）国立科研机构的改革

1999年当时的科学技术部等12个部委局印发《关于国家经贸委管理的10个国家局所属科研机构管理体制改革的实施意见》对中央直属的242个科研院所进行了首批分类改革，将此部分科研院所改革委科研型企业，或整体或部分进入企业，或转为技术服务与中介机构。2000年《关于深化科研机构管理体制改革的实施意见》明确对不同类型、分属不同部门的科研机构实行分类改革。2001 年公益类科研机构分类改革工作也拉开帷幕，公益类院所转为企事业单位、中介机构或并入大学。目前，我国的科研机构改革仍在不断深化。

我国目前已基本形成了多层次、多类型的国立科研机构体系。该体系包括中国科学院这一自然科学领域的最高学术机构；中国农业科学院、中国医学科学院等国家大型综合性科研机构；中国林业科学院、中国环境科学研究院等各政府职能部门所属的专业性科研机构；中央与地方联合建立的实验室、工程中心、研究中心等各类科研机构；以及武汉光电国家实验室（筹）等正在建设中的国家实验室。在解决关系到国家全局和长远发展的重大问题上，我国国立科研机构已成为不可替代的国家战略科技力量，发挥着骨干引领作用。

三 国立科研机构发展历程的特殊性

建立初期的国立科研机构是基于对科学知识的本真追求而形成的科学组织，但随着创新主体分工日益明确，国家（政府）的战略需求已超越纯粹知识追求而成为主导性的影响因素。

我国国立科研机构的建立与发展历程表明了其区别于其他创新主体的特殊性。（1）国家（政府）在国立科研机构发展过程中占主导性地位，国立科研机构的"政府特性"较为显著。国家（政府）不仅决定着国立科研机构的基本科研资源配置，更决定着其科研方向与内容。（2）国立科研机构的发展受国家战略、科技规划、国家政策的影响较大。国立科研机构的发展主要取决于政府的行政管理、社会经济发展的需求，同时也取决于科学技术自身发展的需要（叶小梁，2000）。（3）国立科研机构属于国家战略性的科技力量部署。国立科研机构的科研活动首先服务于国家安全与国家利益，是国家整体科技布局的基础，是国家科学技术发展的重要标志。

第二节　国立科研机构的
内涵与类型

一　国立科研机构的定义

国立科研机构是由国家建立并资助的各类科研机构，体现国家意志，有组织、规模化地开展科研活动，是国家创新体系的重要组成部分，包括国家大型综合性科研机构和部门所属专业性科研机构。国立科研机构的核心特性就是由国家（中央政府）建立并资助（吴建国，2011）。有学者认为，国立科研机构还应包括中央与地方联合建立的研究所、实验室等其他各类科研机构（中国科学院"国家创新体系"课题组，1999）。有学者将国立科研机构界定为国务院和中央各部委所属的研究机构、重点国立大学的下属研究机构（国家重点实验室）以及国防研究机构，这些研究机构由国家出资筹建，属于国家所有，行政上独立存在，经济上独立核算（顾海兵、王宝艳，2004）。

目前国内关于国立科研机构的定义，在国家建立并资助这一特性上已达成共识，但对于具体哪些研发主体属于国立科研机构仍有分歧。如果将现有研究分为狭义说与广义说，狭义说认为，国立科研机构仅包括隶属国家以及政府职能部门的科研机构，广义说认为，国立科研机构还应包括中央与地方政府联合建立的研究所、高校内的国家重点实验室等其他类科研机构。

关于国立科研机构的定义并未统一，在现有研究的基础上，本书认为国立科研机构是指国家建立并资助的各类科研机构，体现国家意志，包括国家级科研机构、政府各部门所属的科研机构以及依托于一级法人单位的国家重点实验室等科研实体。国立科研机构的内涵集中表现为以下三个要素：（1）资助方：国家（中央政府）资助；（2）组建方式：由国家（中央政府）建立或中央与地方联合建立；（3）任务目标：服务于国家安全、国家战略、国家利益。国立科研机构是国家（政府）基于战略性部署而必须支持和掌握的科技力量，不仅代表着国家科技发展水平，更在维护国家利益层面发挥着重要作用。

二　国外国立科研机构的类型

美国国立科研机构一般也被称为联邦实验室、国家实验室。依据管理形式的分类标准，主流观点是将国立科研机构分为国有国营（GOGO）与国有民营（GOCO）两种（吴建国，2009），也有学者依据国有程度与管理方式分为 GOGO、GOCO 与 COCO 三种（周岱等，2007）。GOGO（Government-Owned and Government-Operated）是政府直接管理的国家实验室，雇员与管理者均为政府雇员，该类实验室与政府关系密切，研究主题多属于国家安全、国家利益、公共安全的范畴，例如美国卫生部下属的国立卫生研究院（NIH）、商务部下属的国家标准和技术研究院（NIST）。GOCO（Government-Owned and Contractor-Operated）是政府拥有资产并委托承包商管理的国家实验室，政府部门所属并委托给大学、企业和非营利性机构管理，美国能源部下属的大部分国家实验室都属于此种类型，例如劳伦斯—伯克利国家实验室。相较于 GOGO 类型实验室，此种类型的实验室具有较大的灵活性和自主权。COCO 是政府提供资助并与大学或企业界共同建设的国家实验室，承包商拥有并进行管理，政府资助部分研究与开发经费。

德国的国立科研机构在称呼上更多是"学会""联合会"，20 世纪初开始建立，在联邦政府资助与推动下，已建立了大约 50 个专业化的研究所，其中著名的凯撒—威廉学会（马普学会的前身）成立于 1911年。根据国立科研机构研发活动的性质，可将德国国立科研机构分为四大体系：主要从事基础研究的马普学会（Max-Planck-Gesellschaft），主要从事基础研究与应用基础研究的亥姆霍兹联合会（Helmholtz-Gemeinschaft），主要从事应用研究等公益性研究的弗朗霍夫应用研究促进协会（Fraunhofer Gesellschaft）与莱布尼兹科学联合会（Leibniz - Gemeinschaft）（卞松保、柳卸林，2011）。四大科研机构下设若干科研院所或协会。

三　我国国立科研机构的类型

我国国立科研机构包括中国科学院等国家级科研机构、政府各部门所属的科研机构、依托于一级法人单位的国家实验室、国家重点实验室等科研实体。目前政策中关于科研机构的分类，详见表 12-1 与表 12-2。

表 12-1　《关于科研单位分类的暂行规定》（1986 年）中科研机构的类型

分类标准：根据研究与开发机构所从事的工作性质、承担课题的类型

科研机构范围：各部门直属的独立经济核算的研究所和直属的研究院下属的研究所

技术开发类型	主要从事技术开发工作和近期可望取得实用价值的应用研究工作的单位属技术开发类型
基础研究类型	主要从事基础研究和近期尚不能取得实用价值的应用研究工作的单位属基础研究类型
多种类型	同时从事基础研究、技术开发两种类型工作，其中每种类型工作均占相当的比重，但又均不占明显优势的单位属多种类型
社会公益事业、技术基础、农业科学研究类型	专门从事以下三方面工作之一的单位属社会公益事业、技术基础和农业科学研究类型：（1）社会公益事业，如医药卫生、劳动保护、计划生育、灾害防治、环境科学等；（2）技术基础工作，如情报、标准、计量、观测等；（3）农业科学研究工作

1986 年《关于科研单位分类的暂行规定》的适用范围仅限于政府各部门直属的独立经济核算的研究所和直属的研究院下属的研究所。依据表 12-1 的内容，可分为"两级四类"，即政府各部门直属的科研机构、直属科研机构的下属科研机构两个层级，但是四种类型之间却存在交叉与重叠，界限并不清晰，例如基础研究类型与社会公益事业类就可能存在交叉。

表 12-2　　科研机构管理体制改革中对科研机构的分类

依据：《国务院办公厅转发科技部等部门关于深化科研机构管理体制改革实施意见的通知》

分类标准：不同类型、分属部门

技术开发类科研机构	实行企业化转制
社会公益类科研机构	公益类研究和应用开发并存的，有面向市场能力的向企业化转制
	以提供公益性服务为主的，有面向市场能力的也要向企业化转制
	从事应用基础研究或提供公共服务、无法得到相应经济回报、确需国家支持的科研机构，仍作为事业单位，按非营利性机构运行和管理，其中具有面向市场能力的部分，也要向企业化转制

续表

财政部、文化部等部门所属以社会科学（含经济、文化、法律等）研究为主的科研机构	按照国家关于其他类型事业单位的改革部署进行改革
中科院所属科研机构	按照本实施意见确定的基本原则进行改革，具体工作要结合经国务院批准的"知识创新工程"试点方案进行

2000 年《国务院办公厅转发科技部等部门关于深化科研机构管理体制改革实施意见的通知》中提出"对不同类型、分属不同部门的科研机构实行分类改革"。依据表 12-2 的内容，有两个分类标准，即研究性质与归属部门两个标准，甚至在社会公益类科研机构中还存在营利性与非营利性的标准，分类标准混乱。

结合国立科研机构的内涵与分类标准，针对我国国立科研机构类型及其分类标准的现状与特点，构建如图 12-1 所示的我国国立科研机构体系。

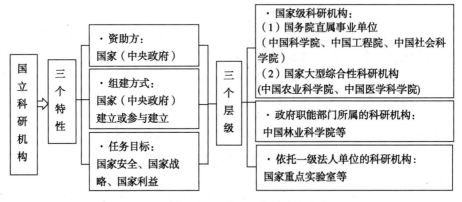

图 12-1　我国国立科研机构的内涵与体系

国家统计局 2013 年的数据显示，全国有 3651 个科研机构，其中中央属科研机构为 711 个，地方属科研机构为 2940 个，科研机构研发人员为 40.9 万人。国家统计局的统计口径是按中央与地方划分的，虽并未严格区分哪些为国立科研机构，但中央属科研机构在特性上与国立科研机构类似。据此，我国国立科研机构约为 700 个。

我国国立科研机构的类型，相较于国外的国立科研机构分类标准与类型化区分，有以下特点与问题。（1）国立科研机构的范围并未明确。现有政策中并没有对国立科研机构的内涵与范围进行明确规定，所以关于国立科研机构的分类标准要参照适用其上位概念"科研机构"的分类标准。（2）目前关于科研机构的分类标准较为混乱，存在研发活动性质、所属部门、公益性、营利性等多个标准，在对科研机构进行类型化区分的时候，存在多个标准同时使用的情形。（3）现有的分类标准之间存在重叠与交叉，不利于对国立科研机构进行科学有效的管理。

综上，依据所属部门与单位的级别可分为图12-1中的三个层级，即国家级科研机构、政府职能部门所属的科研机构、依托一级法人单位的科研机构，选择此种分类标准的理由是可以较为全面地囊括我国目前的国立科研机构，展示我国国立科研机构与国家的关系以及国立科研机构之间关系的特点。

第三节　我国国立科研机构创新政策与创新模式的特殊性

一　我国国立科研机构创新政策的特殊性

首先，创新政策受国家科技体制的直接影响。国立科研机构的创新政策与国家科技体制直接相关，包括科技组织体制、科技投入体制、科技管理体制、科技创新体制等。其中科技组织体制影响国立科研机构的体系结构，科技投入体制决定国立科研机构建设与发展的资金来源，科技管理体制影响国立科研机构的运行机制，科技创新体制则关系到国立科研机构的所有创新活动。目前，我国现行科技体制机制仍沿用1985年的《关于科学技术体制改革的决定》，但现行科技体制机制已不能很好适应科技与产业的需要与我国自主创新能力建设的需要（宋河发、眭纪纲，2012）。

其次，政策结构以政府规制类政策为主。如果将创新政策分为政府规制类与市场驱动类，国立科研机构政策结构是政府规制类政策占绝对主导，例如政府采购、财政、科技政策在政策数量与内容上都将会是主导性政策。对企业最为重要的金融、税收、知识产权等市场驱动类政策在国立科研机构的政策结构中则是辅助性作用。

再次，创新政策中的激励政策更注重科技奖励，而非知识产权政策。我国国立科研机构属于事业单位，中国科学院、中国工程院更是国务院的直属事业单位，根据《事业单位人事管理条例》规定，事业单位工作人员工资包括基本工资、绩效工资和津贴补贴。在美国，美国公务员的薪酬体系分为一般规则（General Schedule，GS）、蓝领工资系统（Federal Wage System，FWS）、高级主管工资系统（Executive Schedule，EX）、高级行政人员（Senior Executive Service，SES）。美国国立科研机构中主要执行 GS 和 SES 体系，GS 体系主要适用于科研人员和底层管理人员，SES 则适用于高层管理人员（李晓轩、黄鹏，2007）。同时，在我国国立科研机构中，论文、专利数量（获得授权的数量，而非转化的数量）、课题以及所得获得科技奖励等成为职称晋升、晋级、评聘的主要标准。

创新政策是为了鼓励创新发展和利用创新成果而采取的公共措施（Lemola，2002），具有连接技术创新、产品创新和市场需求的功能（温肇东、陈明辉，2007）。在知识经济时代，创新政策最主要的作用就是构建各种促进知识获取与知识吸收的机制（Autant‐Bernard et al.，2013），因此知识产权在创新政策中的地位毋庸置疑。但我国国立科研机构工作人员的薪酬体系、职称评聘、职位晋升的现状，决定了其更为注重的是精神层面与物质层面的科技奖励，而非知识产权所带来的收益。

另外，创新政策中的权利归属规则较为复杂。国立科研机构是国家建立并资助的，按照传统民法的观念，对于创新成果遵循着"谁投入、谁所有、谁使用、谁管理、谁受益"的固有思路，权利归属于国家。此种权利归属规则不仅存在权利主体虚位的问题，而且影响技术创新的动力与效率。创新政策的核心在于权利归属与利益分配，世界各国为促进科技成果转化，在此问题上不仅明确具体权利主体而避免主体虚位，而且通过具体的利益分配制度促进科技成果转化，例如美国《拜杜法案》。因此，传统民商法与创新政策在此问题上的冲突将是无法避免的。

二　我国国立科研机构创新模式的特殊性

首先，创新目标具有双重性。国立科研机构的首要目标是满足国家需求、完成国家目标，其次才是服务于技术创新与经济发展的需求，因此具有国家利益与技术创新两种价值目标，而且两种价值目标具有主辅之分。此目标体系使国立科研机构在技术创新领域中，相较于企业而言，缺乏积极性与主动性。

其次，创新中的技术供给与需求无法有效对接。国立科研机构的研发任务不是来自企业，而是来自政府的管理部门，科研成果源于国家战略、计划、规划、工程等项目与资金资助，大量研发成果被闲置，有的经过后续开发也不能使用。原因就在于其研发成果并非市场所需，"政府任务—研发—转化—应用"的创新模式缺乏市场因素的"参与"，导致大量研发成果在技术特性上不适合转化。而且，国立科研机构作为事业单位，在创新过程中存在信息与风险不对称的问题，无法及时有效地获知市场需求。

再次，创新流程呈现为"线性模型"。如图 12-2 所示。

图 12-2　创新环节的"线性模型"

国立科研机构的研发活动来源于不同层级与不同类型的项目，通过立项获得研发资金、设备、人员等科研资源；研发阶段主要进行研究，根据项目资助的目的，可分为基础研究与应用研究；研发成果形成阶段，包括论文、专利、报告等各种形式的成果；将其中具有应用潜力或者具有市场价值的成果，通过转让、许可等方式进行转化；成果转化后的市场化阶段则是由企业主导的技术产品化与商品化过程。如图 12-2

所示的"线性模型"描绘的国立科研机构创新过程存在以下问题：（1）从立项到市场化的每个阶段都是单向的技术转移路径，技术的形成过程是单向的线性模式；（2）国立科研机构在创新过程中较为被动，虽然是技术提供方，但每个环节都缺乏与市场因素对接的有效机制，不管是市场需求的获知、技术接受方的确定、技术价值的确定还是技术商品化后收益的确定，都处于被动地位；（3）研发成功形成阶段与转化阶段之间存在鸿沟，市场因素在研发成果转化的后期才进入，市场需求的识别与需求导向作用无法发挥。

综上，我国国立科研机构的特殊性在创新政策与创新模式中的映射，虽然是一种必然，但同时也暴露了很多问题。在国家创新体系建设与科技体制改革的背景下，如何处理作为支撑国立科研机构创新活动的保障的创新政策，和作为国立科研机构创新活动的表现形式的创新模式，二者的关系显得尤为重要。

第十三章

基于内容分析法的
总体政策分析

创新政策既不是理论驱动也不是范式驱动，而是为解决实际需求的问题导向式的研究（Morlacchi，Martin，2009），是为了鼓励创新发展和利用创新成果而采取的公共措施（Lemola，2002）。国立科研机构的创新政策是为了鼓励国立科研机构创新，包括科技、财政、税收、产业、金融、知识产权等政策。

第一节　我国国立科研机构创新
政策的分析框架

构建我国国立科研机构创新政策分析框架，以解决实际需求的问题导向进行框架设计，本章要解决的核心问题是：（1）国立科研机构在创新政策体系中的定位问题；（2）为促进国立科研机构创新发展的政策工具分析；（3）创新政策作用于国立科研机构的哪些方面与环节；（4）国立科研机构创新政策存在的问题。以此四个核心问题为依据，构成了如图 13-1 所示的政策分析框架。

国立科研机构创新政策分析框架包括三部分内容。第一部分是描述性的量化统计部分，侧重于对政策文本进行客观事实描述，包括政策发布主体维度、纵向时间分布维度、政策主题维度，通过三个维度的基本信息，描绘出国立科研机构创新政策的总体情况。第二部分运用内容分析方法对政策文本进行研究，包括创新政策中的主体定位问题、政策工具分析、政策功能分析三个方面。第三部分总结国立科研机构创新政策

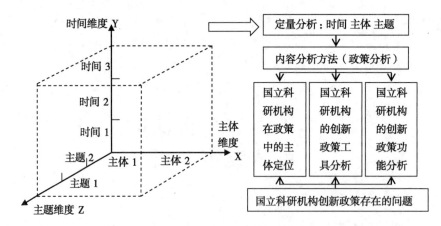

图 13-1　我国国立科研机构创新政策的分析框架

存在的问题，为第十四章具体政策分析提供基础，为分析创新政策对创新模式的影响提供依据。

第二节　样本选择与政策总体情况

一　政策样本选择

样本来源。政策样本来源于北大法宝—中国法律检索系统。北大法宝数据库的"法律法规"检索系统分为中央法规司法解释、地方法规规章、外国法律法规、港澳法律法规、台湾法律法规等多个子系统。本篇要提取的样本是国立科研机构创新政策，鉴于国立科研机构的特殊性以及主要政策分布领域的情况，选取北大法宝—中国法律检索系统下的"中央法规司法解释"子系统进行政策检索。

样本筛选。初步检索发现国立科研机构在目前政策中并不显著。为防止疏漏，按如下步骤进行检索与筛选。（1）以"科研机构""科研院所""科研单位""科学技术研究开发机构"为关键词进行"全文检索"，结果分别为 2292 份、2417 份、1843 份、5 份，总数为 6557 份。（2）初步阅读后，排除相同政策、已失效政策、与科技创新主题不符的政策，排除国民经济和社会发展五年规划纲要等工作文件，排除人大关于预算的决议、立法评估报告、区域经济发展、基金与项目申报通知、开展各项调查与评估工作的通知、征集研究项目的通知、会议通知、举办培训班的通知等政策，第一次筛选结果为 455 份。（3）对政策内容精读后，排除相关性很低的政策，第二次筛选结果为 294 份。

样本的确定。经过二次筛选后确定的 294 份政策文本，时间跨度为 1981 年 1 月至 2014 年 9 月，政策均为有效政策。政策主题是国立科研机构创新，相关性为一般相关与高度相关，部分政策是全文相关，部分政策是条款内容相关。此 294 份政策即本部分政策研究的样本。

二 政策的纵向时间分布维度

（一）政策的时间与数量分布

1981 年至今的国立科研机构创新政策，在每年的政策数量分布上，体现出如下特点。（1）政策年度分布的总体趋势是平稳中上升。尤以 1998 年为分界点，之前政策年度分布较少，之后政策数量明显增多。（2）政策总体上连续分布，并未出现某些年份的空缺，而是持续不断有政策出台。（3）创新政策与国家宏观发展规划直接相关，包括科技体制改革、行政体制改革、国民经济发展计划，例如 2006 年开始的"十一五"规划（2006—2010 年）以及《国家中长期科学和技术发展规划纲要（2006—2020 年）》使 2006 年的政策数量骤增。（4）创新政策与科研机构改革直接相关，1999 年启动科研院所分类转制改革，2002 年启动公益类科研机构分类转制改革，在这几个关键时间段内政策数量较多，1999—2001 年均为 15 份/年以上。

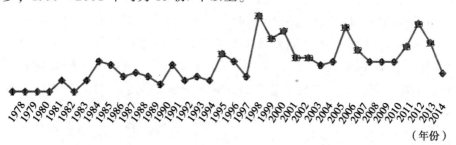

（年份）

图 13-2 政策年度分布（单位：份）

（二）政策发展历程

以科研机构改革发展历程为时间轴，结合不同阶段创新政策的内容与创新活动的主要特点，可将我国国立科研机构创新政策的变迁过程分为三个阶段。

1981—1998 年：创新政策萌芽期，国立科研机构开始多样化发展。1985 年《中共中央关于科学技术体制改革的决定》开启科研机构改革的序幕，创新活动开始萌芽。1996 年《促进科技成果转化法》鼓励国家设立的研究开发机构将其职务科技成果进行转化。此期间的政策开始关注科技与经济结合的问题，技术开发类科研机构得到发展。

1999—2005 年：政策变动与调整期，国立科研机构分类改革。1999 年《关于国家经贸委管理的 10 个国家局所属科研机构管理体制改革的实施意见》正式启动我国国立科研机构的分类改革，大部分科研机构转制为企业。2000 年《关于非营利性科研机构管理的若干意见（试行）》对国务院部门（单位）所属社会公益类科研机构实行分类改革。

2006—2014 年：政策变动与创新期，国立科研机构发展中的问题逐渐显现并得到部分解决。《国家中长期科学和技术发展规划纲要（2006—2020 年）》提出要深化科研机构改革，建立现代科研院所制度，建立产学研结合的技术创新体系。2006 年中共中央国务院《关于实施科技规划纲要增强自主创新能力的决定》明确提出要发挥国家科研机构在国家创新体系中的骨干和引领作用。2008 年《科学技术进步法》（修订）将科学技术基金项目或科学技术计划项目所形成的知识产权授予项目承担者，成为国立科研机构科技成果转化依据。在此期间，一方面已形成如 2008 年《国家重点实验室建设与运行管理办法》等较为规范的国立科研机构运行机制，但另一方面国立科研机构创新中存在的问题也不断暴露，如何在科学研究的同时充分有效地进行技术创新成为政策关注的重点。

三　政策发布主体维度

我国国立科研机构创新政策的发布主体统计过程遵循如下规则：将出现频次为 1 次、2 次的统计为"其他"；将部分隶属于上级部门的进行合并统计，例如国务院办公厅统计入国务院；将已变更和已撤销的部门统计为变更之后的部门，例如国家科学技术委员会变更为科学技术部、商业部变更为商务部、国家环境保护总局变更为环境保护部门等，统计结果如图 13-3 所示。

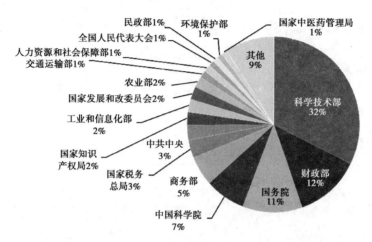

图 13-3　政策发布主体分布

统计结果显示，科技部作为政策发布主体所占比重最大，财政部次之。科技部、财政部、国务院三者则总共占据 55% 的比重，分别是掌握了国家科技资源、财政资源与行政资源，进一步印证了国立科研机构与国家（政府）关系的密切。

四　政策主题维度

北大法宝数据库中的"法规类别"为二级分类体系，第一级是较为抽象的大类别，第二级是较为具体的小类别。对 294 份政策首先进行小类别的统计，再进行大类别的聚类统计。统计过程中，对于一个政策属于多个法规类别的情况，按排序第一的法规类别进行统计。例如《资助向国外申请专利专项资金管理办法》就属于专利申请与审批、专项资金管理两类别，统计时以专利申请与审批进行统计。统计结果详见表 13-1 所示。

表 13-1　　　　　政策样本在北大法宝数据库中的类别分布

小类别（政策文本数量）	大类别（政策文本数量）	比例
科技综合规定与体改（59 份）；科研院所与物资设备（30 份）；科研院所与科技项目（30 份）；科技进步与经费（18 份）；科技人员（7 份）；科技成果鉴定奖励（8 份）；科技计统与财税（7 份）；科技企业（6 份）；技术市场管理（5 份）；技术开发转让与服务咨询（2 份）；技术进出口与国际合作（2 份）；科技（1 份）	科技（175 份）	59.52%
税收征收管理（3 份）；个人所得税（2 份）；营业税（2 份）；税收综合规定（1 份）；税收优惠（1 份）；税收征管综合规定（1 份）；事业单位奖金税（废）（1 份）；关税（1 份）	税收（12 份）	4.08%
科技计划（7 份）；国家计划（2 份）；产品计划（1 份）	计划（10 份）	3.40%
知识产权综合规定（7 份）；专利综合规定（2 份）；专利申请与审批（1 份）	知识产权（10 份）	3.40%
小类别的出现频率大于等于 1 次，但在大类别的聚类统计中，大类别的总频次大于 1 且小于 10 的政策（77 份）	机关工作（8 份）；财政（9 份）；财务（6 份）；对外经贸（6 份）；人事（6 份）；企业（5 份）；工业管理（5 份）；农业（4 份）；军事（4 份）；商贸物资（4 份）；劳动工会（3 份）；林业（3 份）；改革开放（3 份）；环境保护（2 份）；银行（2 份）；建设业（4 份）；卫生（3 份）	26.19%
小类别的出现频次均为 1 的政策（10 份）	宪法；法制工作；反不正当竞争；会计；开发区；教育；交通运输；气象；房地产；证券	3.40%

　　以上关于政策类别的统计结果显示：（1）政策主题较为广泛，不仅涉及科技、财税等国家管理领域，还涉及企业、知识产权等市场领域；（2）科技类政策涉及科研院所建设与发展的基本主题，包括科研院所改革问题，科研院所与物资设备、科研院所与科技项目、科技进步与经费等科研院所基本建设问题，科技人员、科技成果鉴定奖励等科技人员管理问

题，以及技术管理与运用问题；（3）科技类占比最多，比例为 59.52%。

综上，国立科研机构创新政策主体维度、纵向时间分布维度、政策主题维度的统计量化结果显示：政策发展趋势是平稳中上升；受国家宏观规划影响较大；政策发布主体与政策主题相互印证；科技部在国立科研机构发展中扮演重要作用；国立科研机构创新政策以科技政策为核心层，财政、税收、知识产权等为配套层。

第三节　我国国立科研机构在创新政策中的定位

一　政策现状

国立科研机构在科技创新过程中存在一些困境。薛澜、陈坚（2012）认为国立科研机构在转制改革中定位不准。刘海波、刘金蕾（2011）从科研机构治理的视角分析了科研机构作为事业单位而导致的科研、行政与市场三种规律的冲突，认为应进行科研机构立法。柳卸林等（2012）则认为我国目前还非常缺乏促进科研院所技术转移体系建设的制度创新和政策保障。

但一个被忽视的直观现象是，国立科研机构在称谓上的混杂性与概念上的模糊性。此种现象首先表现在学术研究中，根据中国知网（CNKI）的检索结果显示，与"国立科研机构"相关的概念包括国家科研机构、国家级科研机构、非营利科研机构、公共科研机构、中央科研机构、公益类科研机构、公立科研机构、中央科研院所、国有科研院所、国家级科研院所等，概念之间存在混用与交叉的现象。如果此种现象延伸到政策与立法中，可能会由于概念不统一而导致政策用语不统一，进而无法形成有效的政策体系。

294 份政策是以"科研机构""科研院所""科研单位""科学技术研究开发机构"为关键词进行的"全文检索"。鉴于"科学技术研究开发机构"只有 5 份，因此在图 13-4 中不计入统计。为了能全面地描述政策中对每一种概念的使用情况，对同一政策中出现两个以上关键词的进行重复统计。

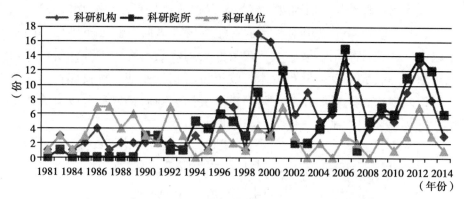

图 13-4   涉及科研机构/院所/单位的政策的年度与数量分布

"科研机构"一直是较为主导的概念,"科研单位"的使用频次则越来越低,"科研院所"的使用频次上升。以此统计结果为基础进行以下分析。

二 总体政策中概念的使用情况

首先,被上位概念所替代。国立科研机构在政策中的出现频次为 0,可能原因是其为学术用语而非政策用语。但国家科研机构/院所/单位、国家级科研机构/院所/单位、国有科研机构/院所/单位、中央级科研机构/院所/单位、公共科研机构/院所/单位等类似用语在政策中的使用频次也非常有限。除了《中央级公益性科研院所基本科研业务费专项资金管理办法(试行)》《中央级科研院所科技基础性工作专项资金管理暂行办法》《国有科研机构整建制转型为企业或进入企业过程中国有资产管理的暂行规定》的相关度较高以外,粗略统计仅有 22 份政策对上述用语偶有涉及,大部分则使用"科研机构/院所/单位"。因此,总体而言,与国立科研机构有关的政策内容分散在以"科研机构/院所/单位"为调整对象的政策中,适用于一般科研机构/院所/单位的政策同样适用于国立科研机构。国立科研机构并非科技创新政策的一类独立、特殊的调整对象。

其次,多种概念交叉使用。国立科研机构被其上位概念"科研机构"所替代,而其上位概念在使用过程中也存在混用情况。例如 2012

年中共中央、国务院印发的《关于深化科技体制改革加快国家创新体系建设的意见》在同一个段落中交叉使用多个概念，其中科研院所、科研机构、国家科研机构三组概念交叉表述，而此种情况在294份政策文本中较为普遍。如图13-5所示，在同一个政策文本中同时使用三种表述的政策为23份，占比为7.82%；同时使用两种表述的政策为101份，占比为34.35%。三种概念交叉使用的情形使国立科研机构的政策体系庞杂与混乱，特别在同一个政策中交叉使用三个或两个概念，增加了政策的实施难度。

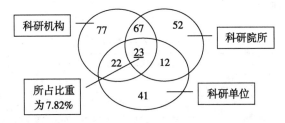

图 13-5　概念交叉使用的政策分布情况（政策数量/份）

再次，转制科研机构政策适用的界限模糊。转制科研机构是我国科研机构改革的重要部分。根据统计结果，政策内容涉及转制科研机构/院所/单位且相关度较高的有29份。虽然政策数量不多，但转制科研机构在政策适用中界限模糊，既适用企业类政策也适用科研机构类政策。根据2003年《关于深化转制科研机构产权制度改革的若干意见》中的规定，"转制科研机构实行产权制度改革，要按照建立现代企业制度的要求，依法进行以公司制为主要形式的企业改制"，据此转制科研机构应划归为企业类政策的调整对象。但转制科研机构仍然出现在《科技部关于申报2014年度科研院所技术开发研究专项资金任务的通知》等科研院所类的政策中。转制科研机构，特别是中央级转制科研院所在产权归属与政策适用中的模糊界限，不利于国立科研机构政策体系的廓清与构建，也不利于形成政策适用的统一标准。

三　政策中国立科研机构的角色

为进行深入研究，本书引入内容分析方法，将总体政策划分为若干类具体政策并对每个政策提取主题词，以此为基础解析国立科研机构在具体政策中的定位。根据表 13-1 与图 13-4、图 13-5 的统计结果，政策数量上科技类占据主导，且相关度较高的政策也集中于科技类。为了更集中地探讨国立科研机构在创新政策体系中的定位，选取表 13-1 中统计频次在 10 以上的小类别，即"科技综合规定与体改""科研院所与物资设备""科研院所与科技项目""科技进步与经费"，以此四类为主，加上频次在 10 以下而相关度较高的政策，最终形成 194 份政策。依据政策内容，将 194 份政策划分为国家科技规划与管理综合类、国家项目与资金管理类、科研机构自身建设类，见表 13-2。

表 13-2　　　　　　　　　　　三类政策中的主题词分布

	国家科技规划与管理综合类		国家项目与资金管理类		科研机构自身建设类	
政策数量	91 份		34 份		69 份	
条款的主题词归纳与统计（条款数量）	主题词	频次	主题词	频次	主题词	频次
	科研机构管理	31	项目承担单位	21	依托科研院所建设的科研实体	25
	科研机构改革	30	申请人/申请单位	4		
	科研机构建设	28	基础性研究	10		
	现代科研院所	19	公益性研究	10		
	产学研合作	36	应用性研究	11		
	科技成果转化	20	科技成果转化	9		

国立科研机构在三类政策中的具体定位详见以下分析。

（一）国家科技规划与管理综合类

国立科研机构建设是国家创新体系建设的重要环节。以科研机构管理/改革/建设、现代科研院所为主题词的政策条款为 108 条。政策文本所涉及的内容包括国家实验室、国家工程中心、国家工程实验室、国家重点实验室建设，科研机构的基础研究和高新技术研究设施建设，现代科研院所建设，技术开发类院所企业转制改革，社会公益类科研机构改革，国际科技合作等，均属于国家创新体系建设的内容。

国立科研机构改革是国家科技体制改革的重要环节。以科研机构改革、现代科研院所为主题词的政策条款有 49 条。1985 年《中共中央关于科学技术体制改革的决定》中关于"扩大研究机构的自主权""研究所实行所长负责制"的规定启动了科研机构改革。本部分政策针对科研机构改革的内容主要涉及两部分：一是科研机构的分类改革，根据科研机构的类型以及归属部分进行改革；二是现代科研院所制度建设，包括科研院所章程的制定、治理结构的完善、院所长负责制、理事会决策制、监事会监管制等内容。因此，国立科研机构改革是科技体制改革中的重要一环。

国立科研机构是知识与技术的输出方。在"产学研合作""科技成果转化"为主题词的条款中，国立科研机构更多被定位于知识与技术的输出方。政策中类似"鼓励高等院校和科研机构向企业转移自主创新成果"的表述较多。政策引导科研机构为企业技术创新提供支持和服务，促进并引导技术、人才等创新要素向企业流动，以及从基础研究向应用研究的单向流动。但国立科研机构的定位不仅于此，而应是贯穿于基础研究、技术开发与工程化、产业化等创新链环节，与其他创新主体实现知识、技术、信息双向或多向交流与互动。

（二）国家项目与资金管理类

国家项目与资金管理类的 34 份政策及相关条款的内容显示，与科研机构关联度最高的是为促进基础性研究、公益性研究、应用性研究、科技成果转化而设立的项目与基金中的"项目（课题）承担单位""资金申请人"，而"项目（课题）承担单位"则一般包括科研院所、高等院校、企业等企事业单位。除了《中央级公益性科研院所基本科研业务费专项资金管理办法（试行）》《中央级科研院所科技基础性工作专项资金管理暂行办法》《科研院所技术开发研究专项资金管理暂行办法》《中国科学院重大科研工程运行维护专项经费管理办法》是直接以科研机构为调整对象外，其他政策对企事业单位是同等适用的。国立科研机构并非一类特殊的资助对象，与科研院所、高等院校、企业等同地适用政策。

（三）科研机构自身建设类

根据政策内容将此类 69 份政策分为两个部分：一部分是科研机构自身管理类，包括人员、财务、设备管理等；另一部分是以国家重点实验室为代表的各类科研实体的管理办法。此种政策现状存在一个问题，即国立科研机构内部并不清晰的分类现状。以国家重点实验室为例，目前是科技部宏观管理、部门主管、依托单位具体负责的分级管理体制，依托于一级法人单位的科研实体，其依托单位也可以是国立科研机构，如此情形下，依托单位与被依托单位都属于国立科研机构的范畴，会造成国立科研机构自身体系与政策体系的混乱，不利于国立科研机构内部的分类管理。

综上，国立科研机构虽然是国家创新体系与科技体制改革的重要一环，但在具体政策中首先还是表现为主体地位的缺失：在产学研合作中更多是一种辅助性地位；在国家项目与资金管理中并非一类特殊的资助对象；在科研机构自身建设中分类不明晰。国立科研机构创新政策所存在的这些问题，不利于形成有效的创新政策体系，导致科研机构创新缺乏直接、具体、明确的政策依据。

四　国立科研机构在政策中的定位

以 294 份政策文本为研究对象，总结出国立科研机构在科技创新政策中的定位如图 13-6 所示。

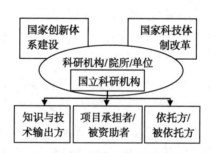

图 13-6　国立科研机构在科技创新政策中的定位

我国国立科研机构在创新政策中的定位如下。（1）国立科研机构建设是国家创新体系建设与国家科技体制改革的重要组成部分。（2）国立科研机构所适用的政策是以科研机构/院所/单位为调整对象的政策，大部分政策对国立科研机构与其他类型科研机构并未严格区分，国立科研机构并非一类单独的、特殊的调整对象。（3）在国家科技投入与资源配置的政策中，多数情况下对国立科研机构与高等学校、企业并未进行区分，都属于项目承担者与被资助者的范畴，国立科研机构并不是一类单独的、特殊的资助对象。（4）国立科研机构在产学研合作与科技成果转化活动中更多的是知识与技术输出方的角色。（5）国立科研机构的内部体系混乱，缺乏明确的分类标准，在政策中的内涵与外延模糊。

综上，通过对政策样本进行统计与分析，发现与国立科研机构相关的现有政策总体上呈现为分散化、碎片化的分布状态；政策中各类概念混用，国立科研机构被科研机构/院所/单位所整合，被项目承担者等不同概念所涵盖，并非一类特殊的政策调整对象；在以企业为主导的产学研合作中是知识与技术输出方的角色；科研机构分类标准缺乏明确的政策依据等，国立科研机构在政策中的主体地位缺失。科技体制改革背景下的科研机构改革仍在进行中，现代科研院所制度仍在探索中，国立科研机构作为国家创新体系的重要组成部分，要发挥其基础性、前瞻性、战略性地位，在科技体制改革中就应统一概念、明晰分类标准，通过主体地位的确立与政策体系的构建为国立科研机构建设提供政策保障。

第四节　基于文本内容的
政策工具分析

一　分析单元编码

对294份政策的统计与分析，有利于了解我国国立科研机构创新政策的全貌以及国立科研机构在创新政策中的定位，但同时，294份政策的内容相关性有高低之分。为进一步分析我国国立科研机构创新的政策工具以及创新政策的作用面，从294份政策中筛选出高度相关的89份政策进行政策文本内容的深入挖掘与分析。将89份政策按照"政策编号-第几条编号-第几款编号"的方式进行编码，其中"文本内容"是对政策条款内容的概括。限于篇幅，表13-3并未将全部政策进行罗列，而是节选部分作为范例。

表 13-3　　　基于政策文本内容的分析单元编码（部分节选）

序号	政策名称	政策编码	文本内容
1	《中华人民共和国科学技术进步法》（2007 年修订）	1-20-1	利用财政性资金设立的科学技术基金项目或者科学技术计划项目所形成的知识产权归属于项目承担者
		1-20-2	国家介入权——为促进科技成果转化
		1-20-3	国家介入权——国家安全、国家利益和重大社会公共利益
		1-20-4	知识产权利益分配
		1-43-3	科学技术研究开发机构享有与其他科学技术研究开发机构、高等学校和企业联合开展科学技术研究开发的权利
		1-45	建立现代院所制度
2	《中华人民共和国促进科技成果转化法》	2-9	科技成果持有者进行科技成果转化的方式
		2-12	科研机构与高等院校等事业单位与生产企业相结合，联合实施科技成果转化
		2-14	本单位未能适时地实施转化情形下的职务科技成果转化
		2-16	科技成果评估
		2-29	职务科技成果转化的收益分配比例
		2-30	科技成果转化收益分配
3	《关于深化科技体制改革加快国家创新体系建设的意见》	3-4	为企业技术创新提供支持和服务，促进研发成果转化
		3-5-1	提高科研院所和高等学校服务经济社会发展的能力科研机构分类改革
		3-5-2	充分发挥国家科研机构的骨干和引领作用
……	……	……	……
37	《科研院所技术开发研究专项资金管理暂行办法》	37	为保持和提高中央级科研单位的开发研究实力和持续创新能力，促进科研单位的改革与发展
38	《财政部国家税务总局关于促进科技成果转化有关税收政策的通知》	38	对营业税、企业所得税、个人所得税的减免
……	……	……	……

序号	政策名称	政策编码	文本内容
89	《国家重点实验室评估规则》（2014年修订）	89	国家重点实验室建设

　　表13-3中的89份政策既包括如《关于深化科技体制改革加快国家创新体系建设的意见》的宏观科技政策与规划，也有如《关于进一步加强职务发明人合法权益保护　促进知识产权运用实施的若干意见》的具体政策；既包括《中华人民共和国科学技术进步法》等人大立法，也包括《国家重点实验室评估规则》等部门规章；在文本内容上，则涉及国立科研机构研究成果的投入、研究、运用、管理等阶段。

二　政策工具分析

　　政策工具根据罗斯韦尔和扎格维德（Rothwell，Zegveld，1981）的理论可以分为供给面政策，环境面政策和需求面政策，分别是科技创新的推动力、保障力与拉动力。借鉴二者关于政策工具的理论并结合我国国立科研机构特点，本书将89份政策分为政府供给型、环境保障型、需求拉动型三个基本类别，每一种基本类别中分别有若干小类别，样本分析类目及统计结果详见表13-4所示。

表13-4　　　　　　我国国立科研机构创新政策工具分析

政策类型	具体政策工具	样本编号	频次	比例
政府供给型	科研机构建设	1-45，4-20，4-21，4-23，4-24，5-3，6-4，6-7，9-51，10-7-1，12-1-2，13-1，14-9，18-15，21-14，25，29-7，42-7-1，52，54，65，67，68，69，70，71，72，73，74，75，76，77，78，79，80，81，83，84，85，86，87，88，89	43	41.83%
	科技投入（经费、项目）	6-2，8-5，8-7，9-50，13-4，17，19，21-1，24，26，31，35，37，45-5，45-14，53-37-2，55，62	18	
	科技人员	33，36，82	3	

续表

政策类型	具体政策工具	样本编号	频次	比例
环境保障型	目标规划	3-5-2, 4-10, 6-1, 6-4, 7-5, 7-6, 10-7-2, 14-1, 21-6	9	41.83%
	金融支持	8-8	1	
	税收优惠	7-5, 11-9-1, 11-9-4, 14-4, 23, 32-2-1, 38, 39, 48-2, 56-1, 59-2, 59-3, 60, 61-2	14	
	奖励与利益	1-20-1, 1-20-4, 2-14, 2-29, 2-30, 9-35, 9-40, 13-3, 14-2, 14-3, 14-5, 15-27, 20-3-3, 21-12, 30-2, 30-4, 34, 42-7-2, 43-4, 44-12, 46, 47, 49, 50-3-5, 53-49, 57-4-3, 58, 63, 66-3	29	
	环节保障	2-9, 2-16, 18-17, 27-3, 29-10, 30-3, 40-6, 41-2-1, 43-2, 51, 53-50	11	
需求拉动型	政府采购	9-24, 22-3, 22-4	3	16.34%
	产业发展需求	3-4, 4-13, 9-31, 10-8-7, 15-6, 20-1, 20-2-4, 28	8	
	国家发展需求	1-20-2, 1-20-3	2	
	机构发展需求	1-43-3, 2-12, 3-5-1, 10-7-4, 13-2, 16, 42-8, 44-8, 44-9, 57-1-1, 57-1-3, 57-3, 64	12	

　　根据表 13-4 的文本内容统计与整合，可得出以下结论。

　　第一，我国国立科研机构创新的三个基本类别中，政府供给型、环境保障型、需求拉动型所占比重分别为 41.83%、41.83%、16.34%，政府供给型与环境保障型持平且占据主要部分，此种政策结构表明，我国国立科研机构创新更多依赖于政府的资源供给与环境保障，需求型政策有待增加。

　　第二，政府供给型政策中，科研机构建设类的政策为 43 份并占政府供给型政策的 67.19%，其中有 22 份政策涉及中国科学院、国家工程实验室、国家重点实验室、政府所属部门的重点实验室、政府所属部门的工程技术中心等科研单位的建设与管理，从一个侧面反映我国国立科研机构体系正处于建设与发展阶段，有待成熟完善。同时，科技投入类的政策所占比重较大，虽符合我国国立科研机构的"政府特性"，但仍需社会资本的支持与引导。

第三，环境保障型政策中，奖励与利益分配类的政策所占比重最大，集中于科技成果转化后对科技人员的奖励以及职务科技成果转化后的收益分配问题。此部分政策对于保障科技人员创新积极性具有重要作用，也反映了奖励政策对国立科研机构创新的重要性，但仍有部分原则性规定缺乏操作性。同时，利益作为创新内生性驱动力的作用在政策中尚未充分体现，科技成果的知识产权利益分享机制有待加强。

税收优惠政策是环境保障型政策中的重要政策，既有针对科研机构的税收优惠，也有针对个人的税收优惠，例如《国家税务总局关于促进科技成果转化有关个人所得税问题的通知》，有效保障并促进了国立科研机构与具体人员的创新。

目标规划类的政策中，类似"鼓励中国科学院从事技术开发的研究机构同企业联合""进一步深化科研机构改革，建立现代科研院所制度"的表述较多，对我国国立科研机构基本建设与科技成果转化进行了政策规划与指引，引导其在外部规划上与企业、与市场需求对接，在内部建设上完善现代科研院所制度，提高国立科研机构的创新能力。

第四，需求拉动型政策的总体比重较低，包括产业发展需求、政府采购、国家发展需求以及机构发展需求，其中来源于国家、政府需求与科研机构自身发展需求的条款数量比重较大，虽然与国立科研机构满足国家战略性需求的目标相一致，但也反馈出国立科研机构与市场、产业的关系不够密切。国立科研机构要适应全球化和以技术为基础的竞争，应从面向国家与科研机构内部的研发组织转变为更注重外部创新生态系统的创新组织。

三　政策功能分析

政策功能依据雷家骕（2011）与王霞等（2012）的研究成果可分为导向型、激励型、协调型、规制型、优化型五类。导向型政策是引导国立科研机构与其他创新主体向国家规划与期望的方向发展；激励型政策是通过外部与内部的激励方式促进调整对象按照规划行为；协调型政策则是协调国立科研机构与其他创新主体共同创新；规制型政策是规制国立科研机构创新的方式和范围，保证创新的有序进行；优化型政策则是为了促进国立科研机构创新而采取的措施与保障。同时，为分析创新政策对国立科研机构作用力的大小，本书将政策分为适用于所有创新主体的普适性与仅适用于科研机构甚至国立科研机构的专一性两类（见表13-5）。

表 13-5　　　　　　　　我国国立科研机构创新政策功能分析

分类	普适性	专一性
导向型 20%	3-5-1，7-6，10-7-4，15-6，20-1，20-2-4，40-6	1-45，3-4，3-5-2，4-21，4-23，4-24，5-3，6-4，6-7，10-7-2，10-8-7，13-1，13-2，13-3，15-27，16，21-6，21-14，42-7-1，42-8，44-8，57-1-1，64
激励型 33%	1-20-1，1-20-4，2-9，2-29，2-30，7-5，8-7，8-8，9-24，9-35，9-50，13-4，14-2，14-4，17，19，20-3-3，22-3，22-4，23，24，26，30-2，34，38，39，45-5，45-14，46，47，48-2，53-37-2，61-2，63	11-9-1，11-9-4，21-1，21-12，32-2-1，35，37，50-3-5，55，56-1，57-4-3，58，59-2，59-3，60，66-3
协调型 4%	2-12，6-1	1-43-3，4-10，4-13，9-31
规制型 17%	1-20-2，1-20-3，2-14，2-16，9-40，14-3，14-5，18-17，30-3，30-4，53-49，53-50	6-2，8-5，14-9，27-3，41-2-1，42-7-2，44-9，44-12，49，52，57-1-3，57-3
优化型 26%	28，29-7，29-10，36	4-20，9-51，10-7-1，12-1-2，18-15，25，31，33，43-2，51，54，62，65，67，68，69，70，71，72，73，74，75，76，77，78，79，80，81，82，83，84，85，86，87，88，89

　　从表13-5的统计结果的整体情况看，专一性政策较之普适性政策在数量上占据优势，激励型、优化型在数量上较多，导向型、规制型次之，协调型政策在数量分布上最少。

首先，导向型政策侧重于对国立科研机构建设与发展的规划与引导，"鼓励""推动""引导"等用语较多，而且其中专一性政策较多，涉及对科研机构基本建设的规划、对科研机构与企业合作的引导以及构建促进国立科研机构创新的运行机制的建议，说明我国国立科研机构的建设方案与发展方向仍在不断探索中。

其次，激励型政策所占比重最大，外部激励方式主要包括财政、税收，内部激励方式主要表现为奖励与利益分配。但需要注意的是，激励型政策中，普适性政策是专一性政策的两倍，大部分激励国立科研机构创新的财政、税收、奖励、利益分配等政策工具同样适用于高等学校、企业等创新主体，国立科研机构的特殊性无法被充分反馈在政策中，要提升国立科研机构创新能力，需要完善针对国立科研机构特殊性的激励政策。

再次，优化型政策中，编号67—编号89的政策为国家重点实验室等科研单位基本建设与管理的政策，属于针对国立科研机构的专一性政策，在政策功能上具有复合性，既有导向、激励功能，也具有协调与规制功能，因此区别于其他政策与条款。优化型政策侧重于通过基础设施、仪器设备、科技人员等各方面的调整与优化，为国立科研机构创新提供更好的环境。

最后，协调型政策侧重于协调国立科研机构创新活动中的各种因素与力量。规制型政策是对国立科研机构创新行为的规范，例如"国有科研机构与其投资创办的高新技术企业要实行所有权与经营权分离""有关科技成果的知识产权，其终极产权属于国家所有，院所在国家科技政策指导下行使持有权和支配权"等规定，避免国立科研机构创新活动与其他政策的规定相抵触。

第五节　我国国立科研机构总体政策存在的问题

我国国立科研机构虽然并非一类特殊的政策调整对象，大部分适用于国立科研机构的政策是同样适用于高等学校、企业的普适性政策，在尚未形成专一性政策体系的现阶段，目前的政策供给不仅是我国国立科研机构创新的制度依据，更是今后政策体系完善的基础。通过对 294 份相关政策以及其中 89 份具有高相关性的政策进行分析，能全面地掌握我国国立科研机构创新政策的总体情况并能诊断出政策所存在的问题。

首先，政策总体上呈现为分散化、碎片化的分布状态。政策不仅分散在国家科技规划与管理、国家项目与资金管理、科研机构自身建设、财政税收及其他类政策中，而且碎片化地存在于以科研机构/院所/单位为调整对象的各类政策中，国立科研机构并非一类特殊的政策调整对象。目前的政策效力层级不高，294 份政策中有 220 份均为部门规范性文件，而且政策的相关性普遍不高，此种现状不利于形成一个完整的政策体系，不利于国立科研机构自身体系的廓清。

其次，政策宏观抽象性较突出。例如《促进科技成果转化法》《关于深化科技体制改革加快国家创新体系建设的意见》《国家科技成果转化引导基金管理暂行办法》中涉及国立科研机构的相关条款都是抽象的、粗线条的，缺乏具体的制度设计。相应地，在政策功能上则体现为导向型政策较为突出。此种政策现状一方面说明我国国立科研机构仍处于发展壮大过程中，另一方面则反映了国立科研机构的创新政策缺乏具体性、操作性，政策完善的空间很大。

再次，国家（政府）在国立科研机构创新中的作用突出。一方面表现为，科技类政策是创新政策的主导型性政策，政策发布主体中科技部、财政部所占比重最大。另一方面在政策工具中则表现为政府供给型与环境保障型政策所占比重较大，政府不仅为国立科研机构提供财政、资金、项目、科技人员等各种形式的资源，而且通过税收、金融政策保障其创新环境。此种政策现状虽然表明国家（政府）对国立科研机构创新的引导与支持，但存在"国家干预过多"的可能与隐患。

最后，市场因素在国立科研机构创新中尚未充分发挥作用。需求型政策所占比重很少，在创新驱动力上，目前的政策引导更多体现为"管理主导"模式，而非"创新主导"。虽然"产学研结合"在政策中出现的频次很多，但多出现于规划与导向型政策中，并没有实质性政策内容。

第十四章

政府资助科技项目
成果权益规则分析

第一节　政府资助科技项目成果
权益规则的概况

一　政府资助科技项目成果权益规则与国立科研机构的关系

财政性资金资助的科技项目成果的权利归属与管理规则（以下简称"政府资助科技项目成果权益规则"），重点强调科技成果的知识产权归属、利益分配与管理问题。选择政府资助科技项目成果权益规则作为具体政策代表的原因如下。

第一，国立科研机构与国家（政府）关系密切。国家（政府）在国立科研机构发展中具有主导作用，国立科研机构具有"政府特性"。例如中国科学院作为我国自然科学最高学术机构，是国务院直属事业单位，属于政府的一部分。国家（政府）不仅决定着国立科研机构的基本科研资源配置，更决定着其研究方向与内容。国立科研机构的科研项目多来源于政府资助的科技项目，包括科学技术基金项目、科学技术计划项目等，因此选择政府资助科技项目成果权益规则符合国立科研机构科研活动的实践情况。

第二，政府资助科技项目成果权益规则属于科技政策的重要内容之一。294份政策中科技类政策的比重占59%，涉及科技规划、科技资源分配、科技管理等问题，而政府资助科技项目成果的权利归属与利益分配问题是科技政策所要解决的重要问题，而且也一直是各国普遍关注的重点问题。

第三，权利归属与利益分配是创新政策的核心内容。创新政策是为了鼓励创新发展和利用创新成果，是连接科技政策与产业政策之间的桥梁。科技界与产业界的合作，技术层面取决于科技成果与市场的对接，政策层面则取决于权利归属是否明确、利益分配的制度设计是否合理有效。

因此，政府资助科技项目成果权益规则既符合国立科研机构科研活动的特点，又属于创新政策的核心内容，更是科技成果转化的前提与基础。选择政府资助科技项目成果权益规则作为国立科研机构创新政策的代表，有利于分析具体创新政策存在的问题，并从具体政策视角诊断国立科研机构创新中所存在的问题及原因。

二 政府资助科技项目成果权益规则的发展历程

政府资助项目来源于国家科技投入，我国科技投入中研究与试验发展经费（R&D）的年度分布情况如图 14-1 所示，研发经费逐年递增，其中政府资金也逐年递增，虽然政府经费所占的比例有下降趋势，但基本维持在 21%—26% 的比例。

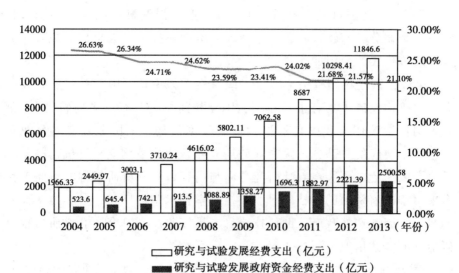

图 14-1 研究与试验发展经费（R&D 经费）的年度分布

（数据来源：中国国家统计局，http：//data. stats. gov. cn/workspace/index？ m＝hgnd）

政府科技投入在研发领域的主要表现是政府资助项目，政府资助项目所形成的科技成果的运用与管理问题不仅关涉国家科技投入的成效，更直接影响国家科技与社会经济发展。为有效解决此问题，世界各国纷纷出台相应政策，其中最为著名的是 1980 年的美国《拜杜法案》。美国《拜杜法案》为应对联邦政府资助项目的研发成果形成的知识产权归属与管理问题，旨在通过"放权政策"推动科研成果商业化，被 2002 年英国《经济学人》（*The Economist*）杂志评价为"美国国会在过去半个世纪中通过的最具鼓舞力的法案"。日本 1999 年也颁布了被称为日本版"拜杜法案"的《产业活力再生特别措施法》。

针对政府资助项目所形成的科技成果的权利归属与管理问题，我国的科技政策与知识产权政策也在不断探索中，本书将其演变过程中的重要政策汇总如表 14-1 所示。

表 14-1　　我国政府资助科技项目成果的归属原则的发展历程

时间	政策法规名称	政府资助科技项目成果的归属原则	说明
1984—1994 年	1984 年《国家科委关于科学技术研究成果管理的规定（试行）》1989 年《关于发布"863"计划科技成果管理暂行规定》	行政规章规定国家所有	简单沿袭传统民法与国有资产管理法的原则
1994—2000 年	1994 年《国家高技术研究发展计划知识产权管理办法（试行）》	由合同约定	首次确认通过合同方式约定权属及利益分享
2000—2002 年	2000 年《关于加强与科技有关的知识产权保护和管理工作的若干意见》	行政规章规定项目承担单位所有（特殊情况并约定的除外）	首次确认权属归单位所有，国家在符合特殊情形且有合同约定才予以介入
2002—2007 年	2002 年《关于国家科研计划项目研究成果知识产权管理的若干规定》2003 年《关于加强国家科技计划知识产权管理工作的规定》	行政规章规定项目承担单位所有（特殊情况除外）	明确项目承担单位享有知识产权及其收益权并增加特定情形下国家介入的主要方式
2006 年	《专利法（修正草案送审稿）》第 9 条	归属于项目承担单位	被称为中国版"拜杜规则"，但未出现于《专利法》（修订）

续表

时间	政策法规名称	政府资助科技项目成果的归属原则	说明
2007 年	《中华人民共和国科学技术进步法》（修订）第 20 条、第 21 条	归属于项目承担者	中国"拜杜规则"核心内容

　　根据上述信息，1984 年以来，我国关于政府资助科技项目所形成的科技成果的归属原则，在权利主体上经历了"国家→合同约定→项目承担单位→项目承担者"的变迁，反映了国家政策在该领域中从"控权"到"放权"的演变，也体现了国家立法从简单沿袭传统民法原则到主动确立科技法制原则并顺应科技创新特点的转变。

三　政府资助科技项目成果权益规则的重要转变

　　在上述政策演变中，具有重大意义的则是 2007 年《科学技术进步法》的修订，属于全国人民代表大会常务委员会修订通过的法律，明确了政府资助科技项目所形成的知识产权的归属原则——授予项目承担者依法取得。《科学技术进步法》（修订）第 20 条、第 21 条被称为中国版"拜杜法案"（本书称为中国"拜杜规则"）。

　　"拜杜规则"改变了之前的政府资助科技项目成果权益规则，暂不讨论具体制度上的改变，在观念上的转变体现为以下三个方面。（1）在财政性科技"投入—产出"的权利安排与制度设计上，"拜杜规则"未确立之前，处理此类问题沿用的是传统民法与国有资产管理法的途径，贯穿其始终的是"谁投入、谁所有、谁使用、谁管理、谁受益"的固有思路；而"拜杜规则"确立之后，投入者主要为各级财政资金管理机构，所有者为项目承担者，使用者为项目承担者或企业等市场主体，管理者为国家以及各级行政主管机构，受益者为包括社会公众在内的所有利益相关者，投入者、所有者、使用者、管理者、受益者通过各自社会角色的重新定位由"高度合一"向"相对分离"转变。（2）激发主体的权利意识并强化主体的创新动机。在促进科技成果转化的问题上，"拜杜规则"未确立之前，科技成果转化率偏低，重要原因在于主体权利意识淡薄以及各主体间合作意愿的缺乏；而"拜杜规则"有利于形成良性的产学研合作机制，强化各方主体间的合作意愿。（3）科研机构与高等教育机构职能观念的转变，由单纯知识传授向产学研模式下的知识创新与社会服务职能的转变。鉴于我国"拜杜规则"在政府资助科技项目成果权益规则中的重要性，以下进行详细分析。

第二节　中国"拜杜规则"发展中的困境

2010 年第十一届全国人大常委会第十五次会议上，时任副委员长路甬祥在"全国人大常委会执法检查组关于检查《中华人民共和国科学技术进步法》实施情况的报告"中，指出《科学技术进步法》实施中仍存在科技投入不足，激励创新不到位，保护创新力度不够，科技成果难以转化，产学研结合不紧密等问题。

"拜杜规则"实施六年以来，面临质疑与反思，有学者认为中国版的"拜杜法案"并没有发挥其促进科技成果转化的作用（何炼红、陈吉灿，2013）。是"拜杜规则"制度设计存在问题？是"拜杜规则"缺乏相应的制度运行环境，与现有制度存在冲突？还是在借鉴美国《拜杜法案》并进行法律移植的过程中存在疏漏？为论证上述疑问，本书选择以下三方面进行分析。

第一，以协同创新视角诊断"拜杜规则"存在的问题。"拜杜规则"的制度目标体系分为三个层级：一级目标是促进科技成果转化，是"拜杜规则"及与之平行的其他政策工具所共有的一般性目标；二级目标是促进产学研合作；三级目标是协同创新。将"拜杜规则"的制度目标定位于一级目标无法解决制度实施中的困惑，而同时我国产学研合作已发展到一个对协同创新有巨大需求的新阶段。"拜杜规则"不仅涉及协同体内主体间的权利归属、知识产权利益分配、权利与义务，而且作为一个法律规则体系，科技投入、科技管理、科技评价、技术创新等政策工具间的冲突也需要运用协同创新理论及方法。

第二，国有资产管理制度视角下的"拜杜规则"实施障碍分析。

"拜杜规则"旨在通过"放权"促进科技成果转化,其核心制度在于将知识产权授予项目承担者依法所有。但是国立科研机构的"政府特性"使其资产属于国有资产范畴,要遵循国有资产管理制度。两种制度的矛盾是国立科研机构创新中无法回避也亟待解决的问题。

第三,中美两国科技政策适用的差异性分析。我国"拜杜规则"作为法律移植产物,在分析我国制度环境的同时,也应进一步反观法律移植的过程中是否存在疏漏。

第三节   以协同创新的视角诊断
我国"拜杜规则"

知识产权归属及权益分配问题一直是产学研合作中的重点和难点,各方只有在产权明晰的基础上才能顺利开展合作(段瑞春,2009)。"拜杜规则"解决了知识产权归属问题,但具体目标的缺乏导致制度操作性欠缺,以下从协同创新视角诊断现存制度及制度实施过程中存在的问题。

一   相关主体离散

我国财政性资金资助项目的权利主体经历了"国家→合同约定→项目承担单位→项目承担者"的变迁,制度运行过程中涉及投入者、所有者、使用者、管理者、受益者五大主体,"拜杜规则"确立了项目承担者的所有者地位,五大主体由"高度合一"向"相对剥离"转化(见表14-2)。

表14-2   "拜杜规则"前后五大主体的角色转换

	投入者	所有者	使用者	管理者	受益者
之前	国家	国家	项目承担者(持有人)	政府(国家无形资产)	通过技术实施或许可获得收益
	五个主体高度合一				
之后	国家投入为主(国家双重角色:私法意义上的投资者,公法意义上的宏观事务管理者)	一般为项目承担者;例外情形为国家	项目承担者;企业(美国);普通消费者	项目管理机构;公司化的管理(美国);信托基金(德国);本单位企业自己管理	利益分享机制;资金循环再生;惠益分享
	五个主体相对剥离				

"拜杜规则"五大主体相对剥离是多元主体协同创新的前提，同时也对主体间的融合提出了更高要求。但现有"拜杜规则"在五大主体相对剥离后并未实现主体间高度融合的协同机制，导致相关主体离散。例如，受益者与投入者、所有者、使用者、管理者之间的权利义务不明确，而且即便在受益者层面，也只规定了项目承担者、成果完成人、为成果转化作出重要贡献的人，资助第三方、研究第三方、企业则未纳入利益相关者的范畴。相关主体离散分布状态严重阻碍了协同创新目标的实现。

二　利益难以整合

"拜杜规则"中各主体的利益取向难以整合，主要表现为：（1）国家作为私法意义上的科技投入者以及公法意义上的科技管理者的双重角色难以兼顾，正如《科学技术进步法》第 20 条中表述的"国家安全、国家利益和重大社会公共利益"才是国家的主要利益取向；（2）高等学校、科研院所等事业单位的主要利益取向则是科研，评价导向也存在重论文、重奖励，轻成果转化的现象；（3）企业的主要利益取向是利润，侧重于技术的市场价值及经济效益，可能影响对科研项目的资助广度和深度。不同主体在技术创新中的利益诉求差异化较明显，整合难度高。

三　资金来源单一

《科学技术进步法》（修订）第 20 条将资金来源限制为"利用财政性资金"，虽然部分地方科技立法中表示为"主要利用财政性资金"，但也未进行具体规定，对资助第三方的权利缺乏法律认可。2010 年路甬祥在向全国人大常委会报告《科学技术进步法》执法检查情况时，也明确指出我国科技投入仍然不足，要加快推进建立科技投入稳定增长的长效机制，完善科技投入政策体系，加强引导和激励全社会增加科技投入，促进社会资源参与科技创新活动，加速形成多元化、多渠道、多层次的科技投融资体系。"拜杜规则"中的资金流是相关主体间利益协同的基础，因此资金来源单一的问题不仅是科技投入的问题，更制约着主体间的协同创新。

从协同创新视角诊断我国"拜杜规则"中存在的问题，也发现了政府资助科技项目成果权益规则所存在的问题。从协同创新视角而言，目前政策的协同创新理念缺乏，要解决的最关键的是权利归属与利益协同的问题。

第四节　政府资助科技项目成果转化中国有资产管理制度的障碍

一　政府资助科技项目成果权益规则实施中的"怪圈"

《光明日报》曾报道，教育部直属高校科研成果首次公开挂牌交易成功的过程中，研发团队与市场主体共同面临着"担心国有资产流失""担心项目死在审批的路上"的问题。国有科研事业单位也同样面临此种问题（张胜、郭英远，2014）。根源在于公立高校与科研事业单位属于"国有"的性质，要受到国有资产管理制度的限制，并形成了如图14-2所示的特殊循环关系。

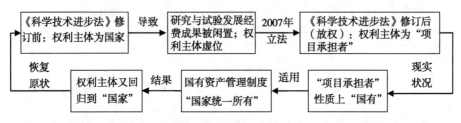

图14-2　政府资助科技项目成果权益规则实施中的"怪圈"

2007年《科学技术进步法》修订之后的政府资助科技项目成果权益规则，将知识产权的权利主体由国家转变为项目承担者，但项目承担单位在我国多为公立大学、国立科研机构、国有企业，其科技成果转化活动必须严格遵循国有资产管理制度。因此，以"放权"为核心的政府资助科技项目成果权益规则在实施过程中遇到国有资产管理的制度障碍，使制度适用中必然产生逻辑折返而返回原点。权利主体由"项目承担者"再次变回为"国家"，政策取向由"放权"再次变回为"收权"，此种闭合的非良性循环关系即图 14-2 所示的"怪圈"。

二　国有资产管理层面的制度障碍

（一）理念上的障碍

从法理角度分析，《科学技术进步法》修订之前，针对政府资助科技项目成果转化的问题，采用的是传统民商法与国有资产管理法的原则。修订之后，权利主体由抽象意义上的国家转变为项目承担者，旨在解决权利归属问题以及权利主体虚位的问题，极大转变了传统民商法与国有资产法的保守理念。但实践中却不可避免地受到限制，在国有资产管理制度框架内，第一位的价值目标是防止国有资产流失、保值增值，国家集投入者、所有者、使用者、管理者、受益者五大主体于一身，是"管制"本位理念的产物。

（二）知识产权的资产类型定位不当

国有资产，广义上是指国家以各种形式投资以及收益、拨款、接受馈赠、凭借国家权力取得或依据法律认定的各种类型的财产及财产权利。狭义上仅指经营性国有资产，包括企业使用的国有资产、行政事业单位"非转经"的资产、国有资源中投入生产经营过程的资源（见图 14-3）。

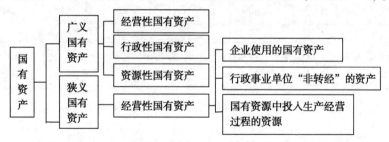

图 14-3　国有资产的分类

非经营性资产是指用于公共服务领域、追求社会利润最大化的国有资产。行政事业单位"非转经"资产是指原本是行政、事业单位占有、使用的非经营性国有资产，后经过多种途径转作经营性资产的那部分资产。"非转经"是转型经济条件下的特殊现象，是盘活行政事业单位国有资产闲置资源、提高行政事业单位国有资产利用效率、减轻国家财政压力的一项重要举措（胡川，2010）。

按照国有资产的分类，政府资助科技项目所形成的科技成果最接近于行政事业单位"非转经"的资产。其初始定位是用于教育、科研的非经营性资产，为了盘活大量闲置的科技成果，将具有商业价值的资产用途从"教育、科研"转为"经营、盈利"。但是经过"非转经"之后的"经营性资产"存在如下问题：（1）在经营性资产的管理方式上，目前对无形资产仍沿用有形资产的管理方式，忽视了有形资产价值确定性与无形资产价值不确定性的区别；（2）非经营性资产转为经营性资产的每一个程序与环节都面临能否获得审批的风险；（3）科技成果转化能否成功尚不确定，将其界定为经营性资产就面临保值增值的风险。因此，现有的国有资产分类体系中，知识产权的资产类型定位不当成为科技成果转化的现实障碍之一。

（三）国有资产管理环节的障碍

国有资产管理的环节可总结为图14-4中的六个环节。以《科学技术进步法》（修订）为核心的政府资助科技项目成果权益规则在实施中的关键点可以总结为图14-4中的四个环节。

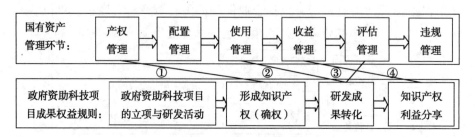

图14-4　国有资产管理环节的障碍

首先，国有资产的产权管理环节对政府资助科技项目成果在确权环节上产生障碍。政府资助科技项目成果形成的知识产权归属与管理问题应以何种方式解决，至今尚存争议。① 溯及美国《拜杜法案》的立法背

---

① 例如，俄罗斯并未采取类似于美国《拜杜法案》的模式，而是在《俄罗斯联邦民法典》第四部分第77章（第1542—1551条）设计"统一技术构成中智力活动成果权"制度来应对同类问题。参见张建文译《俄罗斯知识产权法——〈俄罗斯联邦民法典〉第四部分》，知识产权出版社2012年版。

景，面对科技成果转化中的重重障碍，美国《拜杜法案》选择了"放权政策"而不是"收权政策"。借鉴美国经验，我国《科学技术进步法》（修订）第 20 条也采取了"放权政策"，但国有资产管理制度所秉承的"国家统一所有"原则，导致确权环节失灵。

其次，国有资产的使用管理环节对政府资助科技项目成果在转化环节上产生障碍。国有资产的使用管理环节明确"按规定权限履行审批手续"，国有资产管理制度为防止国有资产流失，设置转化审批权限额度，多头把关，层层审批，从申报到公开挂牌，即便顺利也耗时长达 10 个月（唐良智，2014）。科技成果转化在资产使用、处置环节存在如此严格、复杂、耗时的审批手续，严重影响了科技成果转化的时效性。

再次，国有资产的评估管理环节对政府资助科技项目成果在转化环节上产生障碍。在美国，知识产权的价值评估完全是市场化的，知识产权的价值并不是固定的、可以精确计算的，不可能用一个统一模式，简单套用计算出各方面都接受的客观价值（王汉坡，1994）。同时，我国目前的行政审批制度直接影响资产评估的客观公正性，成果完成人可能为了简化审批流程、节省审批成本，在资产评估环节通过隐瞒成果实际价值等方法将账面原值控制在可由单位审批的额度范围内。我国对科技成果转化设置资产评估环节，从防止国有资产流失角度而言有其合理性，但知识产权的价值只有依托市场机制并实现产品化、商品化、产业化之后才能确定，要对无形性、价值不确定性、预期收益高风险性的科技成果进行事先资产评估，无疑是困难重重且效能低下。

最后，国有资产的收益管理环节对知识产权利益分享环节产生障碍。促进科技成果转化最为关键的因素在于能否充分调动利益相关者的积极性，提供有效的制度激励。而目前的国有资产管理制度中，职务发明人的地位与作用无法体现，科研人员收益低、难以落实，制度安排难以调动职务发明人参与成果转化的积极性、主动性和创造性。我国职务发明奖酬制度仍面临很多问题（肖冰，2014）。国有资产管理制度是以"管理"的理念贯穿始终，"利益分享"的理念较为缺乏，科研人员更多的是"被管理"的角色，不仅在最后利益分享环节无法直接享受利益，而且还要承担科技成果转化失败带来的国有资产流失的风险与责任。

三 国有资产管理层面制度障碍破除的模式选择

第一，以国有资产管理为主干制度的"修补"型。此种模式是针对现行运行机制进行"修补"。例如，针对审批中存在的问题，则减少审批程序；针对评估难的问题，则改进评估方式；针对利益分享机制缺失的问题，则予以补充。"修补"型模式以防止国有资产流失以及保值增值为首要价值目标。

第二，以政府资助科技项目成果权益规则为主干制度的"排除"型。此种模式强调排除政府资助科技项目成果权益规则在实施中所面临的国有资产管理的制度性障碍。可借鉴我国台湾地区的经验。台湾地区"科学技术基本法"（1999 年）第六条第一款规定了归属于科研机构或企业所有或授权使用的知识产权不受"国有财产法之限制"。2011 年修正后新增第二款，规定前项智慧财产权及成果，归属于公立学校、公立机关（构）或公营事业者，其保管、使用、收益及处分不受国有财产法相关体条款之限制，并详细列举了排除适用"国有财产法"中的 14 个涉及国有财产的管理、权属、处分、使用等内容的条款。"排除"型模式以促进科技成果转化为首要价值目标，限制甚至排除国有资产管理的部分制度。2011 年台湾"科学技术基本法"的修订就是要使"科研成果下放"这条路更平坦，明确科研成果归属于学校等研发单位部分，排除"国有财产法"部分法条的限制，从而使科研成果的处分过程便利、及时、弹性。

第三，以政府资助科技项目成果权益规则为主干制度，国有资产管理制度为配套制度的"折中"型。此种模式是对"保守"型与"排除"型的一种折中选择，兼顾科技成果转化与国有资产管理两种价值目标。为提高"折中"型模式的操作性，可将知识产权作为一类单列的资产处理，并对其资产处置、资产收益等重要环节作突破性规定。

基于我国科技体制改革的进程以及现有的政策体系，现阶段优先选择"折中"型模式的理由如下。（1）《科学技术进步法》（2007 年）已明确了研究与试验发展经费成果的知识产权归属于项目承担者，是对国有资产管理制度的突破。（2）加强知识产权保护和运用，促进科技成果资本化、产业化是改革的重要内容。（3）随着改革的不断深入，国有资产管理的制度性障碍已得到部分解决。《国务院关于取消和下放一批行政审批项目的决定》（2013 年）推动下的简政放权是政府职能转变的表现，《关于开展深化中央级事业单位科技成果使用、处置和收益管理改革试点的通知》（2014 年）改革了科技成果使用、处置审批管理制度，进一步为创新松绑。（4）目前的政策环境下，国有资产管理制度并未完全"弃权"。《事业单位国有资产管理暂行办法》（2006 年）、《中央级事业单位国有资产管理暂行办法》（2008 年）、《中央级事业单位国有资产处置管理暂行办法》（2008 年）等政策在事业单位科技成果转化处置权、定价权、收益分配权的问题上，并未"弃权"。

因此，现阶段选择"修补"型模式不足以满足科技成果转化的需求；选择"排除"型则不适应我国现有制度体系与现实状况，国有资产管理制度有其合理性与必要性，"放权"不等于"失权"，更不等于"弃权"；而选择"折中"型模式作为过渡则与我国目前改革进程相契合。

四　国有资产管理层面的制度障碍破除的具体建议

现阶段选择"折中"型模式，核心在于将相关知识产权作为一类单列的资产，辅之以相应的所有权制度、审批制度、评估制度、利益分享制度、责任承担制度，具体建议如下。（1）资产类别单列。突破现有国有资产分类的藩篱，将相关知识产权单列为一类特殊资产，并采取区别于一般经营性资产的管理方式。（2）所有权适度保留，下放使用权、经营权、处置权。《科学技术进步法》（修订）对于政府资助科技项目成果权利归属问题上所采取的"放权政策"，并非只是单纯的确权，而是通过权力下放激励项目承担者运用科技成果。因此，对于最具争议的所有权问题可暂时保留在国有资产管理制度框架内，而将使用权、经营权和处置权释出与下移。（3）事前审批向事后备案的转变。避免复杂、冗长的审批周期阻碍科技成果转化，而将更多的处置权交给项目承担者。（4）资产评估应面向市场化后的未来收益。相关知识产权的价值只有在科技成果转化成功之后才能确定，而且其价值评估更应该属于市场行为。（5）单位与个人（团队）之间利益关系的处理。现有的《科学技术进步法》（修订）解决了国家与项目承担者之间的关系，但对于单位与个人（团队）之间的利益关系则未进行细化规定，不利于调动个人（团队）的积极性。对于知识产权利益分配问题，应采取法定加约定的方式，完善科技成果收益的分配机制。（6）权责利相统一的责任承担方式。转变目前单一的责任承担方式，由权利主体、管理主体、利益主体按照权责利相统一的原则承担国有资产流失的风险、科技成果转化的风险等。

综上，政府资助科技项目成果权益规则在实施中面临的国有资产管理的制度障碍主要表现如下。（1）知识产权作为区别于传统意义上的国有资产，难以在现有的国有资产分类体系中准确定位。（2）国有资产管理中的审批程序以及资产评估程序为科技成果的技术转移设置了重重障碍。（3）国有资产管理制度中利益分享机制的缺失直接影响了科技成果转化中的利益相关者的积极性。（4）政府资助科技项目成果权益规则中关于权利归属的"放权政策"在国有资产的产权管理框架下无法完全实现，无法在国有资产、使用、收益、评估环节有效实施。

政府资助科技项目成果权益规则是我国国立科研机构创新的基础与前提，而国有资产管理制度又成为国立科研机构无法逾越的原则与底线，国有资产管理制度的边界与范畴的确定，直接关系到科技成果转化的效率，以及科技人员活动范围的广度与深度。目前，两种制度共同作用于国立科研机构创新，必然产生制度负效应而不利于国立科研机构创新。

我国政府已明确提出要深化科技成果使用处置和收益管理改革试点，积极探索把科技成果的使用权、处置权和收益权赋予创造成果的单位，允许试点单位采取多种方式转移转化科技成果，为国有资产管理制度障碍的破除提供了契机，因此要尽快找到促进科技成果转化与国有资产管理的平衡点，促进国立科研机构创新。

第五节 中美两国政策与政策适用
的比较分析

20 世纪 80 年代是美国科技制度发生根本性改变的阶段，引起世界普遍关注的是 1980 年的《拜杜法案》。但被忽视的是 1980 年出台的另一部法案——《史蒂文森·怀德勒技术创新法》，而且该法案对我国国立科研机构的创新政策研究同样具有重要价值。

《史蒂文森·怀德勒技术创新法》明确了联邦实验室的技术转移职责。《拜杜法案》则是美国在过去半个世纪中通过的最具鼓舞力的法案，为大学、中小企业、非营利性组织的技术转移提供了产权保障。以此两部法案为核心，可以梳理出以大学、联邦实验室为主线的两条政策路径。但是目前国内研究对两部法案则存在一些误读。首先混淆了《史蒂文森·怀德勒技术创新法》和《拜杜法案》的调整对象与核心制度，表现为在政策调整对象上并未区分大学与联邦实验室，在核心制度上则认为均是"放权"；其次对两部法案的定位不准，认为《拜杜法案》是促进美国科技成果转化的核心制度，其他法案均是辅助性制度；再次未充分重视《史蒂文森·怀德勒技术创新法》作为调整联邦实验室技术转移核心制度的价值。

一 美国大学的技术转移政策

美国大学 300 多年的发展历程中，联邦政府与大学的关系始终处于一个不断变化发展的过程中，以大学为主要调整对象的技术转移政策也在不断地发展变化（见图 14-5）。

美国大学的技术转移政策始于《莫里尔赠地法》及其相关法案，促进了大学社会职能的转变，新增了为社会经济发展、产业革新服务的角色。但在 20 世纪 80 年代以前，由于缺乏统一的立法对知识产权的归属与管理、运用问题进行规定，导致大量专利技术被"束之高阁"。1980年《拜杜法案》统一了联邦专利政策，将联邦政府资助形成的知识产权下放给项目承担者，包括大学、小企业、非营利性机构，旨在通过"放

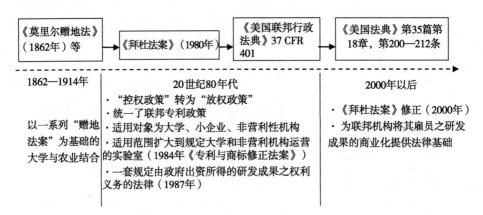

图 14-5　美国大学技术转移的政策演进

权政策"推动科研成果商业化。大学、非营利性机构、小企业与政府较为疏离的关系为"放权"政策的实施提供了帮助。正如 2000 年美国国会调查结果所言，"1980 年《拜杜法案》的制定在美国科技政策史上具有里程碑式的意义，它成功地为去除官僚壁垒与简化发明许可提供了一个架构"。《拜杜法案》之后的系列政策也都是以"放权政策"为核心展开的，促进了产学合作。

二　美国联邦实验室的技术转移政策

美国联邦实验室的发展壮大在 1940 年以后。联邦实验室是多样化、跨学科的研究设置，技术开发与转移并非其主要任务。推动联邦实验室角色扩充到技术转移的政策是 1980 年《史蒂文森·怀德勒技术创新法》，要求将技术转移作为重要任务（Bozeman，1988）（见图 14-6）。

《史蒂文森·怀德勒技术创新法》与《联邦技术转移法》确立了联邦实验室技术转移的基本制度。（1）明确联邦实验室技术转移的任务，并创建体制结构来促进这个任务的完成（Jaffe，2000）；（2）增设部门与搭建平台，在商务部内设立技术管理部门，在联邦实验室增设研究与技术应用办公室，设立联邦实验室联盟（FLC）；（3）合作研究暨开发合约（CRADAs），允许国家实验室与企业、大学、州政府共同合作与研发；（4）绩效考核制度，将技术转移作为联邦实验室与科学家与工程师工作的考核指标；（5）奖励制度与分配制度，奖励联邦机构科学、技

图 14-6　美国联邦实验室技术转移的政策演进

术与工程人员，并明确了联邦机构所得权利金（技术转移收益）的分配制度。美国联邦实验室的政策从科学政策、技术政策向创新政策转变。

三　美国大学与联邦实验室技术转移政策的差异

（一）《拜杜法案》与《史蒂文森·怀德勒技术创新法》的关系

随着产学研合作的发展，两部法案在后续发展中，适用范围不断拓宽。《拜杜法案》经过一系列修订，适用对象扩大到了国有民营（GOCO）类联邦实验室（柳卸林等，2012）。1984 年《专利与商标修正法案》修订了《拜杜法案》有关条款，主要内容包括允许实验室运行方接受专利使用权，用于研发、奖励和教育。联邦实验室的技术转移政策也借鉴《拜杜法案》。为加强与企业的合作，1986 年《联邦技术转移法》的合作研究暨开发合约（CRADAs）条款中规定，给予合作对方专利授权或转让授权或其他权利。1989 年《国家竞争力技术转移法》将合作研究暨开发合约（CRADAs）的适用范围扩大到国有民营（GOCO）类联邦实验室。两部法案在后续的修订中存在借鉴与融合。

但同时，两部法案在法律适用上仍有明确的制度逻辑。一方面，《拜杜法案》关于"归属联邦机构所有的发明的许可条件"条款（35 U.S.C. §209），其中规定"本条不适用于依据 1980 年颁布的《史蒂文森·怀德勒技术创新法》第 12 条规定的合作研究暨开发合约所完成的发明的许可"。另一方面，《拜杜法案》关于"本章的优先使用"条款（35 U. S. C. § 210）中规定，"1980 年颁布的《史蒂文森·怀德勒技术创新法》对项目发明的权利归属的规定与本章规定不一致时，优先适用《史蒂文森·怀德勒技术创新法》"。（朱雪忠等，2009）因此，两部法案并不存在主导性与辅助性的关系，而是平行适用的，有各自的内在逻辑。

（二）两部法案及其修正案在《美国法典》体系定位中的差异

《美国法典》与成文法国家类似的《民法典》有本质上区别，是对现行有效法律的汇编。国会众议院直属的"法律修订顾问办公室"将当年通过的法律按 50 个主题（Titles）分类编入《美国法典》（*United States Code*）。《拜杜法案》及其修正案在《美国法典》中定位于第 35 编·专利（Title 35 - Patents）的第 18 章—联邦资助的发明的专利权（Chapter 18 - Patent rights in inventions made with federal assistance）。《史蒂文森·怀德勒技术创新法》及其修正案则定位于第 15 编·商业与贸易（Title 15 - Commerce and Trade）的第 63 章—技术创新（Chapter 63 - Technology innovation）。从所属主题而言，专利属于私权，更多遵从市场规律，而商业与贸易则更多受政府管理与调控。此种差异直接反映了两部法案在立法取向上的差异。

（三）两部法案及其修正案在核心制度上的差异

美国著名大学多为私立大学，具有自由性、灵活性、市场性的特点，而且从联邦政府与大学的关系而言，联邦政府更容易将大学与企业、非营利性组织视为一个创新板块。因此，以《拜杜法案》为核心的大学技术转移政策，采用"放权政策"，利用专利制度促进联邦政府资助研发所完成的发明的运用。美国联邦实验室的发展壮大则与政府直接相关，国有国营（GOGO）类被看作是联邦政府机构的一部分，相较于大学的学术自由，联邦实验室的研发活动具有明确目标性、政府任务性、战略布局性。因此，以《史蒂文森·怀德勒技术创新法》为核心的联邦实验室技术转移政策，是通过明确联邦实验室技术转移的任务，并通过具有行政色彩的机构设置、绩效考核等措施促进技术转移的。

综上，1980 年先后通过的《史蒂文森·怀德勒技术创新法》与《拜杜法案》，分别确立了联邦实验室与大学技术转移政策的基本内容。通过二者的差异性可以窥见美国对大学与联邦实验室在技术转移政策上基本原则的差异：对大学准用自由市场规律，将研发成果及其权力下放给大学，所有权、处置权与收益权彻底下放；对联邦实验室准用政府管理规律，是政府主导下的工作任务制，是对政府资源的重新配置与利用。

四　我国与美国政策实施的差异性

首先，美国《拜杜法案》的实施中并不存在国有资产管理问题，或准确而言，美国《拜杜法案》实施中不存在我国"拜杜规则"所面临的国有资产管理问题。美国大学并非"国有"或"准国有"，为彻底的"放权政策"提供了基础，而且产生法律适用冲突时，《拜杜法案》具有优先适用性——《美国法典》第 35 编第 210 条（35 U.S.C. §210）规定"任何其他有关要求对小企业和非营利性组织（包括大学）项目承担者进行权利归属的规定与本章规定不同的，本章规定优先适用"，在权利归属上排除了其他规定的适用。《拜杜法案》的制定在美国科技政策史上具有里程碑式的意义，正是这样，才有了联邦政府如今专利布局中诸多的发明成果。

其次，美国大学与联邦实验室在技术转移政策上的处理与我国有差异。美国联邦实验室与大学分别适用《史蒂文森·怀德勒技术创新法》与《拜杜法案》。美国大学与联邦实验室分别为市场驱动型与政府驱动型，此种差异性直接体现在技术转移中的法律适用环节，"国有"性质的联邦实验室不适用《拜杜法案》，而适用《史蒂文森·怀德勒技术创新法》。我国在借鉴《拜杜法案》过程中，将"拜杜法案"这一概念的外延泛化理解为一系列甚至所有的促进科技成果转化的法案与公共政策，而狭义的"拜杜法案"则仅指《拜杜法案》及其修正案。我国在科技立法的法律移植过程中，调整对象以广义的"拜杜法案"为制度边界，既包括大学也包括国立科研机构；但具体内容却以狭义的"拜杜法案"为制度样本，忽视了我国高等学校与美国大学在本质上的差异性（见图 14-7）。

再次，美国"国有"联邦实验室技术转移政策的核心制度是"设定义务"而非"下放权力"。美国"国有"或"准国有"的创新主体为联

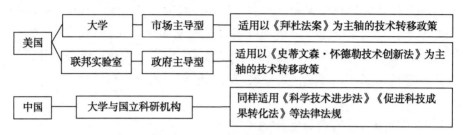

图 14-7　美国与中国的大学与国立科研机构在法律适用上的差异

邦实验室，但其技术转移适用《史蒂文森·怀德勒技术创新法》，不存在我国国立科研机构适用"拜杜规则"的情况。并且，美国联邦实验室技术转移政策的制度核心并非"放权"，而是在政府引导下的"政府管理"模式，通过机构设置、平台搭建、合作研究开发合约、绩效考核等措施促进联邦实验室完成技术转移的义务与责任，具有政府管理的行政色彩，属于政府管理的范畴，不存在以"放权"为基础的私权制度与国有资产管理为代表的公权制度的冲突。

国内对于美国科技政策、创新政策、技术转移政策发展历程的研究并未严格区分大学与联邦实验室的差异，对大学与联邦实验室的技术转移政策存在混淆与误读。美国大学与联邦实验室分别形成了以《拜杜法案》与《史蒂文森·怀德勒技术创新法》为核心的两套政策逻辑，前者以"下放权力"为核心，实行所有权、处置权与收益权彻底下放，后者以"设定义务"为核心，实行政府主导下的任务制。我国法律移植过程中存在疏漏，对于"国有"与"准国有"的高等学校与国立科研机构统一适用"拜杜规则"，并未充分考察美国《拜杜法案》得以有效实施的制度背景。

鉴于美国《拜杜法案》的成功，我国在法律移植过程中给予《拜杜法案》过多的关注，但通过上文分析，美国联邦实验室技术转移政策对我国国立科研机构同样具有重要的借鉴意义。首先，我国国立科研机构与美国联邦实验室的主体属性具有相似性，都属于"国有"或"准国有"的性质，在政策适用过程中有可比较性与可参考性。其次，美国庞大的联邦实验室体系依赖于较为完善的政策支撑，已发展成为美国重要的战略性创新实体，较为成功的事实具有一定说服力。再次，我国国立科研机构目前正面临的问题，是美国联邦实验室曾面临并得以有效解决的问题。例如关于产学研合作方式，美国《联邦技术转移法》中规定的"研发合作协议"（CRADAs）在联邦实验室运行体制机制的基础上，实现了与大学、企业的良性合作关系。再如关于创新激励的问题，美国联邦实验室的绩效考核制度、奖励制度、分配制度能为我国国立科研机构的体制机制完善提供参考。

第六节　我国国立科研机构具体政策存在的问题

政府资助科技项目成果权益规则作为我国国立科研机构创新政策中重要的具体政策之一，所反馈出的问题具有一定的典型性与代表性。"拜杜规则"作为政府资助科项目成果权益规则的核心制度，其制度内容与政策实施直接关系到国立科研机构的创新活动。上文从协同创新视角诊断了现有政府资助科技项目成果权益规则存在的问题，从国有资产管理视角分析了政府资助科技项目成果权益规则实施中的障碍，并从法律移植的视角对比分析了中美两国创新政策发展历程以及政策重点。基于此，政府资助科技项目成果权益规则及其对国立科研机构创新活动的影响总结如下。

第一，政府资助科技项目成果权益规则中协同创新的理念缺乏，影响国立科研机构的创新活动，特别是产学研合作。国家创新体系建设强调各创新主体的有效互动与合作，而目前的政府资助科技项目成果权益规则下，相关主体离散、利益取向难以整合、资金来源单一。

第二，政府资助科技项目成果权益规则关于权利归属的政策在实施过程中受到诸多障碍，特别是国有资产管理的制度性障碍。对于政府资助科技项目成果所形成的知识产权的权利归属问题，国有资产管理中"国家统一所有"原则与《科学技术进步法》（修订）中所确立的"放权"制度相冲突，科技成果的所有权、处置权、收益权受国有资产管理限制，阻碍了技术创新。

第三，政府资助科技项目成果权益规则缺乏有效的利益分享机制。国立科研机构创新活动，特别是科技成果转化中最为关键的因素在于能否充分调动利益相关者的积极性，提供有效的制度激励。《科学技术进步法》（修订）第 20 条对知识产权利益分配问题规定了"法定+约定"模式，但只是原则性规定，缺乏操作性与执行性。目前，关于利益主体，除了国立科研机构与成果完成人、为成果转化作出重要贡献的人以外，还应包括其他利益相关主体，例如资助第三方、研究第三方以及市场主体等都应得到关注。同时，国立科研机构受限于国有资产管理制度，以"管理"的理念贯穿始终，"利益分享"的理念较为缺乏，职务发明人的地位与作用无法体现，科研人员收益低、难以落实，制度安排难以调动职务发明人参与成果转化的积极性、主动性和创造性。

　　第四，科技立法的法律移植过程中存在疏漏。我国在借鉴美国科技政策过程中，忽视了美国科技政策适用过程中的特殊性与差异性，对美国科技政策的误读以致未能全面解读其科技政策与创新政策，法律移植中的偏差导致我国国立科研机构缺乏与其特殊性相匹配的政策。

第十五章

创新政策与创新模式
的协同性分析

第一节　创新模式的现状描述
——以中国科学院为例

一　中国科学院的技术转移支撑体系

中国科学院（以下简称"中科院"）技术转移的支撑体系，可以分为组织体系、研究体系、产业化体系三个层面。图 15-1 中所示的组织体系是 2013 年 8 月中科院实施院机关科研管理改革之后的组织体系。为适应新时期的发展要求，中科院按照科技创新活动规律优化管理职能配置，强化学科交叉融合，建立以科技创新价值链为主线的矩阵式管理模式，按照科研业务管理、综合职能管理两个序列设立，撤销原有的 4 个核心业务局和院地合作局，合并组建 3 个新局——前沿科学与教育局、重大科技任务局、科技促进发展局。其中科技促进发展局主要负责国家技术与应用类、重大公益示范类科技任务的策划与管理（"863"计划、支撑计划项目、产业化示范项目等）、院重点部署项目的策划与管理，与地方、行业、企业等的科技合作，促进科技成果转移转化，创新集群与创新联盟建设，工程实验室及工程中心、植物园、标本馆、野外台站等的管理及知识产权管理等。

中国科学院技术转移的支撑体系中，机关科研管理体系改革后所建立的组织体系，宗旨在于打破条块分割、消除部门利益、为学科交叉和协同创新扫清障碍，促进科技成果转化。中科院的研究体系包括北京分院等地方分院、物理研究所等研究单位、中国科学院大学与中国科学技

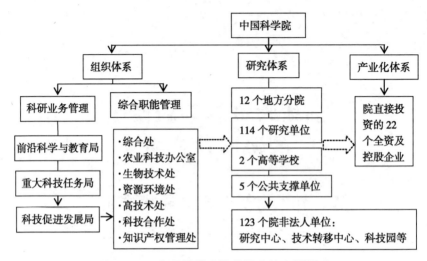

图 15-1   中国科学院技术转移的支撑体系

术大学,以及中国科学院北京国家技术转移中心与中国科学院上海浦东科技园等非法人单位,研究单位的研究内容基本覆盖基础研究与应用研究。中科院的产业化体系主要表现为院直接投资的联想控股股份有限公司等 22 个全资及控股企业,提供技术服务与产业化平台。如果将图 15-1 中的技术转移支撑体系作为一个大系统来看,目前的结构已较为完善,基本覆盖了技术转移的几个关键环节——管理环节、研究环节与产业化环节。但是有一个较为重要的体制机制问题是,中科院的 114 个研究单位均具有独立法人资格,每个研究单位有各自的规则与办法,因此从中科院层面整合各研究所、高校、非法人单位存在很大难度,难以统一部署技术转移工作,集成能力较弱。

二   中国科学院的技术转移模式

首先是从基础研究向应用研究延伸与扩散的模式。中科院的各研究所在学科结构上是自然科学为主、应用科学为辅,表现为数学、物理、化学、天文、地理、生态、地球科学等自然学科的研究所在数量上有着绝对优势,而且中科院的物理、化学、材料科学、数学、环境与生态学、地球科学等学科整体水平已进入世界先进行列,一些领域方向也具备了进入世界第一方阵的良好态势。因此，中科院在基础研究领域的资源配置、研究能力、研究成果均是占有绝对优势的，同时也决定了中科院的大部分技术转移是从基础研究向应用研究的延伸与扩散（见图 15-2）。

图 15-2　中科院由基础研究向应用研究延伸的技术转移模式

根据基础研究与应用研究的关系，中科院的技术转移模式可总结为"布什线性模型"。布什在《科学：无尽的前沿》（*Science：The Endless Frontier*）的报告中提出，基础研究引起应用研究与开发，再转接到生产与经营活动中。但随着技术创新的发展，基础研究与应用研究之间存在难以跨越的"死亡之谷"，如何克服这个难题、最大限度地挖掘中科院基础研究的价值，如何避免科研成果的闲置以及企业难以获得关键核心技术的现象，是中科院技术转移中要深入思考的问题。

其次院地合作模式是中科院技术转移的特色之所在。中科院具有覆盖全国的组织体系与研究体系的优势，院地合作是中科院与地方政府和企业开展的科技经济合作，通过成果转让、联合研发、人才交流等形式进行科技成果产业化，推动地方经济发展，提升企业综合竞争力和经济实力（见图 15-3）。

据统计，中科院 2012 年通过院地合作，在技术市场进行合同登记 2308 项，成交金额超过 38.9 亿元，分别比 2011 年增长 30% 与 132%。院地合作促进科技成果转化的作用越来越显著，是中科院积极探索而成的一种技术转移模式，加强了中科院与地方政府，特别是与企业之间的联系，提高了中科院技术产业化的绩效。

再次，企业孵化模式是中科院最直接的技术转移模式。从中科院中衍生出来的创新型企业是技术转移的重要力量，是中科院以及各研究单位的基础研究与应用研究双向互动的桥梁。目前已形成了如联想控股股份有限公司等多个行业内领先的企业。

据统计，2012 年中科院全院纳入统计范围的 440 家（按集团合并数）院、所投资企业营业收入 3294 亿元，同比增长 21.2%；利润总额

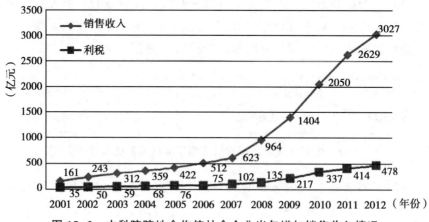

图 15-3　中科院院地合作使社会企业当年增加销售收入情况

（数据来源：《中国科学院年鉴 2013 年》）

113 亿元，同比增长 7.1%；资产总额 2919 亿元，同比增长 23.2%；院经营性国有资产权益为 209 亿元，同比增长 13.4%。其中，中科院国有资产经营有限责任公司 31 家持股企业实现营业收入 2979 亿元，同比增长 19.3%；利润总额 86 亿元，同比增长 2.2%；资产总额 2330 亿元，同比增长 21.9%；国科控股权益 138 亿元，同比增长 15.7%（数据来源：《中国科学院年鉴 2013 年》）。

三　中国科学院技术转移的实践

中科院以国家战略需求、服务经济社会发展与国家安全为宗旨，根据国家与经济社会的需求，在发展中不断调整目标与方针，以中国科学院大连化学物理研究所（简称"大连化物所"）为例，其就在技术转移过程中进行了较为成功的实践。

大连化物所是一个综合性研究所，在知识产权运营与科技成果转化方面卓有成效。截至 2013 年底，累计申请专利 4602 件，其中发明专利 4327 件；累计专利授权 1906 件，其中发明专利授权 1674 件；累计申请国外专利 280 多件，其中专利合作协定申请 180 多件，获得国外专利授权 60 多件；在产业化方面，已形成大连凯飞化学股份有限公司等 19 家公司（数据来源：大连化物所官方网站）。大连化物所已形成较为完善的技术转移模式，成功的背后有着较为强大的技术转移支撑体系。

组织机构。大连化物所设置科技处与经营性资产管理委员会办公室，其中科技处下设知识产权办公室。大连化物所作为国立科研机构，其资产属于国有资产，经营性资产管理委员会办公室就是负责科技成果转化中经营性国有资产管理与运营的机构。科技处、知识产权办公室与经营性资产管理委员会办公室连接了知识产权创造、管理与运营的各环节，连接技术转移的上、中、下游各环节。

工作流程。大连化物所通过制定工作流程，为科研人员与管理人员的知识产权管理与运营工作提供依据与准则。其工作流程不仅涉及专利管理流程、技术合同与合同管理规定，还特别设置了科技奖励管理流程为科研人员提供有效激励。制定的专利许可合同、技术开发合同、技术转让合同等合同样本，不仅为科研人员技术转移提供有效制度，而且便于科研管理工作的开展（见表15-1）。

表 15-1　　　　　　　　大连化物所技术转移的制度规章

规章制度	工作流程	技术转移中的合同样本
大连化物所专利工作奖励管理办法	（1）大连化物所专利管理流程 （2）大连化物所科技奖励管理流程 （3）大连化物所国防专利管理流程 （4）大连化物所技术合同及合作协议管理规定	（1）专利许可合同 （2）专利申请放弃申请表 （3）专利技术申报书 （4）专利变更申请表 （5）授权专利终止申请表 （6）申请国外专利申报书 （7）离职退休知识产权保护协议书 （8）计算机软件著作权登记申报书 （9）国防专利申报书 （10）法律状态查询申请表 （11）保密协议 （12）技术服务合同 （13）技术合同审批单 （14）技术开发（合作）合同 （15）技术开发（委托）合同 （16）技术转让（技术秘密）合同 （17）技术转让（专利权）合同 （18）技术转让（专利申请权）合同 （19）技术转让（专利实施许可）合同 （20）技术咨询合同
大连化物所知识产权管理办法		
大连化物所知识产权专员管理办法（暂行）		
大连化物所专利管理工作实施细则		
大连化物所专利奖励实施细则		
大连化物所科技成果奖励实施细则		
大连化物所知识产权档案建档规范		
大连化物所专利申请分级管理办法		
大连化物所有关知识产权合同的管理规定		

规章制度。大连化物所在我国《专利法》等法律规章的基础上，为

研究所内部的知识产权与科技成果转化工作制定了更有针对性、更具体的内部规章制度。例如《大连化物所科技成果奖励实施细则》中规定，"对于产生重大影响的科技成果，在原有奖励基础上，经所长办公会议讨论决定后给予特殊奖励；各级部门奖励的奖金按照发放部门的相关规定进行发放，研究所按照收到奖金1∶1的比例进行匹配奖励；研究所匹配部分中用于奖励个人或集体的奖金（非项目经费）中的70%发给研究组，其余30%由研究所统一支配"，对于与科研人员切身利益最为相关的利益分配予以明确。

大连化物所作为中科院技术转移的成功实践，在技术层面归因于其不断自主创新，但更为重要的是有一套完善的技术转移支撑体系，尤其体现在一系列的规章制度上。规章制度分为外部政策与内部政策，外部政策主要表现为国家政策，内部政策则主要为研究所内部的规章制度与管理办法。大连化物所内部政策不仅有效地与外部政策衔接，而且针对研究所内部科技成果转化的特点与需求进行了具体的规章制度设计，从工作流程到合同范本，将科技成果转化贯穿于科研管理工作中的每一环节，为科研人员提供了技术创新的良好环境。

中科院及其研究单位虽然在技术转移中已有成功实践，但中科院各研究单位的势力分布并不均衡，在技术转移过程中仍存在以下的特性与问题。（1）基础研究与应用研究应形成更密切的互动关系。中科院有完整的自然科学学科体系，其学科设置与研究更擅长基础研究与理论突破，但在工程开发与应用性技术研发方面较弱，许多重要成果无法商业化。（2）技术转移与产业的结合仍要加强。中科院的技术转移多表现为"理论突破—核心技术—样品—产品—商品"的多回路模型，多是从基础研究出发，因此其成果转化的路径更长，风险更大，不过经济效益与风险往往成正比。（3）亟须多元化的人员结构。中科院中以科学家和工程师为主、商业与企业人士缺乏的人员结构，对技术转移中战略性科学家、战略性工程师、战略性企业家提出了迫切的需求（柳卸林等，2012）。（4）体制机制障碍仍然需要突破，国有资产管理制度仍是横亘于科技成果产权上的一个重大因素，国家利益、部门利益、单位利益与个人利益仍是中科院要平衡与协调的重要问题。目前科技评价和资源配置还不适应重大成果产出导向的要求，科研工作中不同程度地存在低水平重复、同质化竞争、碎片化发展等现象。因此，中科院作为我国体量最大、最具代表性的国立科研机构，技术转移的成功经验与发展困境同时存在。

四 我国国立科研机构创新的困境

中国科学院不仅是我国国立科研机构的一个缩影，更具有典型性与代表性，虽然目前部分研究单位的创新活动取得了成功，但中科院在技术转移中的现状也反映了创新的困境集中表现为科技与经济的脱节。

据统计，中国科学院专利的法律状态如图15-4所示，其中专利申请权、专利权的转移与专利实施许可合同的备案分别为1726份与580份，在中科院专利总数中所占比重仅为2.34%，如果从科技成果转化的视角分析图15-4，其科技成果转化率很低。宋河发、李振兴（2014）进一步指出，中科院通过各种方式实施的专利只有1955件，实际收益6.75多亿元，科技经济"两张皮"问题突出。

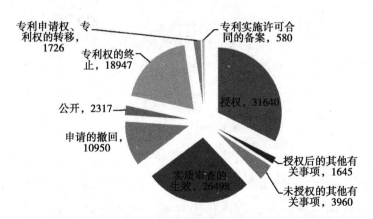

图15-4 中国科学院专利的最终法律状态（法律状态/件）

（数据来源：中国科学院知识产权网，http://information.casip.ac.cn/caspatent/viewmore.xhtml？ptype=8&q=）

中国科学院科技成果转化的数据作为国立科研机构创新的一个缩

影，表明科技与经济结合的问题还没有得到真正解决，科研成果闲置与企业难以获得关键核心技术的现象并存，科研组织结构存在科技资源闲置、科技资源利用和投入产出效率不高等问题（陈劲，2011）。《科技日报》曾撰文指出，科研院所作为政府的一部分，其研发任务不是来自企业，而是来自政府的管理部门。其科技成果转化反映的是这样一种现象：大量研发成果在生产中难以使用，为在生产中使用这些成果，还要进行一系列后续开发，有的经过后续开发也不能使用，科技成果转化效率长期不高的原因在于研发与生产相分离。

国立科研机构创新的困境可以用创新的"死亡之谷"进行描述，大量研发成果没得到有效利用，或者在技术特性上根本不适合转化，或者经过后续开发也不能使用，国立科研机构的资源投入与成果利用之间形成了较大的落差，在研究资源与商业资源之间形成了科技创新的"死亡之谷"（valley of death）（见图15-5）。

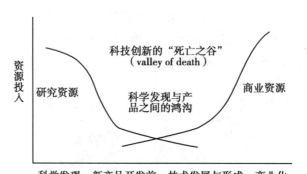

图 15-5　科技创新的"死亡之谷"（Markham，2010）

"死亡之谷"形象地描述了创新过程中基础研究成果与实际应用之间的鸿沟。对于科技成果转化而言，从基础研究到技术应用之间的环节既是关键性的过渡环节，也是往往易被忽视的薄弱环节，存在市场失灵、组织失灵、系统失灵等可能。下文则具体分析我国国立科研机构创新模式存在的问题。

第二节　创新模式存在的问题

一　创新资本——政府资助主导

根据统计局数据显示，2008 年研发机构来源于政府的科技经费筹集额为 1156.6 亿元，来源于企业的科技经费筹集额为 41.6 亿元。国立科研机构的主要研发项目来源于政府资助科技项目与企业横向合作项目两类，而政府资助科技项目在国立科研机构中占主导。以中科院统计数据为例，2012 年获 107 项国家重点基础研究发展计划（"973"计划）项目、77 项国家重大科学研究计划、3793 项国家自然科学基金项目、59 项国家杰出青年基金项目、7 项创新研究群体基金项目、23 项国家高技术产业化项目（数据来源：《中国科学院年鉴 2012 年》），国立科研机构的创新资本中政府资金占主导。

此种创新资本结构虽然符合国立科研机构的特点，但存在以下的问题。（1）竞争性经费的获取耗费过多人力物力。国立科研机构作为事业单位，其薪酬执行国家公务员的薪酬标准，要获得科研资源、满足科研绩效考核标准、提高收入，就需要争取各类科研项目。研究人员将时间、精力、人力和物力分散于跑部门、跑项目、跑经费，势必会影响研发活动的效率与质量。（2）竞争性经费导致基础研究工作缺乏稳定的财政支持。基础研究工作需要长期稳定的积累，因此世界各国对基础研究给予了稳定的财政支持以保证科研机构的正常运作，但中国 1985 年以来竞争性项目拨款逐步取代了财政保障拨款，成为中国从事基础研究机构的主要经费来源。例如，中国中医科学院 85%—90% 的经费来自纵向课题，几乎没有来自中央财政的常规性资助（薛澜，2011）。（3）存在重复性研究的可能。各类项目与经费分属于不同职能部门管理，条块分割，易滋生多头申报、重复资助、重复投入等问题。（4）政府资助科技项目的成果验收形式，目前多表现为结题报告、专家评审等形式，虽然也有专利申请的要求，但为项目结题而生的专利在技术特性上难以保证其有效实施，缺乏技术创新的目标导向。（5）政府经费主导的情形不利于创新资本的多元化，特别是企业资本的引入，此种科技投资体制的隐患在于缺乏技术创新的动力。

二　创新基础——集成能力较弱

以中国科学院为例，拥有较为全面的技术支撑体系，包括组织体系、研究体系与产业化体系，但相较于大学而言，其创新的集成能力较弱（见表15-2）。

表15-2　　　　清华大学和中国科学院在技术转移基础上的比较

对比项	清华大学	中国科学院
所有制	大学是唯一法人，学校有统一的规章制度，方便统一管理技术转移工作	各研究所是独立法人，在遵守院规定前提下每个研究所有各自的办法，难以统一部署技术转移工作
资金来源	对外投资委托给转移中心，现金投资占多数	中科院或研究所自己对外投资，无形资产占多数
组织机构	有专门的企业合作委员会	无
管理机制	技术转移中心企业化管理，技术经营和理论研究	各技术转移中心的功能类似联络办公室
学科结构	学科齐全，集成优势	就某个科研领域研究更具深度，专业力量强而精，面向国家战略需求，完成重大科技任务

资料来源：柳卸林、何郁冰、胡坤等：《中外技术转移模式的比较》，科学出版社2012年版，第148—149页。

中科院与清华大学属于国立的科研机构与教育机构，但在技术转移基础上却呈现出明显不同，最为突出的是组织体制与管理体制所导致的创新集成能力的差异。清华大学作为唯一法人，自上而下的管理体制能有效整合与协调组织体系、研究体系与产业化体系中各部门和各机构的资源，形成基础研究与应用研究间的有效衔接。不同于清华大学与各学院之间的隶属关系，中科院与各研究单位都属于独立法人，每个研究单位内部有各自的技术转移模式与路径，因此，很难从中科院的整体层面上整合各方力量。

国立科研机构的组织体系与研究体量庞大，有其优势，特别是在承接国家级的大规模、跨领域的项目上优势尤为明显。但庞大的体量在技术转移中则缺乏灵活性，各研究单位擅长的领域各有不同，相互之间的交流与互动较为缺乏，而且目前技术转移机构的功能与作用还未得到充分发挥。

三　创新环节——单向度的知识与技术输出模式

国立科研机构在科学研究与技术成果方面的优势，更多时候决定了其技术供给方的角色与定位，由基础研究向应用研究延伸的技术转移模式能有效地发挥国立科研机构的资源优势，但却容易形成单向度的知识与技术输出模式（见图 15-6）。

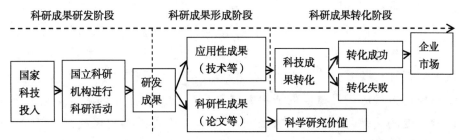

图 15-6　创新政策作用下的国立科研机构的单向度创新模式

图 15-6 所示的创新模式存在如下问题。（1）科研成果研发阶段缺乏市场因素的驱动，而对国立科研机构而言，由内部驱动的研发文化转变为商业化和外部驱动的研发文化尤为重要（Smith，2003）。（2）科研成果形成阶段缺乏市场因素的互动。并非所有应用性成果都能转化成功，需要对市场需求进行调研，进行小试、中试，否则会产生市场"不需要""无法使用"的成果。（3）科研成果转化阶段缺乏市场因素的主导。技术的产业化是将新发明投入市场的一个具体行动（Kim，Daim，2014），这一具体行为应由企业这一市场主体来主导。科技成果转化的过程是实现研究资源与商业资源的转换与融合，让具有潜在应用价值的研发成果转化为具有社会效用与商业价值的商品。但政府主导下的国立科研机构无法实现两种资源的有效对接。

四　创新评价——经费驱动而非创新驱动

创新评价的目的在于激励创新，我国国立科研机构创新评价体系中存在的问题亟待解决。以中科院为例，2013 年底中科院内设机关改革已认识到科技评价对技术转移的影响，认为中科院在科技评价上一直存在的问题是，无论是基础研究、高技术研发还是重大科研任务，多是用"论文"一把尺子量，这显然脱离了科研的实际，不利于调动各类科研人员的积极性。

此种现象在我国国立科研机构中较为普遍，究其原因，一方面与创新评价的发展演变历程有关。随着科学研究的发展与技术创新的需求，创新评价会由以新知识和新技术创造为主线转向以创新需求、知识传播、技术扩散为主线。基于思维惯性与制度惯性的原因，我国国立科研机构创新评价一直以来以知识与技术创造为主，研发投入、论文发表、专利申请数量成为最重要的成果载体与评价指标，而目前正面临着创新评价转变的关键时期。另一方面与我国国立科研机构的经费结构有关。竞争性经费是我国国立科研机构获得科研资源最主要的渠道，而能否获得竞争性项目与经费的重要衡量指标就是研究成果，主要表现为已发表论文、已完成课题、已申请的专利数量，因此为获得更多科研经费，更加重了用"论文"一把尺子量的情况，我国国立科研机构创新评价呈现为经费驱动而非创新驱动。

第三节　创新政策对创新模式的影响

一　重要的政策法规

我国国立科研机构创新政策的发展可划分为三个阶段。（1）1981—1998 年：创新政策萌芽期，技术开发类科研机构得到发展。（2）1999—2005 年：政策变动与调整期，国立科研机构分类改革。（3）2006—2014 年：政策变动与创新期，国立科研机构创新中存在的问题也不断暴露，如何在科学研究的同时充分有效地进行技术创新成为政策关注的重点（见表 15-3）。

表 15-3 我国国立科研机构发展历程中的重要政策

年份	政策名称	相关制度	政策对国立科研机构创新的作用面
1985	《中共中央关于科学技术体制改革的决定》	促进科技成果商品化；科研机构建设	科研机构改革的序幕，科技与经济结合，创新活动开始萌芽
1996	《促进科技成果转化法》	科技成果转化的权益分配	由政策上升到法律层面；鼓励国家设立的研究开发机构的职务科技成果转化（不变更权属）
1999	《关于国家经贸委管理的 10 个国家局所属科研机构管理体制改革的实施意见》	10 个国家局所属的 242 个科研机构按照实现产业化的总体要求进行改革	开启科研机构大规模分类改革序幕；技术类开发类科研机构的改革
1999	《关于促进科技成果转化的若干规定》	职务科技成果转化	国有科研机构对于职务科技成果转化的权益分配问题（不变更权属）
2000	《关于非营利性科研机构管理的若干意见（试行）的通知》	对国务院部门（单位）所属社会公益类科研机构实行分类改革	科研机构的分类发展与管理
2006	《国家中长期科学和技术发展规划纲要（2006—2020 年）》	深化科研机构改革，建立现代科研院所制度	国立科研机构是国家创新体系的主要组成部分；建立产学研结合的技术创新体系
2008	《科学技术进步法》（2007 年修订）	中国"拜杜规则""放权政策"	依法取得其承担的科学技术基金项目或科学技术计划项目所形成的知识产权（变更权属，由国家变为项目承担者）
2014	《关于开展深化中央级事业单位科技成果使用、处置和收益管理改革试点的通知》	权责一致、利益共享、激励与约束并重的原则	标志着深化中央级事业单位科研成果管理改革正式启动；破除科技成果转化中国有资产管理等制度性障碍

我国国立科研机构发展历程中的重要创新政策表明，随着科技体制改革的不断深化，不同类型的科研机构明确了定位，科技成果转化中的部分制度性、体制性障碍被破除。但由于观念惯性与制度惯性，目前的政策对国立科研机构创新活动的影响将会持续一段时间，制度性障碍的破除还需要一个政策周期。

二 创新政策对技术转移理念的影响

国立科研机构属于《民法通则》规定的事业单位法人，事业单位的法律地位在一定程度上抑制了科研机构创新的主动性和积极性。政府有关部门更倾向于采用政策手段指导科研机构的治理，很多政策缺乏有效性、效率性、统合性、连续性（刘海波、刘金蕾，2011）。创新政策多为国家主导下的"管制"本位，成果研发阶段、成果形成阶段、成果转化阶段等环节都有国家管理并"买单"。

创新政策渗透着"国家管制"的理念，国立科研机构与具体的科研人员缺乏创新的内生性驱动力，在以"完成工作任务"为目标的研发环境中，极易形成单向技术输出的创新模式，也极易形成"国家利益主导与个人利益从属"的理念。而技术创新的内在驱动力来源于各具体创新主体利益的满足，国家利益主导模式下容易缺失对个体利益特别是个体物质利益的激励机制。虽然，近几年促进科技成果转化的一系列政策正在尝试突破现有的制度性障碍，但自 1980 年以来的创新政策对国立科研机构影响深远，价值目标上"国家利益主导与个人利益从属"，主体定位上属于事业单位法人而受限于现有的体制机制，创新环节上则为单向度的知识与技术输出，此种创新模式不适应科技创新的需求，亟须转变。

三　创新政策对权利归属的影响

技术转移涉及科技成果所有权的变更与处置，因此，技术转移的前提是明确科技成果的产权归属。我国《科学技术进步法》（修订）第 20 条第一款明确了政府资助科技项目成果权益规则，即"授权项目承担者依法取得"。但由于国立科研机构"国有"的性质，政府资助科技项目成果权益规则在实施过程中几乎不可避免地受到国有资产管理制度的影响。现有国有资产管理制度对科技成果转化的障碍集中体现于制度理念层面的滞后和资产类型定位层面的偏差，并渗透于产权管理、资产使用、资产评估、资产收益等各主要环节。例如中科院大连化物所专设经营性资产管理委员会负责国有资产的经营活动，大连化物所的科技成果转化所遵循的《中国科学院对外投资管理暂行办法》《国有资产产权界定和产权纠纷处理暂行办法》等规则仍属于国有资产管理的范畴。产权归属问题在目前的科技政策与国有资产管理政策中分别遵循着"放权"

与"收权"的制度逻辑，两种制度逻辑的冲突与矛盾，使产权问题缺乏唯一的、明确的制度依据，降低了政策的执行性与操作性。

四　创新政策对利益分配的影响

国立科研机构创新过程中的利益关系主要有外部与内部之分，外部关系即国家与国立科研机构之间的关系，内部关系即国立科研机构与课题组、个人之间的关系。《科学技术进步法》（修订）解决了外部关系的问题，将研发成果形成的知识产权授权"项目承担者"依法取得，但并未有效地解决内部关系，即项目承担者、单位、课题组、科技人员之间的关系。

国立科研机构与课题组、个人之间的关系不仅影响各利益主体的直接利益，而且直接或间接地影响科研机构与科研人员的创新动力。根据表15-4的内容，目前在国家立法层面，对此问题多采取原则性的规定。利益分配的依据表现为法定、约定的方式，利益分配的方式表现为奖励、报酬、收益等，关于利益分配比例，部分有具体比例，部分则是"合理报酬"的模糊表述。

表 15-4　　　　　　　　关于科技成果利益分配的法律法规

法律法规	相关条款	内容概要
《促进科技成果转化法》	第 14 条、第 26 条、第 29 条、第 30 条	（1）国家设立的研究开发机构、高等院校所取得的具有实用价值的职务科技成果，本单位未能适时地实施转化的，科技成果完成人和参加人在不变更职务科技成果权属的前提下，可以根据与本单位的协议进行该项科技成果的转化 （2）从转让职务科技成果所取得的净收入中提取不低于20%的比例，对完成科技成果及其转化作出重要贡献的人员给予奖励 （3）单位应当连续3—5年从实施该科技成果新增留利中提取不低于5%的比例，对完成科技成果及其转化作出重要贡献的人员给予奖励
《科学技术进步法》（2007年修订）	第20条	项目承担者因实施本条第一款规定的知识产权所产生的利益分配，依照有关法律、行政法规的规定执行；法律、行政法规没有规定的，按照约定执行（法定加约定的方式）
《专利法》（2008年修订）	第6条、第16条	被授予专利权的单位应当对职务发明创造的发明人或者设计人给予奖励；发明创造专利实施后，根据其推广应用的范围和取得的经济效益，对发明人或者设计人给予合理的报酬

法律法规	相关条款	内容概要
《关于进一步加强职务发明人合法权益保护促进知识产权运用实施的若干意见》	第三（三）款，第四（六）、（八）、（九）、（十）款	（1）鼓励职务发明人积极参与知识产权的运用与实施。国家设立的高等院校、科研院所就职务发明获得知识产权后，无正当理由两年内未能运用实施的，职务发明人经与单位协商约定可以自行运用实施。职务发明人因此获得的收益，应当按照约定以适当比例返还单位 （2）提高职务发明的报酬比例。在未与职务发明人约定也未在单位规章制度中规定报酬的情形下，国有企事业单位和军队单位自行实施其发明专利权的，给予全体职务发明人的报酬总额不低于实施该发明专利的营业利润的3%；转让、许可他人实施发明专利权或者以发明专利权出资入股的，给予全体职务发明人的报酬总额不低于转让费、许可费或者出资比例的20%

目前，我国研究人员的工资水平被严重压低，体制内的低工资与体制外的人力资本市场和国际人力资本市场形成巨大反差。国立科研机构的科研人员属于事业单位编制，分配有固定的职务与工资，而创新的内生性动力则是"利益"的驱动。美国的创新政策则有效地解决了这一问题：《拜杜法案》的制度内核就是"权力和利益"的下放，《史蒂文森·怀德勒技术创新法》的第13条以及《联邦技术转移法》的第7条是权益分配条款，明确规定了权利金或其他收益在实验室、所属机构以及科学、工程与技术人员之间的分配方式及比例。

国立科研机构的创新激励应由"任务"导向转变为"利益"导向，要通过国家层面的法规政策以及科研机构内部的规章制度、明确的利益分配机制。我国目前正在修订中的《促进科技成果转化法》与《职务发明条例草案》要重点关注并解决科技成果转化中创新主体的内部利益关系。

第四节　创新模式的转变及其对创新政策的影响

一　价值目标的转变

我国国立科研机构的首要目标是满足国家需求、完成国家目标，其次才是服务于经济发展的需求。以国家利益为主的价值目标对应的激励机制是奖励与绩效，包括精神层面与物质层面，而技术创新与经济发展则更强调利益，特别是物质利益。因此，国立科研机构要转变单一价值目标，有区别地实行双重价值目标，在国家安全与公共利益的领域由国家利益主导，在技术商业化领域由研究团队与个人利益主导。价值目标的转变是将创新模式的关注点下移，由国家下移到具体的创新主体，而且以具体创新主体为调整对象的政策相较于以国家为调整对象的政策更具操作性与执行性。

二　主体定位与角色的转变

我国制定了全面的创新政策，但创新效率与创新效果非常一般，因为创新政策从根本上受制于政府和市场在创新活动中的边界。传统创新模式中，国家（政府）处于主导地位，管控产业界与科研界的活动。虽然从 1996 年《"九五"全国技术市场发展纲要》到 2012 年《关于深化科技体制改革加快国家创新体系建设的意见》，随着改革的深入，政府与市场的边界在慢慢廓清，但科研机构的"法人自主权"却成效不大。国立科研机构创新模式的转变需要明确创新系统中各主体的定位。借鉴国外学者关于大学创新中利益相关者的模型（Miller，2014），形成图15-7 所示的主体定位，政产研三者从政府管控的阶段过渡为相互独立，最后实现政产研的有效结合。因此，国立科研机构要先从政府管控中脱离出来，成为独立创新主体，进而才能在国家创新体系中有效地实现政产研合作。

三　创新环节的转变

创新环节的转变是在传统的粗线条创新环节的基础上引入新的影响因素并进行细化，主要分为三个部分：一是在三阶段分别引入市场因素；二是重点针对传统创新模式所忽视的"死亡之谷"环节进行补充与完善，即研发成果形成与转化之间的衔接环节；三是在前两部分的基础上实现知识与技术的循环，形成多因素影响的、多环节作用的、知识与技术可循环的交互型模式。详见图 15-8 所示。

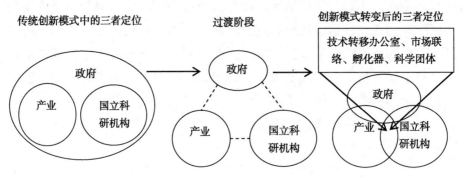

图 15-7　创新模式转变过程中三者的主体定位的转变

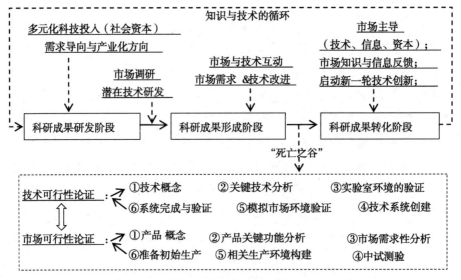

图 15-8　知识与技术可循环的交互型模式

四　创新评价体系的转变

我国国立科研机构为解决科研机构创新评价的问题，正在进行改革探索。以中科院为例，内设机关改革后根据科研活动性质采取不同的创新评价指标：前沿科学与教育局负责的基础研究，将以原始性科学创新和创新人才培养为主要衡量标准；重大任务局负责重要科技项目，则以项目成果的完成情况为评价标准；科技促进发展局，则重点衡量对社会、经济发展的实际效果。评价体系改革的总体目标，是希望能从当前的经费驱动转到创新驱动（白春礼，2013）。我国国立科研机构的创新评价体系亟待转变，改变"重奖励申报、轻成果实施"与"重论文发表、轻专利申请"的倾向，转变为以市场和政府需求为导向、以知识传播和技术扩散为目的的创新驱动型评价体系。

五 创新模式转变对创新政策的影响

根据上文分析，我国国立科研机构具有在基础前沿领域实现跨越发展的创新潜力，具有支撑和引领经济社会发展的创新能力，但却面临科技成果转化的难题。究其原因，目前的创新政策引导下，创新资本由政府资助主导滋生了"跑项目"等一系列畸形的创新现象；角色定位更多是"国家管制"下的"研发组织"，而非"创新组织"；创新政策对科技成果转化中的权利归属、利益分配问题还存在冲突与模糊之处。目前的创新政策供给在一定程度上引致了创新的困境。

我国国立科研机构要完善政府资本与社会资本的多元化科技投资机制，加强政府引导与市场运作有机结合的技术转移模式，加强国立科研机构的资源整合能力与创新集成能力，就需要从价值目标、主体定位、创新环节与评价体系几方面转变创新模式，基于创新模式的转变，对创新政策提出了新的政策需求。

美国联邦实验室在发展中也曾遇到此种问题。20世纪50年代，联邦实验室曾经是多样化、跨学科的研究设置，技术开发与转移并非其主要任务。而随着资源投入的不断增加，研发投入需要更多回报，因此美国联邦实验室需要与企业合作进行技术商业化（Walejko et al.，2012）。而联邦实验室角色的转变亟须政策的保驾护航，因此催生了1980年的《史蒂文森·怀德勒技术创新法》《联邦技术转移法》《国家竞争力技术转移法》《技术转移商业化法》等，加速了联邦实验室的技术创新并提高了国家经济竞争力。

美国联邦实验室与创新政策的演变过程正说明了创新政策与创新活动之间的密切关系。我国国立科研机构创新模式的转变以及创新活动的开展对创新政策提出了新的需求，亟待创新政策的新增、修改、完善。

第五节　创新政策与创新模式
协同的必要性

　　根据以上分析，我国国立科研机构创新政策与创新模式的协同性缺乏，具体表现为现有的创新政策无法有效支撑国立科研机构的创新，创新政策引导下的创新模式难以避免创新的"死亡之谷"，而创新模式转变所产生的政策需求也难以及时、有效地反馈在创新政策中，目前的创新政策与创新模式难以有效促进国立科研机构创新，二者的协同具有必要性。

一　国立科研机构发展的需要

（一）后学院科学的发展

　　关于基础研究与应用研究的关系。司托克斯（Stokes，1997）在其著作《巴斯德象限：基础科学与技术创新》中，提出了科学研究的象限模型（见图15-9）。

研究起因	应用考虑	
	否	是
追求基本认识？ 是	玻尔象限（纯基础研究）	巴斯德象限（应用引起的基础研究）
否	皮特森象限（技能训练与经验整理）	爱迪生象限（纯应用研究）

图 15-9　司托克斯（Stokes）提出的科学研究的二维四象限模型

　　玻尔象限描述的是纯基础研究，爱迪生象限描述的是纯应用研究，皮特森象限是为了追求技能训练与经验整理，巴斯德象限则既追求基本认识上的增量，也要满足应用性需求。巴斯德象限认为是"应用引起的基础研究"。巴斯德根据其微生物学研究发现，许多前沿性基础工作的动力就是为了解决治病救人的实际难题，其研究既是基础研究又是应用研究。巴斯德象限表明了科学研究中追求基本认识的知识增量与解决实际问题的应用方案并不矛盾，二者能够合理共存并有效结合。

随着基础研究与应用研究关系的不断转变以及二者的深度融合，科研机构的定位已不再局限于纯粹的基础研究，而是更强调科技与经济的结合。

（二）新型科研机构的发展——中国科学院深圳先进技术研究院

新型科研机构指的是一批以市场为导向、以创富为动力、以企业化运作为模式，集科技创新与产业化于一体，掌握新兴产业和行业发展话语权的创新机构。中国科学院深圳先进技术研究院便是新型科研机构的代表之一。

中国科学院深圳先进技术研究院（Shenzhen Institutes of Advanced Technology, Chinese Academy of Sciences）成立于 2006 年，是中国科学院、深圳市人民政府及香港中文大学共建的国家科研机构。截至 2013 年底，中国科学院深圳先进技术研究院累计争取项目 1358 项（含横向），经费 14.87 亿元；专利申请量累计达到 2143 件，其中发明专利占 90%，2013 年专利新申请量居中科院第一；共签订工业委托开发及成果转化合同 329 个，总合同额 2.3 亿元；向地方企业派出科技特派员 108 名，与企业共建实验室/工程中心 22 个；获科技部授予国家首批"技术转移示范机构"和"十一五"支撑计划优秀团队奖，具有自主知识产权和国际竞争力的成果不断涌现（数据来源于中国科学院深圳先进技术研究院网站）。

中国科学院深圳先进技术研究院区别于其他国立科研机构的特点在于，构建了以科研为主的集科研、教育、产业、资本为一体的微型协同创新生态系统，形成了科研、产业、资本于一体的发展模式，运行机制、用人机制、创新机制方面突破了传统事业单位的管理方式与体制，实行一定程度上的企业化运作与管理。

新型科研机构从制度属性上有"国有新制""民办官助""企业及联盟创办"几种基本类型。中国科学院深圳先进技术研究院属事业单位，有一定的"事业编制"，但"事业编制"并不具体对应到个人，而是统筹使用，对研究人员采用聘用制，具有较大的自主性与灵活性，属于"国有新制"类型。"国有新制"类的新型科研机构在制度属性上与国立科研机构一样，均属于"国有"，对我国国立科研机构改革具有极强的参考意义。

（三）国立科研机构的发展

无论是后学院科学还是新型科研机构的发展，都对国立科研机构的知识生产、传播、扩散活动提出了新的要求，国立科研机构在处理科学与技术间关系的时候，应该认识到基础研究与技术创新的关系已慢慢显示出复杂的、动态的、系统的、双向互动的特点，并非单向地从科学发现流向技术创新。国立科研机构要适应全球化和以技术为基础的竞争，应从面向内部的研发组织转变为更注重外部的创新组织（Smith，2000），而要完成国立科研机构的转变，就需要政策与创新模式的协同。

二　创新生态系统的发展

美国总统科技顾问委员会（PCAST）于 2004 年先后发表了两个研究报告，《维护国家的创新生态系统：信息技术制造和竞争力》与《维护国家的创新生态系统：保持美国科学和工程能力之实力》，正式将创新生态系统作为核心概念。目前，不仅部分国家的国家创新系统已发展到国家创新生态体系的新阶段，而且创新范式也由线性范式（创新范式1.0）和创新体系（创新范式 2.0）开始进入创新生态系统（创新范式3.0），创新范式 3.0 所对应的创新政策更侧重于需求侧政策与环境面政策，提供创新生态环境（李万等，2014）。创新生态系统对国立科研机构的影响首先体现在国立科研机构创新模式上，由线性模式向集科研与产业于一体的创新生态系统发展。其次，为适应创新范式的变化与创新生态系统的发展，创新政策的政策引导与制度保障作用突显。因此，在创新政策生态系统的趋势下，对于国立科研机构而言，创新模式与创新政策协同发展具有必要性。

三　科学技术的政策化趋势日益凸显

科学技术发展与政策的关系日益紧密。以美国创新政策与其创新模式的关系为例，美国形成了建国至 1940 年的创新先行、政策保障，1940—1970 年的政策指导、创新转型，1970 年至 20 世纪 90 年代后期的政策引导、创新发展，以及 21 世纪以来的创新飞跃、政策跟进的四个阶段，创新政策与创新模式协同演进的过程表明，创新活动需要创新政策的保障、指导、引导与跟进，科学技术的发展已渗透到创新政策之中（马建峰，2012）。

目前正在兴起的科技政策方法学（Science of Science Policy，SoSP）是基于政策与科学互动的科学技术创新政策。科学和政策的相互作用非常复杂且具有特定情境性，"为科学的政策"在于引导和鼓励创新者有效率地从事科学、技术和创新工作（谭红玲、李非，2014）。创新政策的制定，关键是协同供给和需求，而不仅仅是增加供给（McNie，2007）。科技与政策的互动中，科学技术的政策化趋势日渐突出，科技投入、科学发现、技术开发、技术扩散等科学技术范畴内的问题都已被纳入创新政策的研究范畴。随着科技与政策互动关系的日益频繁，国立科研机构创新已不再单纯地依靠科学技术这个单一因素，而是更依赖于创新政策所创造的政策环境。国立科研机构创新是一个系统性的问题，在这个系统中，创新政策与创新模式的协同显得尤为重要。

四　创新政策与创新模式协同的优势

首先，从政策供给的视角诊断我国国立科研机构创新存在的问题并分析原因。我国国立科研机构创新中存在的问题，诸如技术转移中知识产权的"国有"不利于技术转移、知识产权结构畸形、专利拥有量偏低、科研投入与专利产出不成正比、专利生产率明显偏低，及科研机构作为事业单位而导致科研、行政与市场三种规律的冲突等。上述问题的产生都与其所依据的政策直接或者间接相关，从政策供给的视角分析上述问题背后的原因更具有说服性。

其次，从创新模式转变的视角进行政策需求分析，提高创新政策的操作性与执行性。以我国《科学技术进步法》（修订）中所确立的政府资助科技项目成果权益规则为例，中国"拜杜规则"是借鉴美国《拜杜法案》的产物，但实施以来却受到质疑，立法机关的执法检查与学术界的制度反思可总结为中国"拜杜规则"的可操作性、可检验性、可执行性缺乏，未有效实现促进科技成果转化的目标（骆严、焦洪涛，2014）。要解决这个问题，就需要运用问题导向的政策需求分析方式，有针对性地进行修改与完善。

再次，创新政策与创新模式的协同促成了国立科研机构创新的良性循环机制（见图 15-10）。

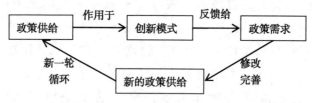

图 15-10   创新政策与创新模式的良性循环

随着科学技术与国家发展的需要，现有的政策供给可能无法有效促进创新，创新模式的转变提出了不同层次和不同类型的政策需求，需要有针对性地进行政策修改与完善并形成新的政策供给，从而开始新一轮的创新政策与创新模式的协同。

第十六章

我国国立科研机构创新政策与
创新模式协同机制的构建

第一节　协同机制的分析框架

科学研究追求基本认识与解决实际问题并不矛盾，基础研究与应用研究能有效结合。国立科研机构要适应全球化和以技术为基础的竞争，从面向内部的研发组织转变为更注重外部的创新组织（Smith，2000）。

创新政策的制定，关键是协同供给和需求，而不仅仅是增加供给（McNie，2007）。创新政策不仅要为国立科研机构创新提供政策保障，更重要的是从解决创新困境的视角构建"需求侧"创新政策。国立科研机构创新作为一个系统性的研究主题，已不再仅依赖于科学技术进步这个单一因素，而是更依赖于政策环境，我国国立科研机构创新政策与创新模式的协同具有必要性。

以政策供给的视角诊断我国国立科研机构创新存在的问题与原因，目前最为突出的问题是科技成果转化难。运用具体政策进行诊断，发现存在国有资产管理的制度性障碍而导致的权利归属不明晰，科技投入政策引发的畸形创新现象，科研机构组织结构导致的创新基础集成能力较弱，创新主体内部利益分配机制不完善，以及单向知识与技术输出的技术转移模式等问题。我国国立科研机构创新模式亟待转变，包括创新目标、创新主体、创新环节、创新评价等方面（见图16-1）。

以创新模式转变为基础进行"需求侧"的创新政策分析。通过赛德曼学说及其 ROCCIPI 模型将创新需求进行整合，提出有针对性的政策完

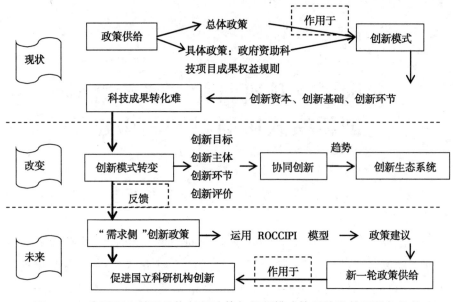

图 16-1　我国国立科研机构创新政策与创新模式协同演进的现状与趋势

善建议，形成新的政策供给，从而开始新一轮政策与创新模式的协同。创新政策与创新模式协同所形成的良性循环机制，能有效诊断创新模式中存在的问题；避免政策制定的随意性和碎片化，提高政策的操作性与执行性，形成整体性、体系性、完备性、周延性、精准性、操作性兼具的政策体系，促进国立科研机构创新。

第二节　协同创新机制

我国国立科研机构创新模式存在很多亟待解决的问题，其中最为关键与核心的问题均围绕"利益"展开。从大协同观的视角，我国国立科研机构创新的利益协同包括三部分：公共利益与私人利益之间的协同，代表国家利益、公共利益的政府部门之间的协同，协同体内多主体间的利益协同。为构建国立科研机构协同创新机制，以大协同观的第三个层次，即协同体内多主体间协同为基础，从主体协同、利益取向协同、资金链协同、知识产权利益协同四个方面构建我国国立科研机构的协同创新机制。

一　主体协同

我国国立科研机构创新中的主体包括投入者、所有者、使用者、管理者、受益者五大主体，本书将科技成果所有者暂时认定为国立科研机构，不仅是因为《科学技术进步法》（修订）中所确立的权利归属原则，更因为正在修订中《促进科技成果转化法》等立法正在尝试解决国有资产管理中对于产权问题的障碍，因此，在产权问题上的趋势是为促进科技成果转化而采取"权力下放"。基于此，以国立科研机构为核心，向上延伸至国家、行政管理机构，向下延伸为成果接受者、科技产品与服务购买者。以下依据技术创新的流程分析各环节中不同主体的作用机制（见图16-2）。

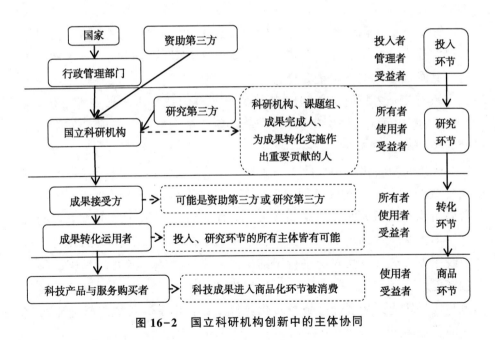

图 16-2　国立科研机构创新中的主体协同

第一个是投入环节，国家作为抽象意义上的投入者，具体的科技投入行为由政府职能部门进行。财政性科技投入包括无偿资助、贷款贴息、偿还性资助、资本金注入、风险投资、提供担保等方式，作为研发经费的财政投入，则一般表现为科技项目、基金、专项经费的形式。此外，在现有科技投资机制中，可以新增资助第三方的角色，例如信托、基金以及企事业单位的投入等，有利于完善以财政性资金为主导的多元化科技投入机制。从科技成果转化的角度，鼓励企业参与进来，企业的投入者身份以及市场资本的引入在一定程度有助于研发成果与市场需求的对接。

第二个是研究环节，研究第三方不仅包括国立科研机构体系内不同研究院所之间的合作、与高校之间的学研合作，还包括与企业间的研发合作。如此，不仅有利于整合国立科研机构体系内各研究单位的优势资源，避免重复建设导致的科技资源浪费，而且有利于提高创新集成能力。与企业的研发合作，有利于缩短成果转化周期，提高成果转化运用的效率。

第三个是转化环节，其应被给予重点关注，此环节的主体不仅包括成果接受方与成果转化运用者，还包括技术转移中介机构等技术转移平台，其中成果接受方可能是资助第三方或研究第三方。成果转化运用者在国家行使介入权时可能是国家（参照《科学技术进步法》第 20 条第 3 款），还有可能是资助第三方与研究第三方。如此，实现了主体间不同角色的整合与互动。

科技成果转化成功后的受益者存在于每一个环节中。投入环节的国家（政府）可以通过资金回流形成新一轮的财政资金。研究环节的国立科研机构及其课题组、成果完成人、为成果转化实施作出重要贡献的人等，即上文所述的内部利益关系，也是目前政策中较为薄弱的环节。目前我国地方科技立法对此进行了细化，可提供参考（参见《重庆市科技创新促进条例》《广东省自主创新促进条例》）。转化环节的成果接受方与成果转化运用者通过成果转化获得收益，也是科技成果转化中最直接的受益者。

第四个是商品化环节，科技产品与服务购买者作为现代科技成果的享用者与受益者，通过购买产品与服务参与到协同创新过程中，成为资金链中循环"造血"的重要部分。

技术创新是一个需要多主体协同作用的复杂过程,对于国立科研机构而言,在技术创新的每一个环节即投入环节、研究环节、转化环节、商品化环节,要关注与不同主体的关系,关注不同主体的利益需求,整合不同主体的优势资源。例如在成果转化环节,首先要关注来自企业的市场需求,有针对性地进行市场研发,成果转化成功之后,则应通过完善的利益分享机制满足不同主体的利益需求。

二　利益取向协同

利益取向协同的关键在于利益取向的汇聚与整合,在协同体内形成共同但有区别的利益取向。第一,国家作为协同创新体系中的引导者,在关注国家安全、国家利益和重大社会公共利益的同时,要扮演好作为投入者、管理者的角色。第二,国立科研机构要"双目标齐下",科研与市场兼具,建立与双目标体系对应的激励机制与配套制度,改革我国科技奖励中"重奖励申报、轻成果实施"的倾向,改革我国科研管理与评价机制中的"重论文发表、轻专利申请"的倾向。第三,国立科研机构内部的课题组、管理人员、研究人员要以技术创新作为研究目的之一,整合基础研究与应用研究资源,而并非简单地区分基础研究与应用研究。第四,对于企业而言,在追求经济利益的同时,要促进产业集群的创新速度与产业技术生命周期的改变,从而最大可能地通过协同缩短创新成本和提高创新能力。政府、科研院所、企业要在协同创新的利益取向上达成一致,促进科技成果转化。

三　资金链协同

资金链协同不仅实现资金的循环与"造血"功能,更是协同体内以资金和利益为纽带的利益协同的基础。

资金投入链是国立科研机构创新的资金来源。在财政性资金主导下,引入多元化的科技投入机制,使企业、信托、基金以及行业协会、民间组织、个人等成为科技投入者。资金运营链是国立科研机构创新活动的灵魂,核心是科技成果转化,包括国立科研机构的研发与转化、研究第三方的资助与转化、转化实施方的技术应用与扩散。资金回笼链是持续创新的关键，如果资金"只进不出"会造成资金链断裂，科技成果转化中的许可费、转让费以及科技产品与服务购买者的消费支出应成为资金回笼链的来源，发挥资金的循环与"造血"功能（见图16-3）。

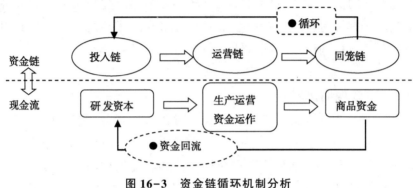

图16-3　资金链循环机制分析

四　知识产权利益协同

知识产权利益协同是在主体利益取向协同的引导下，以五大主体协同以及资金链协同为基础的，关键在于利益分享的协同。科技产品与服务购买者作为科技成果的终端受益者，通过支付价格等消费支出使资金回流至企业，是科技成果转化绩效的直接表现形式。企业运营资本，通过资本输出获取国立科研机构的知识产权的所有权、使用权或受益权，资金回流至国立科研机构，是科研机构内部相关主体利益分配的基础。对于研究第三方，主要依据合同约定进行利益分配。国立科研机构接受国家财政性资金的资助进行研发，为保证国家科技投入资金的"造血"与再循环功能，双方可以通过契约确定知识产权利益分享的方式与比例并用于新一轮的科技投入。

对于国立科研机构内部的利益分配，利益分配方式应多元化，例如科技成果的技术转让所获奖励、股份制形式实施转化所获奖励、成果完成人创办企业自行转化或以技术入股方式转化以及约定等方式。对于利益分配的比例，虽然有些法规政策中进行细化规定，但采取"弹性的约定"方式而非"刚性的法定"方式更佳。

第三节　基于 ROCCIPI 模型的
政策需求分析

一　方法选择——赛德曼学说及其 ROCCIPI 模型

美国著名学者罗伯特·鲍勃·赛德曼和安·赛德曼，是供职于美国波士顿大学的教授夫妇，作为"法律与发展运动"的主要参与者，在立法学与法律社会学领域造诣深厚，拥有丰富的立法实践经验。曾在非洲多个国家教授法律达 11 年，并以联合国咨询专家身份参与过中国的立法项目。1991 年，其二位应中国国务院法制局之邀，参加了"立法支持经济改革"项目，在担任"立法支持经济改革"项目总顾问时，我国计划法、投资法、银行法、公司法、反不正当竞争法、消费者权益保护法、农业技术推广法等 22 项法律草案和行政法规草案得以起草，显著提高了我国立法能力。

社会科学学者早已扬弃单一因果关系论的观点，认识到任何一个问题行为都是由多种原因引起的。要以立法促进发展，就要通过法律改变或者消除构成问题行为的相互关联原因。赛德曼立法学说中的 ROCCIPI 分析模型既源于赛德曼教授夫妇丰富的立法学与法律社会学理论体系，也植根于其长期的立法实践中。ROCCIPI 模型旨在帮助指导立法起草者确定调整对象背后的原因，有针对性地设计法案具体内容，引导调整对象按更合适的方式行为，该学说将这些原因或影响因素划分为七个因素（安·赛德曼、罗伯特·鲍勃·赛德曼、那林·阿比斯卡，2008），详见表 16-1。

表 16-1　　　　赛德曼立法学说中的 ROCCIPI 分析模型

因素	说　明
规则 （Rule）	（1）规则用字遣词模糊或者不明确，赋予调整对象"自由裁量权"； （2）一些规则允许或者滋生了问题行为； （3）规则没有触及问题行为的原因； （4）规则允许非透明的、不问责的、非参与性的实施行为； （5）规则授予执行官员不必要的裁量权

因素	说　明
机会 （Opportunity）	调整对象所处的环境提供的遵守或不遵守的机会多大（例如，尽管法律禁止腐败，但是政府官员工作的环境和条件是否仍旧为他们提供腐败机会）
能力 （Capacity）	调整对象是否拥有技术和资源去遵守或忽视法律，是否存在很难或无法按法律行为的可能（例如，自给自足的农民缺少信贷、技术知识，会影响相关农业技术推广法律施行）
沟通 （Communication）	法律的宣传、可接触性、逻辑性、可被理解性影响着法律的施行
利益 （Interest）	调整对象对自身可能成本和效益的考虑，包括物质和非物质诱因，关注与利益有关的立法措施，例如奖励和处罚
过程 （Process）	根据什么标准和程序行为，影响着调整对象是否守法（例如决策程序的透明度、可信度、公众参与度的缺失可能影响着法律施行效果）
观念 （Ideology）	观念包括了不能归于"利益"项下的主观动机，例如价值观、态度、品味以及宗教信仰，或者政治、社会和经济方面的思想

　　本书选择赛德曼学说以及 ROCCIPI 模型的原因主要有以下几点。（1）赛德曼学说是从法律与社会变迁的视角，研究社会需求与法律制度之间的关系，认为法律是社会发展过程中转换机制的最重要工具。国立科研机构创新政策与创新模式互为因也互为果，是法律与社会变迁关系的缩影。（2）国立科研机构创新政策较为分散，现有研究尚缺乏一种整体性的分析工具对创新模式的政策需求进行描述、分析、预测，ROCCIPI 模型则能有效整合我国国立科研机构的创新需求。（3）同时，能帮助政策制定者有针对性地设计政策的具体内容，引导调整对象按更合适的方式行为。ROCCIPI 模型是连接创新政策与创新模式并促成二者协同的有效工具。

二　创新模式转变后的政策需求分析

　　ROCCIPI 模型将立法背后的原因与影响因素划分为七个因素，即规则（Rule）、机会（Opportunity）、能力（Capacity）、沟通（Communication）、利益（Interest）、过程（Process）、观念（Ideology），以下运用 ROCCIPI 模型中的七个因素分析国立科研机构创新模式转变后所对应的政策需求（见表 16-2）。

表 16-2　　运用 ROCCIPI 模型分析创新模式转变后的政策需求

因素	因素说明	创新模式转变	对应的政策需求
规则	规则的体系性、正当性、有效性；规则是否触及问题与原因	（1）价值目标的转变。转变单一价值目标，在技术商业化领域"利益"主导（2）主体定位的转变。从政府管控中脱离，过渡后实现有效的产研合作（3）创新环节的转变。由单向知识与技术输出转变为知识与技术可循环的交互型模式（4）创新评价的转变。由经费驱动转变为创新驱动	（1）规则的三性：体系性，避免冲突与矛盾；正当性，符合立法精神；有效性，避免立法的"宣示性条款"；（2）以"利益"为核心的制度设计；（3）创新过程的各个环节引入"市场"因素
机会	调整对象遵循或不遵循政策的机会有多大		（1）扩大规则适用的机会。破除创新过程中的制度性障碍，为国立科研机构的创新提供环境与机会（例如国有资产管理制度的障碍）；（2）减少规则被违反的机会（例如借鉴美国经验，明确国立科研机构技术转义务，并纳入考核指标）
能力	调整对象是否拥有技术与资源去遵循政策		（1）权利能力：国立科研机构在创新各环节的主体适格性；（2）行为能力：政策为每一个创新环节配置资源（例如科技成果转化环节的孵化器、技术转移平台等资源的配置）
沟通	政策的宣传、可接触与被理解		（1）政策宣传，避免对国立科研机构技术创新的误解；（2）加强政策在受众、执行者间的沟通
利益	调整对象对自身可能成本和效益的考虑		（1）外部关系：国家与单位之间的权利归属与利益分配；（2）内部关系：单位、课题组、科技人员间的利益分配；（3）恰当使用物质（收益等）与非物质（奖励等）的利益分配方式
过程	依据什么标准与程序行为		国立科研机构由单向转移的技术转让模式转为知识与技术可循环的交互型模式的政策依据
观念	不归于"利益"项的主观动机		（1）技术创新的观念；（2）法人自主权的观念

三　基于 ROCCIPI 模型的结果分析

（一）规则（Rule）

对于国立科研机构的整体创新政策而言，要提高政策的体系性、正当性、有效性。（1）通过政策的体系性来解决目前政策分散化、碎片化的现状，以及政策间的矛盾与冲突问题。例如，目前关于科技成果产权归属的问题，科技、知识产权与国有资产管理政策存在矛盾与冲突，需要从政策整体性的视角解决矛盾，确立统一明晰的适用规则。（2）通过正当性来解决政策相关性较低的现状。目前的政策效力层级中，法律极少，主要以部门规范性文件与部门规章为主，而提高政策效力层级，特别是增加法律层面的政策，将会提高创新政策的正当性。（3）通过有效性解决政策中较多"宣示性条款"的现状，避免政策的抽象性，提高政策的操作性与执行性。（4）国立科研机构专门立法的完善。美国庞大的国立科研机构体系有着较为完善的政策支撑，直接相关的法律主要有机构法、授权法和各项专项法。我国曾有科研机构专门立法的规划：1986年《国家科委关于当前科技工作形势和今后工作若干意见的报告》提出要拟定《科研机构法》《科技社团法》等草案；1996年的《国家科委"九五"期间科技立法规划》明确提出要将《科研院所法》纳入立法规划，争取1999年前报请有关立法机构审议。但上述立法规划均未实践，国立科研机构的建设与发展亟待专门立法。

（二）机会（Opportunity）

针对国立科研机构科技成果转化难的问题，要减少或者杜绝规则制定后被违反的可能。我国国立科研机构的特殊性表现在，对于国家（政府）而言属于科学研究的设施配置，对于创新体系而言则是重要的创新主体，为减少或杜绝国立科研机构科技成果转化动力不足等现象，可规定国立科研机构技术转移的义务并辅之以配套的制度。可借鉴美国《史蒂文森·怀德勒技术创新法》《联邦技术转移法》的经验，明确规定应用型国立科研机构技术转移的义务，并创建体制机制来促进这个任务的完成。例如美国：（1）在商务部内设立技术管理部门，在联邦实验室增设研究与技术应用办公室，设立联邦实验室联盟（FLC）；（2）合作研究暨开发合约（CRADAs），允许国家实验室与企业、大学、州政府共同合作与研发；（3）绩效考核制度，将技术转移作为联邦实验室与科学家与工程师工作的考核指标；（4）奖励制度与分配制度，奖励联邦机构科学、技术与工程人员。

（三）能力（Capacity）

能力因素中最为重要的是我国国立科研机构在创新活动中的权利能

力，作为国有事业单位，财务、组织、人事要受国家管控，尤其是科技成果的使用权、处置权、收益权受限，影响科技成果转化。2012 年中共中央、国务院《关于深化科技体制改革加快国家创新体系建设的意见》中提出，要进一步落实法人自主权。因此充分落实科研机构法人自主权，提高主体适格性在未来的时间内将成为国立科研机构改革的重点内容之一。此处可借鉴日本国立科研机构实行的独立行政法人制度。

（四）沟通（Communication）

沟通因素主要是立法与受众之间的沟通，使政策条文更具理解性与实施性。对于我国国立科研机构而言，主要是国立科研机构表述上的统一与分类标准的统一。（1）国立科研机构政策术语的统一。"国立科研机构"更多是学理概念，在学术研究上具有通用性，但作为政策术语还有待斟酌。美国以联邦实验室为调整对象的《史蒂文森·怀德勒技术创新法》《联邦技术转移法》中使用的政策用语是"联邦实验室"（Federal laboratory）。我国现有政策中使用过的类似概念是"国有科研机构"，虽然使用频率很低，但在今后的政策中可以采用"国有科研机构"作为国立科研机构的政策用语。（2）国立科研机构分类标准的统一。关于分类标准，1986 年《关于科研单位分类的暂行规定》以及 2000 年《国务院办公厅转发科技部等部门关于深化科研机构管理体制改革实施意见的通知》的分类标准不统一，既依据研究性质，又依据归属部门，甚至还有营利性与非营利性的划分标准。要厘清我国国立科研机构的内部关系与分类标准，可借鉴美国经验。美国的国家实验室按照国有程度与管理方式的差异，明确划分为政府直接管理运营的国家实验室（GOGO），政府拥有资产、政府委托承包商管理的国家实验室（GO-CO），政府提供资助并与大学或企业界共同建设的国家实验室（COCO）三种类型（周岱等，2007）。

（五）利益（Interest）

利益因素可以分为外部关系与内部关系，外部关系即国家与单位之间的权利归属与利益分配，内部关系即单位、课题组、个人之间的利益分配。在利益分配方式上，要恰当使用物质（收益等）与非物质（奖励等）的利益分配方式。我国国立科研机构要建立以"利益"为核心的激励机制，由"任务"导向转变为"利益"导向。

（六）过程（Process）

我国国立科研机构由单向技术输出模式转为知识与技术可循环的交互型模式的政策依据，可借鉴美国《联邦技术转移法》中规定的"研发合作协议"，允许国家实验室与企业、大学、州政府共同合作与研发。研发合作协议（Cooperative Research And Development Agreements, CRA-DAs）是指一个或多个联邦实验室与一个或多个非联邦当事人之间的合约，依该合约政府经由其实验室有偿或无偿提供人员、服务、设施、设备或其他资源（但不提供资金给非联邦当事人），而非联邦当事人则提供资金、人员、服务、设施、设备或其他资源来进行与实验室任务相符合之特定研究与开发。非政府当事人主要是市场主体，在"研发合作协议"的制度框架下，社会资本的进入和市场主体的引入，将政产学研合作从成果转化向前延伸到成果研发阶段，由表层合作向更深层次的融合发展，形成政产学研结合的交互式创新模式。

（七）观念（Ideology）

对于国立科研机构技术创新观念的改善过程是整体性、系统性、复杂性兼具的漫长过程，起决定性作用的是具体政策的制定与实施，特别是具体制度的实施直接决定着科研单位、科技人员的价值目标与行为方式。

四　政策修订——《促进科技成果转化法（修订草案）》

2015年修订的《中华人民共和国促进科技成果转化法》（以下简称《促进科技成果转化法》）受到普遍关注。科技成果转化要求《促进科技成果转化法》对各主体的权利义务予以明确，如：科技成果持有者与科技成果完成人之间的权益分配、合作转化的过程中各方权利义务关系等等。那么，《促进科技成果转化法》的修订能否有效解决ROCCIPI模型分析结果所提出的政策需求？以下通过表格对相关条款进行梳理。

正如《促进科技成果转化法（修订草案）（送审稿）》的《起草说明》中所指出的，实践中科技成果转化还存在一些制度性问题，例如"尚未形成符合科技成果转化特点的科研事业单位资产管理和收益分配制度"。而同时，科技成果转化作为一个世界级难题，不能寄希望于一部法律解决所有的问题，需要政策协同形成合力，更需要政策与创新之间的协同（见表16-3）。

表 16-3　　　　　　《促进科技成果转化法》的制度衔接

条款	条款的主要内容	制度突破	ROCCIPI结果的回应
第十八条	科技成果持有者可以自主决定转让、许可或作价投资	科技成果转化不再需要审批，突破国有资产使用环节的限制	规则因素：国有资产管理制度与科技政策的协调
第四十三条	科技成果转让收入全部留归单位	收益不用上交国家，突破了国有资产收益管理环节的限制	规则因素：政协协调；利益因素：单位与个人之间的利益
第二十条	建立与科技成果转化配套的职称评定、岗位管理、考核评价和工资、奖励制度	改变与科技成果转化实践活动不匹配的科研机构、高等学校、科技人员的考核标准与考核制度	机会因素：增加科技成果转化的考核指标；利益因素：单位对个人的奖励制度
第六条、第七条、第十条	与《科学技术进步法》（修订）第20条、第21条的衔接。明确境内优先实施、介入权、科技成果转化的义务的实施等	与《科学技术进步法》（修订）的衔接，明确了科技成果转化义务；但对于介入权的规定还不够具体	机会因素：明确科技成果转化的义务
第四十三条；第四十四条；第四十五条	职务科技成果转化中，对科技成果完成人、为科技成果转化做出重要贡献的人员等科技人员给予奖励，并对奖励方式、比例进行较为具体规定	与《科学技术进步法》（修订）、《专利法》衔接。试图解决各主体间的内部关系；但对各主体并未穷尽，还不够具体	利益因素：内部关系——单位与个人之间的利益分配问题

五　协同机制的结果

国立科研机构创新中的"死亡之谷"阻滞了大量科研成果成功进入市场，使具有应用价值与经济价值的科研成果无法有效发挥作用，浪费了包括资金、设备、人员等在内的大量科技资源。根据上文对我国国立科研机构创新政策与创新模式的分析，以下尝试运用创新政策与创新模式的协同机制跨越"死亡之谷"（见图16-4）。

创新政策与创新模式的协同机制包括：（1）价值目标的协同，都以

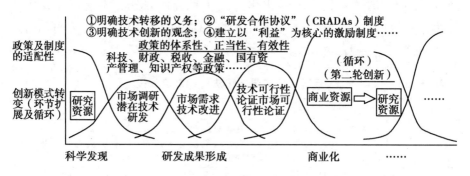

图 16-4　跨越"死亡之谷"的创新政策与创新模式的协同机制

促进国立科研机构科技成果转化为主旨;(2)作用环节的协同,转变后的创新模式将创新环节进行了扩展与延伸,创新政策与具体制度相应地进行补充与完善;(3)信息反馈的协同,通过 ROCCIPI 模型连接创新模式与创新政策,一方面整合创新模式的政策需求,另一方面完善创新政策的制度供给,形成良性互动的信息反馈。

如图 16-4 的协同机制,创新政策与创新模式协同共进以促进国立科研机构创新。在创新活动的不同环节提供有效的政策供给,创新模式的转变衍生出不同层次的政策需求,创新政策不断完善以适应、引导、促进国立科研机构创新。具体表现为:(1)从政策供给的视角诊断我国国立科研机构创新存在的问题,是创新模式转变与创新政策完善的基础;(2)从创新模式转变的视角进行政策需求分析,提高创新政策的操作性与执行性;(3)运用 ROCCIPI 模型整合创新政策与创新模式间的互动关系,形成政策新增、修改、完善的建议;(4)多因素的、动态的、可循环的协同机制,有利于形成政策供给、引导创新、创新转变、政策需求、政策完善、新政策供给的良性循环。

综上,ROCCIPI 模型作为一种政策分析工具并非万能,在具体的制度设计中可以根据制度需求对七个因素的选择有所侧重。ROCCIPI 模型更深层次的意义在于为创新政策的制度再设计提供一种研究方法和路径,即如何将创新中实际存在的问题转化为政策需求并进一步呈现在政策完善中;如何运用一种分析工具探求政策法规的整体性、体系性、完备性、周延性、精准性、操作性;如何探寻政策法规背后的问题行为并分析行为产生的原因及支配力量，进而在制度框架下针对立法需求寻求解决方案。

目前，我国国立科研机构的创新政策并未形成较为独立的政策体系，政策作用下的创新模式还存在诸多问题，而创新模式的转变则有赖于创新政策提供的引导与保障。2014 年我国进入了改革深水区与攻坚区，针对技术创新出台了多项政策，涉及更深层次与更大范围的改革。《关于开展深化中央级事业单位科技成果使用、处置和收益管理改革试点的通知》取消了主管部门、财政部门对科技成果使用、处置事项的审批和备案要求，将单位科技成果的处置收入从分段按比例留归单位改为全部留归单位。《关于深化中央财政科技计划（专项、基金等）管理改革的方案》明确政府不再直接管理具体项目，而是建立公开统一的国家科技管理平台，改变过去"既当运动员、又当裁判员"的局面。在国立科研机构创新模式转变与创新政策完善的过程中，政府正逐渐从主导地位向辅助地位过渡。

我国国立科研机构经过改革与发展，已成为国家创新体系中具有基础性、前瞻性、战略性地位的重要创新主体，在维护国家安全、国家利益、社会公共利益中发挥了主力军的作用。同时，国立科研机构在从面向内部的研发组织转变为更注重外部的创新组织的过程中，不仅需要创新模式的转变与创新政策的支撑，更需要二者的协同作用，跨越科技创新的"死亡之谷"。

第四节　构建协同机制的具体建议

本研究以国立科研机构的特殊性为出发点，分别探讨了我国国立科研机构创新政策与创新模式的现状以及存在的问题，进一步分析了创新政策对创新模式的影响以及创新模式转变后的政策需求，尝试通过创新政策与创新的协同作用促进国立科研机构创新。为此，提出如下具体建议。

首先，总括性的建议是，要明确创新政策与创新模式在国立科研机构创新中的互动关系。创新政策直接或间接地影响创新模式，而创新模式的发展对创新政策持续地提出需求，创新政策的完善要以解决创新模式中的困境为核心，进行问题导向的、有针对性的、具体的制度设计，从而形成二者的有效协同。

其次，对国立科研机构发展与建设的具体建议如下。

（1）明确国立科研机构概念的内涵与外延。

（2）明确国立科研机构体系的分类标准，可借鉴美国联邦实验室的分类标准。

（3）完善国立科研机构的法人自主权。

（4）转变创新模式，由"研发组织"向"创新组织"转变。

（5）完善创新评价体系，由经费驱动向创新驱动转变。

再次，对我国国家实验室发展与建设的建议如下。

（1）明确国家实验室区别于中国科学院等国立科研机构的特殊定位与使命。

（2）完成第二批筹建中的国家实验室的验收，结束长期以来"筹"的主体不确定状态，实现国家实验室的主体完整性。

（3）加快实现国家实验室成为具有独立事业法人资质的独立运行科研实体。

（4）其他建议参照国立科研机构发展与建设的具体建议。

复次，政策中制度性障碍的破除——以国有资产管理制度为例。

（1）资产类别单列，将科技成果及其形成的知识产权单列为一类特殊资产。

（2）适度保留科技成果转化中的所有权，下放使用权、经营权、处置权。

（3）科技成果转化的事前审批向事后备案转变。

（4）科技成果转化中的资产评估应面向市场化后的未来收益。

（5）科技成果转化中应采取权责利相统一的责任承担方式。

最后，创新政策的完善主要如下。

（1）国立科研机构专门立法的完善，《科研机构法》的起草与制定。

（2）政策中国立科研机构政策术语的统一，建议使用"国有科研机构"。

（3）提高政策的操作性与执行性，减少导向型政策的比重。

（4）政策中的政府角色应由主导型向辅助型、服务型转变，增加需求侧政策。

（5）完善多元化的科技投入政策，鼓励并保障创新资本的进入。

（6）借鉴美国《联邦技术转移法》中规定的"研发合作协议"（CRADAs），促进国立科研机构与企业、大学、地方政府共同合作与研发。

（7）完善创新中的利益分配机制，明确创新中的利益主体、利益分配方式、利益分配比例等。

第十七章

下篇小结

国立科研机构区别于高等学校、企业的优势在于能在更高层次上组织学科交叉，利用协同创新的模式攻克战略性重大科学问题，弥补分散的研发体系，提升我国重大战略领域的原创能力，但目前最为突出的问题是科技成果转化难。国立科研机构的"政府特性"直接或间接地映射在创新政策与创新模式中，虽然是一种必然，但同时也暴露了很多问题。本书对我国国立科研机构创新政策与创新模式进行研究，得出以下几点结论。

第一，我国国立科研机构的创新政策碎片化地存在于以各类创新主体为调整对象的政策中，国立科研机构并非一类单独的政策调整对象。政府供给型与环境保障型政策所占比重较大，需求型政策所占比重很少，政府在国立科研机构创新中的作用突出，市场因素尚未充分发挥作用，目前的创新政策供给更多体现为"管理主导"模式，而非"创新主导"。

第二，政府资助科技项目成果权益规则的政策实施过程中面对诸多障碍，特别是国有资产管理的制度性障碍。虽然中国"拜杜规则"对于知识产权的权利归属进行了"放权"的制度突破，但政策的实施与国有资产管理中"国家统一所有"原则相冲突，科技成果的所有权、处置权、收益权受国有资产管理制度的限制，阻碍了技术创新。而且中国"拜杜规则"在实施中，协同创新理念缺乏，利益分享机制不完善，在法律移植过程中存在疏漏。

第三，目前的政策供给不利于国立科研机构创新。具体表现为国有资产管理的制度性障碍而导致的权利归属不明晰，科技投入政策所引发的畸形创新现象，科研机构组织结构导致的创新基础集成能力较弱，创新主体内部利益分配机制不完善，以及政策引导下产生的单向知识与技术输出的技术转移模式等问题。

第四，我国国立科研机构的创新模式亟待转变。随着基础研究与应用研究关系的发展演变，当代科研机构日益把科技与经济结合、促进创新创业整合到自身的功能定位中，我国国立科研机构要适应全球化和以技术为基础的竞争，应进行创新目标、创新主体、创新环节、创新评价的转变，进而从面向内部的研发组织转变为更注重外部的创新组织。

第五，我国国立科研机构创新政策与创新模式的协同性缺乏，现有的政策供给具有滞后性并阻碍了创新，而创新模式转变所产生的政策需求缺乏有效的分析反馈工具。基于此，运用 ROCCIPI 模型作为分析工具，一方面前瞻性地探析国立科研机构创新模式转变及产生的政策需求，另一方面设计国立科研机构创新的具体制度方案，使创新政策与创新模式形成良性互动机制，为我国国立科研机构发挥骨干引领作用提供实践与制度层面的支撑。

国立科研机构创新政策与创新模式的协同机制能有效诊断创新模式中存在的问题，避免思维惯性、制度惯性以及政策制定过程中的随意性，提高政策的操作性与执行性，形成整体性、体系性、完备性、周延性、精准性、操作性兼具的政策体系，促进国立科研机构创新。

囿于各方面因素，本研究主题还有一些问题未进行深入讨论，研究论证过程与研究结论还有待实践的验证。国立科研机构创新模式与创新政策都是一个动态过程，在今后研究中还需要继续完善与跟进。

首先，对于国立科研机构的基本情况，缺乏国际比较研究。美国、英国、法国、德国、日本等国家国立科研机构的基本情况及其特性的介绍与中外对比研究较少，而且国立科研机构的基本结构、运行机制、管理机制、创新机制等涉及的内容很多，需要进一步加强后续研究。

其次，在我国国立科研机构创新模式的研究方面尚需要深入的调研活动。我国国立科研机构体量庞大，而且每一个研究单位的研究领域、内部组织结构、技术转移活动都各有特点，后续研究可以与更多的调研活动结合，筛选出具有典型代表性的研究单位进行深入分析，继而有针对性地进行外部政策与内部规章的完善。

再次，在我国国立科研机构创新政策方面尚需持续关注一系列政策变动。2013 年以来，促进科技成果转化的政策处于变动期、密集期，政策发展趋势对国立科研机构创新模式与创新政策体系的影响，以及政策变化所折射出的政府与市场的关系等，都是值得持续关注的主题。

最后，对于我国国立科研机构体系建设而言，国家实验室的建设将会是我国国立科研机构的重点发展方向之一，需要进一步关注。2014 年全国人民代表大会和中国人民政治协商会议上，政协委员提交了关于加快推进国家实验室建设的提案。国家层面的动态释放出一个信号，即我国国家实验室的建设将迎来新的发展时期。如何从创新政策的视角为国家实验室的发展提供保障是值得关注的论题。

参 考 文 献

英文文献

Adams, J. D. , Chiang, E. P. , and Jensen, J. L. , "The Influence of Federal Laboratory R&D on Industrial Research," *Review of Economics and Statistics*, Vol. 85, No. 4, October 2003.

Adams, J. D. , "Comparative Localization of Academic and Industrial Spillovers," *Journal of Economic Geography*, Vol. 2, No. 3, July 2002.

Adams, J. D. , "Fundamental Stocks of Knowledge and Productivity Growth," *Journal of Political Economy*, Vol. 98, No. 4, August 1990.

Allison, J. , Lemley, M. , Moore, K. et al. , "Valuable Patents," *Georgetown Law Journal*, Vol. 92, No. 3, June 2003.

Allison, J. , Lemley, M. , and Walker, J, "Extreme Value or Trolls on Top? The Characteristics of the Most Litigated Patents," *University of Pennsylvania Law Review*, Vol. 158, No. 1, May 2009.

Aoki, R. , and Hu, J. L. , "Licensing Vs. Litigation: The Effect of the Legal System on Incentives to Innovate," *Journal of Economics & Management Strategy*, Vol. 8, No. 1, May 1999.

Arora, A. , and Gambardella, A. , "Ideas for Rent: An Overview of Markets for Technology," *Industrial and Corporate Change*, Vol. 19, No. 3, April 2010.

Audretsch, D. B. , and Stephan, P. E. , "Company - Scientist Locational Links: The Case of Biotechnology," *The American Economic Review*, Vol. 86, No. 3, June 1996.

Autant-Bernard, C. , Fadairo, M. , and Massard, N. , "Knowledge

Diffusion and Innovation Policies within the European Regions: Challenges Based on Recent Empirical Evidence," *Research Policy*, Vol. 42, No. 1, February 2013.

Baldini, N., "Implementing Bayh - Dole-like Laws: Faculty Problems and Their Impact on University Patenting Activity," *Research Policy*, Vol. 38, No. 8, October 2009.

Baldini, N., "University Patenting and Licensing Activity: A Review of the Literature," *Research Evaluation*, Vol. 15, No. 3, December 2006.

Baldini, N., Grimaldi, R., and Sobrero, M., "To Patent or not to Patent? A survey of Italian Inventors on Motivations, Incentives, and Obstacles to University Patenting," *Scientometrics*, Vol. 70, No. 2, February 2007.

Barney, J., "Firm Resources and Sustained Competitive Advantage," *Journal of Management*, Vol. 17, No. 1, March 1991.

Baron, J., and Delcamp, H., "Patent Quality and Value in Discrete and Cumulative Innovation," *Scientometrics*, Vol. 90, No. 2, February 2012.

Berchicci, L., "Towards an Open R&D System: Internal R&D Investment, External Knowledge Acquisition and Innovative Performance," *Research Policy*, Vol. 42, No. 1, February 2013.

Blind, K., Cremers, K., and Mueller, E., "The Influence of Strategic Patenting on Companies' Patent Portfolios," *Research Policy*, Vol. 38, No. 2, March 2009.

Borrás S., and Edquist, C., "The Choice of Innovation Policy Instruments," *Technological Forecasting and Social Change*, Vol. 80, No. 8, October 2013.

Boso, N., Cadogan, J., and Story, V., "Complementary Effect of Entrepreneurial and Market Orientations on Export New Product Success under Differing Levels of Competitive Intensity and Financial Capital," *International Business Review*, Vol. 21, No. 4, August 2012.

Bozeman, B. , "Technology Transfer and Public Policy: A Review of Research and Theory," *Research Policy*, Vol. 29, No. 4, April 2000.

Bozeman, B. , and Fellows, M. , "Technology Transfer at the US National Laboratories: A Framework for Evaluation," *Evaluation and Program Planning*, Vol. 11, No. 1, 1988.

Burns, J. P. , "Horizontal Government: Policy Coordination in China," *International Conference on Governance in Asia: Culture, Ethics, Institutional Reform and Policy Change*, Hong Kong: City University of Hong Kong, 2002.

Campbell, J. C. , "Policy Conflict and Its Resolution within the Governmental System," *Conflict in Japan*, Honolulu: University of Hawaii Press, 1984.

Chandler, A. D. , "The Enduring Logic of Industrial Success," *Harvard Business Review*, Vol. 68, No. 2, March−April 1990.

Chari, V. , Golosov, M, and Tsyvinski, A. , "Prizes and Patents: Using Market Signals to Provide Incentives for Innovations," *Journal of Economic Theory*, Vol. 147, No. 2, March 2012.

Chen, Y. S. , and Chang, K. C. , "The Relationship between a Firm's Patent Quality and Its Market Value-the Case of Us Pharmaceutical Industry," *Technological Forecasting and Social Change*, Vol. 77, No. 1, January 2010.

Chien, C. V. , "Of Trolls, Davids, Goliaths, and Kings: Narratives and Evidence in the Litigation of High−Tech Patent," *North Carolina Law Review*, Vol. 87, No. 1, January 2008.

Chu, A. C. , "Effects of Patent Length on R&D: A Quantitative DGE Analysis," *Journal of Economics*, Vol. 99, No. 2, March 2010.

Derbyshire, J. , Gardiner, B. and Waights, S. , "Estimating the Capital Stock for the Nuts2 Regions of the Eu27," *Applied Economics*, Vol. 45, No. 9, December 2013.

Devlin, A. , "The Misunderstood Function of Disclosure in Patent

Law," Harvard *Journal of Law and Technology*, Vol. 23, No. 2, October 2010.

Dodgson, M., Mathews, J., Kastelle, T., and Hu, M. C., "The Evolving Nature of Taiwan's National Innovation System: the Case of Biotechnology Innovation Networks," *Research Policy*, Vol. 37, No. 3, April 2008.

Eickelpasch, A., and Fritsch, M., "Contests for Cooperation—A New Approach in German Innovation Policy," *Research Policy*, Vol. 34, No. 8, October 2005.

Ekenger, R., "The Rationale for Patent Pools and Their Effect on Competition," *Faculty of Law University of Lund*, Spring 2003.

Etzkowitz, H., and Leydesdorff, L., "The Dynamics of Innovation: From National Systems and 'Mode 2' to a Triple Helix of University–Industry–Government Relations," *Research Policy*, Vol. 29, No. 2, February 2000.

Farrell, J., and Shapiro, C., "How Strong Are Weak Patents," *American Economic Review*, Vol. 98, No. 4, September 2008.

Farrell, J. and Merges, R. P., "Incentives to Challenge and Defend Patents: Why Litigation Won't Reliably Fix Patent Office Errors and Why Administrative Patent Review Might Help," *Berkeley Technology Law Journal*, Vol. 19, No. 3, Summer 2004.

Fischer, T., and Henkel, J., "Patent Trolls on Markets for Technology – An Empirical Analysis of Npes' Patent Acquisitions," *Research Policy*, Vol. 41, No. 9, September 2012.

Fischer, T., and Ringler, P., "The Coincidence of Patent Thickets – A Comparative Analysis," *Technovation*, Vol. 34, No. 4, April 2014.

Freeman, C., "Networks of Innovators: A Synthesis of Research Issues," *Research Policy*, Vol. 20, No. 5, October 1991.

Freeman, C., *Technology Policy and Economic Performance: Lessons from Japan*, London: Pinter Publishers, 1987.

Freeman, C., *The Economics of Hope: Essays on Technical Change, Economic Growth, and the Environment*, London: Pinter Publishers, 1992.

Fritsch, M., and Kauffeld-Monz, M., "The Impact of Network Structure on Knowledge Transfer: An Application of Social Network Analysis in the Context of Regional Innovation Networks," *The Annals of Regional Science*, Vol. 44, No. 1, February 2010.

Furman, J. L., Porter, M. E., and Stern S., "The Determinants of National Innovative Capacity," *Research Policy*, Vol. 31, No. 6, August 2002.

Green, K., "National Innovation Systems: A Comparative Analysis," *R&D Management*, Vol. 26, No. 2, April 1996.

Griliches, Z., "Patent Statistics as Economic Indicators: A Survey," *Journal of Economic Literature*, Vol. 28, No. 4, March 1990.

Gross, C. M., and Allen, J. P., *Technology Transfer for Entrepreneurs: A Guide to Commercializing Federal Laboratory Innovations*, Santa Barbara: Greenwood Publishing Group, 2003.

Haeussler, C., Patzelt, H., and Zahra, S. A., "Strategic Alliances and Product Development in High Technology New Firms: The Moderating Effect of Technological Capabilities," *Journal of Business Venturing*, Vol. 27, No. 2, March 2012.

Hagiu, A, and Yoffie, D. B., "Intermediaries for the IP Market," *Harvard Business School Strategy Unit Case*, No. 12-023, October 2011.

Hagiu, A., and Yoffie, D. B., "The New Patent Intermediaries: Platforms, Defensive Aggregators, and Super-Aggregators," *The Journal of Economic Perspectives*, Vol. 27, No. 1, January 2013.

Haiyan, Z., "University Is Talent Pool When National Innovation System Establishing," *Proceedings of the 2007 International Conference on Management Science and Engineering (Management and Organization Studies Section)*, Marrickville: Orient Academic Form 2007.

Haken, H., *Synergetics, an Introduction: Nonequilibrium Phase Transitions and Self-Organization in Physics, Chemistry and Biology*, New York: Academic Press, 1983.

Ham, R. M., and Mowery, D. C., "Improving the Effectiveness of

Public-Private R&D Collaboration: Case Studies at a US Weapons Laboratory," *Research Policy*, Vol. 26, No. 6, February 1998.

Heald, P. J., "Transaction Costs Theory of Patent Law," *Ohio State Law Journal*, Vol. 66, No. 3, October 2005.

Heller, M. A., Eisenberg, R. S., "Can Patents Deter Innovation? The Anticommons in Biomedical Research," *Science*, Vol. 280, No. 5364, May 1998.

Henderson, R., Jaffe, A. B., and Trajtenberg, M., "Numbers up, Quality Down? Trends in University Patenting, 1965-1992," *CEPR Conference on University Goals, Institutional Mechanisms, and the 'Industrial Transferability' of Research*, California: Stanford University, 1994.

Hood, C., *The Tools of Government*, London: Macmillan, 1983.

Hu, M. C., and Mathews, J. A., "China's National Innovative Capacity," *Research Policy*, Vol. 37, No. 9, October 2008.

Huang, K. F., and Yu, C. M. J., "The Effect of Competitive and Non-Competitive R&D Collaboration on Firm Innovation," *The Journal of Technology Transfer*, Vol. 36, No. 4, August 2011.

Hubbard, G., Kane, T., *Balance: The Economics of Great Powers from Ancient Rome to Modern America*, New York: Simon & Schuster, 2013.

Iansiti, M., and West, J., "Technology Integration: Turning Great Research into Great Products," *Harvard Business Review*, Vol. 75, No. 3, May 1997.

Jaffe, A. B., "The US patent system in transition: policy innovation and the innovation process," *Research Policy*, Vol. 75, No. 3, April 2000.

Jaffe, A. B., and Lerner J., "Privatizing R&D: Patent Policy and the Commercialization of National Laboratory Technologies," Nber Working Paper Series, Massachusetts, 1999.

Jaffe, A. B., Trajtenberg, M. and Henderson, R., "Geographic Localization of Knowledge Spillovers as Evidenced by Patent Citations," *The Quarterly Journal of Economics*, Vol. 108, No. 3, August 1993.

Jeitschko, T. D. , and Kim, B. C. , " Signaling, Learning, and Screening Prior to Trial: Informational Implications of Preliminary Injunctions," *Journal of Law, Economics, and Organization*, Vol. 29, No. 5, April 2013.

Jensen, R. , and Thursby, M. , "Proofs and Prototypes for Sale: The Licensing of University Inventions," *American Economic Review*, Vol. 91, No. 1, March 2001.

Johnson, A. , "The End of Pure Science: Science Policy from Bayh‐Dole to the NNI," *Discovering the Nanoscale*, Amsterdam: IOS Press, 2004.

Johnstone, N. , Hascic, I. , and Popp, D. , "Renewable Energy Policies and Technological Innovation: Evidence Based on Patent Counts," *Environmental and Resource Economics*, Vol. 45, No. 1, January 2010.

Kapoor, R. , Karvonen, M. , and Kassi, T. , " Patent Value Indicators as Proxy for Commercial Value of Inventions," *International Journal of Intellectual Property Management*, Vol. 6, No. 3, January 2013.

Karlenzig, W. , and Patrick J. , "Tap into the Power of Knowledge Collaboration," *Customer Interaction Solutions*, Vol. 20, No. 11, May 2002.

Kelley, A. , "Practicing in the Patent Marketplace," *The University of Chicago Law Review*, Vol. 78, No. 1, Winter 2011.

Kenney, M. , and Patton, D. , "Reconsidering the Bayh‐Dole Act and the Current University Invention Ownership Model," *Research Policy*, Vol. 38, No. 9, November 2009.

Kesan, J. P. , " Transferring Innovation," *Fordham Law Review*, Vol. 77, No. 5, April 2009.

Kesan, J. P. , and Gallo, A. A. , "Why Bad Patents Survive in the Market and How Should We Change‐the Private and Social Costs of Patents," *Emory Law Journal*, Vol. 55, No. 1, March 2006.

Kim, J. , and Daim T. U. , "A New Approach to Measuring Time‐Lags in Technology Licensing: Study of US Academic Research Institutions,"

Journal of Technology Transfer, Vol. 39, No. 5, October 2014.

Kitch, E. W., "The Nature and Function of the Patent System," *Journal of Law and Economics*, Vol. 20, No. 2, October 1977.

Kock, C., Torkkeli, M., & Salmi, P., "Open Innovation Practices in Finnish firms: A Survey," *The 1st ISPIM Innovation Symposium*, Singapore, 2008.

Lach, S., and Schankerman, M., "Incentives and Invention in Universities," *The RAND Journal of Economics*, Vol. 39, No. 2, June 2008.

Le Bas, C., and Scellato, G., "Firm Innovation Persistence: A Fresh Look at the Frameworks of Analysis," *Economics of Innovation and New Technology*, Vol. 23, No. 5-6, September 2014.

Lee, K. R., "University - Industry R&D Collaboration in Korea's National Innovation System," *Science Technology & Society*, Vol. 19, No. 1, February 2014.

Lemley, M. A., and Shapiro, C., "Probabilistic Patents," *Journal of Economic Perspectives*, Vol. 19, No. 2, Spring 2005.

Lemley, M. A., "Are Universities Patent Trolls," *Fordham Intellectual Property, Media & Entertainment Law Journal*, Vol. 18, No. 3, February 2008.

Lemley, M. A., "Rational Ignorance at the Patent Office," *Northwestern University Law Review*, Vol. 95, No. 4, Summer 2001.

Lemley, M. A., "Reconceiving Patents in the Age of Venture Capital," *Journal of Small and Emerging Business Law*, Vol. 4, No. 1, Spring 2000.

Lemola, T., "Convergence of National Science and Technology Policies: The Case of Finland," *Research Policy*, Vol. 31, No. 8, December 2002.

Levin, R. C., Klevorick, A. K., Nelson, R. R., Winter, S. G., Gilbert, R., and Griliches, Z., "Appropriating the Returns from Industrial Research and Development," *Brookings Papers on Economic Activity*, Vol. 18, No. 3, Winter 1987.

Leydesdorff, L. , "The Mutual Information of University-Industry-Government Relations: An Indicator of the Triple Helix Dynamics," *Scientometrics*, Vol. 58, No. 2, November 2003.

Leydesdorff, L. , and Meyer, M. , "The Decline of University Patenting and the End of the Bayh-Dole Effect," *Scientometrics*, Vol. 83, No. 2, May 2010.

Lichtenthaler, U. , "Open Innovation in Practice: An Analysis of Strategic Approaches to Technology Transactions," *IEEE Transactions on Engineering Management*, Vol. 55, No. 1, January 2008.

Link, A. N. , Siegel, D. S. , and Van Fleet D. D. , "Public Science and Public Innovation: Assessing the Relationship between Patenting at US National Laboratories and the Bayh-Dole Act," *Research Policy*, Vol. 40, No. 8, October 2011.

Macho-Stadler, I. , Perez-Castrillo, D. , and Veugelers, R. , "Licensing of University Inventions: The Role of a Technology Transfer Office," *International Journal of Industrial Organization*, Vol. 25, No. 3, June 2007.

Mansfield, E. , "Academic Research and Industrial Innovation," *Research Policy*, Vol. 20, No. 1, February 1991.

Markham, S. K. , Ward, S. J. , Aiman - Smith, L. , and Kingon, A. I. , "The Valley of Death as Context for Role Theory in Product Innovation," *Journal of Product Innovation Management*, Vol. 27, No. 3, March 2010.

Markman, G. D. , Phan, P. H. , Balkin, D. B. , and Gianiodis, P. T. , "Entrepreneurship and University - Based Technology Transfer," *Journal of Business Venturing*, Vol. 20, No. 2, March 2005.

Maskus, K. E. , Dougherty, S. M. , and Mertha, A. , "Intellectual Property Rights and Economic Development in China," *The National Bureau of Asian Research Working Paper*, Vol. 504, No. 2, 1998.

McAdam, R. , Antony, J. , Kumar, M. , and Hazlett, S. A. , "Absorbing New Knowledge in Small and Medium-Sized Enterprises: A Multiple

Case Analysis of Six Sigma," *International Small Business Journal*, Vol. 32, No. 1, October 2014.

McDonough III, J. F., "The Myth of the Patent Troll: An Alternative View of the Function of Patent Dealers in an Idea Economy," *Emory Law Journal*, Vol. 56, No. 1, Spring 2006.

McKelvey, M., Alm, H., and Riccaboni, M., "Does Co-Location Matter for Formal Knowledge Collaboration in the Swedish Biotechnology-Pharmaceutical Sector?," *Research Policy*, Vol. 32, No. 3, March 2003.

McLendon, M. K., and Hearn J. C., "Introduction: The Politics of Higher Education," *Educational Policy*, Vol. 17, No. 1, January 2003.

McNie, E. C., "Reconciling the Supply of Scientific Information with User Demands: An Analysis of the Problem and Review of the Literature," *Environmental Science & Policy*, Vol. 10, No. 1, February 2007.

Merz, J. F. and Pace, N. M., "Trends in Patent Litigation: The Apparent Influence of Strengthened Patents Attributable to the Court of Appeals for the Federal Circuit," *Journal of the Patent and Trademark Office Society*, Vol. 76, No. 8, August 1994.

Miller, K., McAdam M., and McAdam R., "The Changing University Business Model: A Stakeholder Perspective," *R&D Management*, Vol. 44, No. 3, June 2014.

Morlacchi, P., and Martin B. R., "Emerging Challenges for Science, Technology and Innovation Policy Research: A Reflexive Overview," *Research Policy*, Vol. 38, No. 4, May 2009.

Mowery, D. C., Nelson, R. R., Sampat, B. N., and Ziedonis, A. A., "The growth of patenting and licensing by US universities: an assessment of the effects of the Bayh – Dole act of 1980," *Research Policy*, Vol. 30, No. 1, January 2001.

Mowery, D. C., and Ziedonis A. A., "Academic Patent Quality and Quantity before and after the Bayh – Dole Act in the United States," *Research Policy*, Vol. 31, No. 3, March 2002.

Mowery, D. , and Sampat, B. N. , "The Bayh–Dole Act of 1980 and University——Industry Technology Transfer: A Model for Other OECD Governments?," *The Journal of Technology Transfer*, Vol. 30, No. 1 – 2, December 2005.

Mowery, D. , and Ziedonis, A. , "The Geographic Reach of Market and Non–Market Channels of Technology Transfer: Comparing Citations and Licenses of University Patents," *NBER Working Paper Series*, No. 8568, October 2001.

Mustar, P. , "Public Policies to Foster the Creation of University Spin–Off Firms in Europe: Expectations, Results and Challenges," *6th Triple Helix Conference*, Singapore, 2007.

Mytelka, L. K. , and Smith, K. , "Policy Learning and Innovation Theory: An Interactive and Co–Evolving Process," *Research Policy*, Vol. 31, No. 8, December 2002.

Nowotny, H. , Scott, P. , and Gibbons, M. , "Re – Thinking Science: Knowledge and the Public in an Age of Uncertainty," *Acta Sociologica*, Vol. 46, No. 2, 2003.

Perkmann, M. , and Walsh, K. , "University – Industry Relationships and Open Innovation: Towards A Research Agenda," *International Journal of Management Reviews*, Vol. 9, No. 4, November 2007.

Poot, T. , Faems, D. , and Vanhaverbeke, W. , "Toward A Dynamic Perspective on Open Innovation: A Longitudinal Assessment of the Adoption of Internal and External Innovation Strategies in the Netherlands," *International Journal of Innovation Management*, Vol. 13, No. 2, June 2009.

Robin, S. , and Schubert, T. , "Cooperation with Public Research Institutions and Success in Innovation: Evidence from France and Germany," *Research Policy*, Vol. 42, No. 1, February 2013.

Rolfo, S. , and Finardi, U. , "University Third Mission in Italy: Organization, Faculty Attitude and Academic Specialization," *The Journal of Technology Transfer*, Vol. 39, No. 3, June 2014.

Rosenberg, N. , and Nelson, R. R. , "American Universities and Technical Advance in Industry," *Research Policy*, Vol. 23, No. 3, May 1994.

Rothwell, R. , and Zegveld, W. , *Industrial Innovation and Public Policy: Preparing for the 1980s and the 1990s*, London: Frances Printer, 1981.

Saavedra, P. , and Bozeman, B. , "The 'Gradient Effect' in Federal Laboratory - Industry Technology Transfer Partnerships," *Policy Studies Journal*, Vol. 32, No. 2, April 2004.

Sampat, B. N. , Mowery, D. C. , and Ziedonis, A. A. , "Changes in University Patent Quality after the Bayh - Dole Act: A Re-Examination," *International Journal of Industrial Organization*, Vol. 21, No. 9, November 2003.

Sanberg, P. R. , Gharib, M. , Harker, P. T. , et al. "Changing the Academic Culture: Valuing Patents and Commercialization toward Tenure and Career Advancement," *Proceedings of the National Academy of Sciences*, Vol. 111, No. 18, March 2014.

Sauermann, H. , and Stephan, P. , "Conflicting Logics? A Multidimensional View of Industrial and Academic Science," *Organization Science*, Vol. 24, No. 3, May 2013.

Schankerman, M. , and Pakes, A. , "Estimates of the Value of Patent Rights in European Countries during Thepost-1950 Period," *Economic Journal*, Vol. 96, No. 384, December 1986.

Schmalensee, R. , "Standard-Setting, Innovation Specialists and Competition Policy," *The Journal of Industrial Economics*, Vol. 57, No. 3, August 2009.

Schubert, T. , "Assessing the Value Of Patent Portfolios: An International Country Comparison," *Scientometrics*, Vol. 88, No. 3, July 2011.

Schwartz, M. , Peglow, F. , Fritsch, M. , and Gunther, J. , "What Drives Innovation Output from Subsidized R&D Cooperation Projects," *Technovation*, Vol. 36, No. 6, June 2012.

Sell, S. K. , *Private Power*, *Public Law*: *The Globalization of Intellectual Property Rights*, Cambridge: Cambridge University Press, 2003.

Shane, S. , and Somaya, D. , "The Effects of Patent Litigation on University Licensing Efforts," *Journal of Economic Behavior & Organization*, Vol. 63, No. 4, August 2007.

Shapiro, C. , "Navigating the Patent Thicket: Cross Licenses, Patent Pools, and Standard Setting," *Innovation Policy and the Economy*, Massachusetts: MIT Press, 2001.

Siegel, D. S. , Veugelers, R. , and Wright, M. , "Technology Transfer Offices and Commercialization of University Intellectual Property: Performance and Policy Implications," *Oxford Review of Economic Policy*, Vol. 23, No. 4, December 2007.

Siepmann, T. J. , "Global Exportation of the Us Bayh-Dole Act," *University of Dayton Law Review*, Vol. 30, No. 2, January 2004.

Singh, J. , and Marx, M. , "The Geographic Scope of Knowledge Spillovers: Spatial Proximity, Political Borders and Non-Compete Enforcement Policy," *INSEAD Working Papers Collection*, No. 44, March 2011.

Smith, J. , "Building an Entrepreneurial Knowledge Culture in A National Research Laboratory," *R&D Management*, Vol. 33, No. 2, February 2003.

Smith, J. , "From R&D to Strategic Knowledge Management: Transitions and Challenges for National Laboratories," *R&D Management*, Vol. 30, No. 4, October 2000.

So, A. D. , Sampat, B. N. , Rai, A. K. , Cook-Deegan, R. , Reichman, J. H. , Weissman, R. , & Kapczynski, A. , "Is Bayh-Dole Good for Developing Countries? Lessons from the Us Experience," *PLOS Biology*, Vol. 6, No. 10, October 2008.

Somaya, D. , "Firm Strategies and Trends in Patent Litigation in the United States," *Intellectual Property and Entrepreneurship* (*Advances in the Study of Entrepreneurship*, *Innovation & Economic Growth*), Bradford: Emerald Group Publishing Limited, 2004.

Stevens, A. J. , "The Enactment of Bayh-Dole," *The Journal of Technology Transfer*, Vol. 29, No. 1, January 2004.

Stokes, D. E. , *Pasteur's Quadrant: Basic Science and Technological Innovation*, Washington DC: Brookings Institution Press, 1997.

Teece, D. J. , "Profiting from Technological Innovation: Implications for Integration, Collaboration, Licensing and Public Policy," *Research Policy*, Vol. 15, No. 6, December 1986.

Thompson, P. , "Patent Citations and the Geography of Knowledge Spillovers: Evidence from Inventor-and Examiner-Added Citations," *The Review of Economics and Statistics*, Vol. 88, No. 2, June 2006.

Thursby, J. G. , and Kemp, S. , "Growth and Productive Efficiency of University Intellectual Property Licensing," *Research Policy*, Vol. 31, No. 1, January 2002.

Vasudeva, G. , "How National Institutions Influence Technology Policies and Firms' Knowledge-Building Strategies: A Study of Fuel Cell Innovation across Industrialized Countries," *Research Policy*, Vol. 38, No. 8, October 2009.

Walejko, G. K. , Hughes, M. E. , Howieson, S. V. , and Shipp, S. S. , "Federal Laboratory-Business Commercialization Partnerships," *Science*, Vol. 337, No. 6100, September 2012.

Weber, R. P. , *Basic Content Analysis*, London: Sage Publications, 1985.

Ye, F. Y. , Yu, S. S. , and Leydesdorff, L. , "The Triple Helix of University-Industry-Government Relations at the Country Level and Its Dynamic Evolution under the Pressures of Globalization," *Journal of the American Society for Information Science and Technology*, Vol. 64, No. 11, August 2013.

York, A. S. , and Ahn, M. J. , "University Technology Transfer Office Success Factors: A Comparative Case Study," *International Journal of Tech-*

nology Transfer and Commercialisation, Vol. 11, No. 11, January 2012.

Xiwei, Z., and Xiangdong, Y., "Science and Technology Policy Reform and Its Impact on China's National Innovation System," *Technology in Society*, Vol. 29, No. 3, August 2007.

Zucker, L. G., Darby, M. R., and Brewer, M. B., "Intellectual Human Capital and the Birth of Us Biotechnology Enterprises," *The American Economic Review*, Vol. 88, No. 1, February 1998.

中文文献

[美] 安·赛德曼、罗伯特·鲍勃·赛德曼、那林·阿比斯卡：《立法学理论与实践》，刘国福、曹培等译，中国经济出版社 2008 年版。

[美] 道格拉斯·C. 诺思：《制度、制度变迁与经济绩效》，杭行译，格致出版社、上海三联书店、上海人民出版社 2008 年版。

[美] 唐纳德·E. 司托克斯：《基础科学与技术创新：巴斯德象限》，周春彦、谷春立译，科学出版社 1999 年版。

[美] 托斯丹·邦德·凡勃伦：《有闲阶级论：关于制度的经济研究》，蔡受百译，商务印书馆 1964 年版。

[美] 约翰·洛克斯·康芒斯：《制度经济学（上册）》，于树生译，商务印书馆 1981 年版。

[英] 弗里德利希·冯·哈耶克：《自由秩序原理》，邓正来译，生活·读书·新知三联书店 1997 年版。

白春礼：《世界主要国立科研机构概况》，科学出版社 2013 年版。

陈昌柏：《知识产权经济学》，北京大学出版社 2003 年版。

胡川：《行政事业单位国有资产"非转经"的理论与实证研究》，中国地质大学出版社 2010 年版。

雷家骕：《经济及科技政策评估：方法与案例》，清华大学出版社 2011 年版。

李正风、席酉民主编：《提升中国科学创新能力若干关键问题研究》，科学出版社 2013 年版。

柳卸林、何郁冰、胡坤等：《中外技术转移模式的比较》，科学出版社 2012 年版。

苏竣：《公共科技政策导论》，科学出版社 2014 年版。

苏力：《法治及其本土资源》，中国政法大学出版社 2004 年版。

韦森：《难得糊涂的经济学家》，天津人民出版社 2002 年版。

文庭孝：《国立科研机构实力比较：理论、方法与实证》，湘潭大学出版社 2010 年版。

周毓萍：《基于协同管理理论的商业银行核心竞争力研究》，中国金融出版社 2012 年版。

朱雪忠、乔永忠等编：《国家资助发明创造专利权归属研究》，法律出版社 2009 年版。

白列湖：《协同论与管理协同理论》，《甘肃社会科学》2007 年第 5 期。

包海波、盛世豪：《美国专利制度创新及其影响》，《科研管理》2003 年第 4 期。

卞松保、柳卸林：《国家实验室的模式、分类和比较——基于美国、德国和中国的创新发展实践研究》，《管理学报》2011 年第 4 期。

蔡爱惠、杨玲莉、张晓锋：《基于财政性资金的专利权权益归属》，《中国科技论坛》2011 年第 11 期。

曾国屏、苟尤钊、刘磊：《从"创新系统"到"创新生态系统"》，《科学学研究》2013 年第 1 期。

陈海秋、韩立岩：《专利质量表征及其有效性：中国机械工具类专利案例研究》，《科研管理》2013 年第 5 期。

陈建斌、郭彦丽、许凯波：《基于资本增值的知识协同效益评价研究》，《科学学与科学技术管理》2014 年第 5 期。

陈锦其、徐明华：《专利联盟：成因、结构及其许可模式》，《中共浙江省委党校学报》2008 年第 1 期。

陈劲、王方瑞：《中国企业技术和市场协同创新机制初探——基于"环境—管理—创新不确定性"的变量相关分析》，《科学学研究》2006 年第 4 期。

陈劲、吴波：《开放式创新下企业开放度与外部关键资源获取》，

《科研管理》2012 年第 9 期。

陈劲、谢芳、贾丽娜：《企业集团内部协同创新机理研究》，《管理学报》2006 年第 6 期。

陈劲、阳银娟：《协同创新的理论基础与内涵》，《科学学研究》2012 年第 2 期。

陈劲：《协同创新与国家科研能力建设》，《科学学研究》2011 年第12 期。

陈瑞华：《制度变革中的立法推动主义——以律师法实施问题为范例的分析》，《中国检察官》2010 年第 5 期。

陈钰芬、陈劲：《开放式创新促进创新绩效的机理研究》，《科研管理》2009 年第 4 期。

丁荣贵、张宁、李媛媛：《产学研合作项目双中心社会网络研究》，《科研管理》2012 年第 12 期。

董志强：《制度及其演化的一般理论》，《管理世界》2008 年第5 期。

杜小军、张杰军：《日本公共科研机构改革及对我国基地建设的启示》，《科学学研究》2004 年第 6 期。

段瑞春：《〈产学研合作促进法〉框架草案与立法建议研究报告》，《中国科技产业》2009 年第 12 期。

方世建、史春茂：《信息非对称交易中的技术中介效率》，《研究与发展管理》2003 年第 3 期。

冯仕政：《国家、市场与制度变迁——1981—2000 年南街村的集体化与政治化》，《社会学研究》2007 年第 2 期。

冯之浚：《完善和发展中国国家创新系统》，《中国软科学》1999 年第 1 期。

符颖：《加强国家重点实验室知识产权管理的探讨》，《实验室研究与探索》2006 年第 10 期。

傅利英、张晓东：《高校科技创新中专利高申请量现象的反思和对策》，《科学学与科学技术管理》2011 年第 3 期。

葛秋萍、辜胜祖：《开放式创新的国内外研究现状及展望》，《科研管理》2011 年第 5 期。

葛仁良：《中国发明专利技术效率影响因素研究——基于随机前沿生产函数的分析》，《科技管理研究》2010 年第 4 期。

古利平、张宗益、康继军：《专利与 R&D 资源：中国创新的投入产出分析》，《管理工程学报》2006 年第 1 期。

顾海兵、王宝艳：《中国国立研究机构：问题与出路》，《学术界》2004 年第 3 期。

关丽洁、纪玉山：《论国家创新体系的构建》，《管理学刊》2013 年第 3 期。

郭斌、蔡宁：《从"科学范式"到"创新范式"：对范式范畴演进的评述》，《自然辩证法研究》1998 年第 3 期。

何炼红、陈吉灿：《中国版"拜杜法案"的失灵与高校知识产权转化的出路》，《知识产权》2013 年第 3 期。

贺宁馨、袁晓东：《我国专利侵权损害赔偿制度有效性的实证研究》，《科研管理》2012 年第 4 期。

胡朝阳：《科技进步法第 20 条和第 21 条的立法比较与完善》，《科学学研究》2011 年第 3 期。

胡明勇、周寄中：《政府资助对技术创新的作用：理论分析与政策工具选择》，《科研管理》2001 年第 1 期。

黄桂田、李正全：《企业与市场：相关关系及其性质——一个基于回归古典的解析框架》，《经济研究》2002 年第 1 期。

黄红华：《政策工具理论的兴起及其在中国的发展》，《社会科学》2010 年第 4 期。

季卫东：《哈耶克的法治悖论：有机体与自由——兼与邓正来教授商榷对自生秩序观的学术评价》，《中国书评》2005 年第 1 期。

姜小平：《从〈产业活力再生特别措施法〉的出台看日本的技术创新和产业再生》，《科技与法律》1999 年第 3 期。

蒋舸：《德国〈雇员发明法〉修改对中资在德并购之影响》，《知识产权》2013 年第 4 期。

解学梅：《中小企业协同创新网络与创新绩效的实证研究》，《管理科学学报》2010 年第 8 期。

金泳锋、余翔：《专利风险的特征及其影响研究》，《知识产权》2008 年第 6 期。

寇宗来：《沉睡专利的实物期权模型》，《世界经济文汇》2006 年第 3 期。

雷滔、陈向东：《区域校企合作申请专利的网络图谱分析》，《科研管理》2011 年第 2 期。

黎运智、孟奇勋：《问题专利的产生及其控制》，《科学学研究》2009 年第 5 期。

李春生：《日本大学科技成果转让机构的模式及其现状》，《高等教育研究》2003 年第 6 期。

李道先、罗昆：《协同创新视角下地方高校产学研合作的实现途径》，《高校教育管理》2012 年第 6 期。

李建标、曹利群：《"诺思第二悖论"及其破解——制度变迁中交易费用范式的反思》，《财经研究》2003 年第 10 期。

李攀艺、蒲勇健：《基于道德风险的高校专利许可契约研究》，《科研管理》2007 年第 5 期。

李平、杨淳：《向后学院科学转型中的海洋科研机构——MBARI 及其启示》，《自然辩证法通讯》2014 年第 4 期。

李平、崔喜君、刘建：《中国自主创新中研发资本投入产出绩效分析——兼论人力资本和知识产权保护的影响》，《中国社会科学》2007 年第 2 期。

李世闻：《我国国家创新体系建设 25 周年回顾：成就、问题与对策——截至 2010 年科技统计数据的实证研究》，《科技进步与对策》2013 年第 13 期。

李万、常静、王敏杰等：《创新 3.0 与创新生态系统》，《科学学研究》2014 年第 12 期。

李文波：《我国大学和国立科研机构技术转移影响因素分析》，《科学学与科学技术管理》2003 年第 6 期。

李晓秋：《美国〈拜杜法案〉的重思与变革》，《知识产权》2009

年第 3 期。

　　李晓轩、黄鹏：《美国国立科研机构薪酬体制与启示》，《科学学与科学技术管理》2007 年第 S1 期。

　　李玉清、钱宝英、田素妍等：《高校科技产出影响因素研究分析》，《南京农业大学学报》（社会科学版）2005 年第 2 期。

　　李正卫、曹耀艳：《专利商业价值的影响因素研究：以浙江高校为例》，《研究与发展管理》2011 年第 3 期。

　　林耕、傅正华：《美国国家实验室技术转移管理及启示》，《科学管理研究》2008 年第 5 期。

　　林闽钢：《社会学视野中的组织间网络及其治理结构》，《社会学研究》2002 年第 2 期。

　　林毅夫：《关于制度变迁的经济学理论：诱致性变迁与强制性变迁》，载［美］R. 科斯等：《财产权利与制度变迁——产权学派与新制度学派译文集》，刘守英等译，上海三联书店、上海人民出版社 1996 年版。

　　刘春田：《知识产权制度与国家创新体系》，《法制资讯》2014 年第 Z1 期。

　　刘凤朝、孙玉涛：《我国科技政策向创新政策演变的过程、趋势与建议——基于我国 289 项创新政策的实证分析》，《中国软科学》2007 年第 5 期。

　　刘海波、刘金蕾：《科研机构治理的政策分析与立法研究》，《中国人民大学学报》2011 年第 6 期。

　　刘虹：《控制与自治：美国政府与大学关系研究》，博士学位论文，复旦大学，2010 年。

　　刘玮、王腾、易明：《开放式创新影响企业创新能力的机理研究》，《工业技术经济》2013 年第 8 期。

　　刘洋、温珂、郭剑：《基于过程管理的中国专利质量影响因素分析》，《科研管理》2012 年第 12 期。

　　楼高翔、曾赛星、郑忠良：《集成创新的范式演变：从个体创新到供应链技术创新协同》，《科技管理研究》2008 年第 3 期。

骆严、焦洪涛：《基于 ROCCIPI 模型的中国"拜杜规则"分析》，《科学学研究》2014 年第 1 期。

骆严、焦洪涛：《面向协同创新的我过"拜杜规则"再设计》，《科学学与科学技术管理》2014 年第 4 期。

马建峰：《美国科技政策与技术创新模式的协同演进研究》，《科学进步与对策》2012 年第 2 期。

[美] 迈克尔·奥雷、莫伊拉·赫布斯特：《揭开知识风险公司的神秘面纱》，杨鸣娟译，《商业周刊》（中文版）2006 年第 8 期。

茆健：《财政压力视角下的制度变迁——对 20 世纪 70 年代末中国改革的再诠释》，《现代管理科学》2011 年第 4 期。

慕玲、路风：《集成创新的要素》，《中国软科学》2003 年第 11 期。

南佐民：《〈拜杜法案〉与美国高校的科技商业化》，《比较教育研究》2004 年第 8 期。

彭纪生、仲为国、孙文祥：《政策测量、政策协同演变与经济绩效：基于创新政策的实证研究》，《管理世界》2008 年第 9 期。

乔永忠、万小丽：《我国国家资助科研项目发明创造归属政策绩效分析》，《科技进步与对策》2009 年第 7 期。

秦策：《法律价值目标的冲突与选择》，《法律科学》1998 年第 3 期。

沙德春、曾国屏：《超越边界：硅谷园区开放式发展路径分析》，《科技进步与对策》2012 年第 5 期。

沈必扬、池仁勇：《企业创新网络：企业技术创新研究的一个新范式》，《科研管理》2005 年第 3 期。

斯洛阳：《俄罗斯国家计划项目和资助项目的知识产权问题》，《全球科技经济瞭望》1995 年第 10 期。

宋河发、李振兴：《影响制约科技成果转化和知识产权运用的问题分析与对策研究》，《中国科学院院刊》2014 年第 5 期。

宋河发、眭纪纲：《NIS 框架下科技体制改革问题、思路与任务措施研究》，《科学学研究》2012 年第 8 期。

宋河发、穆荣平、陈芳：《专利质量及其测度方法与测度指标体系研究》,《科学学与科学技术管理》2010 年第 4 期。

苏敬勤、李晓昂、许昕傲:《基于内容分析法的国家和地方科技创新政策构成对比分析》,《科学学与科学技术管理》2012 年第 6 期。

苏敬勤:《产学研合作创新的交易成本及内外部化条件》,《科研管理》1999 年第 5 期。

孙玉涛、刘凤朝:《技术中介发展与经济增长的实证分析》,《科技管理研究》2005 年第 11 期。

谭红玲、李非:《基于政策与科学互动的科学技术创新政策研究》,《科研管理》2014 年第 12 期。

汤长安、欧阳峣:《发展中大国制度变迁、技术进步与经济增长》,《湖南社会科学》2013 年第 1 期。

唐良智:《下放处置权　扩大收益权　探索所有权——创新高校职务科技成果管理制度的思考与实践》,《求是》2014 年第 7 期。

唐绍欣、刘志强:《哈耶克的制度理论:秩序与传统》,《江苏社会科学》2004 年第 3 期。

唐要家、孙路:《专利转化中的"专利沉睡"及其治理分析》,《中国软科学》2006 年第 8 期。

唐要家:《改革动力机制与强制性制度变迁的绩效——对电力体制改革的政治经济学解释》,《社会科学战线》2012 年第 4 期。

王琛、赵英军、刘涛:《协同效应及其获取的方式与途径》,《学术交流》2004 年第 10 期。

王春法:《关于国家创新体系理论的思考》,《中国软科学》2003 年第 5 期。

王海花、彭正龙、蒋旭灿:《开放式创新模式下创新资源共享的影响因素》,《科研管理》2012 年第 3 期。

王海燕、张寒:《美国国家创新体系的特征与启示》,《中国国情国力》2014 年第 6 期。

王汉坡:《加强科技法律实施　促进科技成果转化——美国科技法制系统考察报告》,《科技与法律》1994 年第 2 期。

王玲、杨武:《基于中国创新实践的专利组合理论体系研究》,《科学学研究》2007 年第 3 期。

王鹏、张剑波：《外商直接投资、官产学研合作与区域创新产出——基于我国十三省市面板数据的实证研究》，《经济学家》2013 年第 1 期。

王胜利：《企业专利池构建及其竞争力分析》，《商业时代》2009 年第 4 期。

王霞、郭兵、苏林：《基于内容分析法的上海市科技政策演进分析》，《科技进步与对策》2012 年第 23 期。

韦森：《哈耶克式自发制度生成论的博弈论诠释——评肖特的〈社会制度的经济理论〉》，《中国社会科学》2003 年第 6 期。

温珂、苏宏宇、周华东：《科研机构协同创新能力研究——基于中国 101 家公立研究院所的实证分析》，《科学学研究》2014 年第 7 期。

温肇东、陈明辉：《创新价值链：政府创新政策的新思维——以台湾创新政策为例》，《管理评论》2007 年第 3 期。

文家春：《专利授权时滞的延长风险及其效应分析》，《科研管理》2012 年第 5 期。

吴建国：《国立科研机构经费使用效益比较研究》，《科研管理》2011 年第 5 期。

吴建国：《美国国立科研机构经费配置管理模式研究》，《科学对社会的影响》2009 年第 1 期。

吴荣斌、王辉：《知识创新协同模式运行效果评估研究》，《中国科技论坛》2011 年第 9 期。

吴荣斌：《科研机构与高校知识创新协同研究》，博士学位论文，华中科技大学，2012 年。

吴婷、李德勇、吴绍波等：《基于开放式创新的产学研联盟知识共享研究》，《情报杂志》2010 年第 3 期。

吴先华、郭际：《技术创新的悖论与开放式创新》，《科技与管理》2007 年第 1 期。

肖冰：《我国科技成果利益分配机制的特征与评价》，《中国科技论坛》2014 年第 10 期。

谢治国、胡化凯：《冷战后美国科技政策的走向》，《中国科技论坛》2003 年第 1 期。

徐冠华：《当代科技发展趋势和我国的对策》，《中国软科学》2002 年第 5 期。

许彩侠：《区域协同创新机制研究——基于创新驿站的再思考》，《科研管理》2012 年第 5 期。

许为民、杨少飞：《发达国家及我国的国立科研机构体制的对比研究》，《实验技术与管理》2005 年第 1 期。

薛澜、陈坚：《中国公立科研机构转制改革是否完成？——基于使命、运行、治理分析框架的实证研究》，《公共管理评论》2012 年第 2 期。

薛澜：《关于中国基础研究体制机制问题的几点思考》，《科学学研究》2011 年第 12 期。

杨光斌：《诺斯制度变迁理论的贡献与问题》，《华中师范大学学报》（人文社会科学版）2007 年第 3 期。

杨国梁：《美国科技成果转移转化体系概况》，《科技促进发展》2011 年第 9 期。

杨洪涛、吴想：《产学协同创新知识转移影响因素实证研究》，《科技进步与对策》2012 年第 14 期。

杨静、吕永波、刘子玲等：《高校科技投入与产出的关联模型研究》，《世界科技研究与发展》2005 年第 2 期。

杨瑞龙：《论制度供给》，《经济研究》1993 年第 8 期。

杨瑞龙：《我国制度变迁方式转换的三阶段论——兼论地方政府的制度创新行为》，《经济研究》1998 年第 1 期。

杨武、申长江：《开放式创新理论及企业实践》，《管理现代化》2005 年第 5 期。

叶娟丽：《中国大学学报：制度变迁与路径选择》，《南京大学学报》（哲学·人文科学·社会科学版）2013 年第 1 期。

叶小梁：《世界主要国家国立科研机构的作用、地位及运行模式研究（上）》，《科技政策与发展战略》2000 年第 3 期。

殷辉、陈劲、谢芳：《开放式创新下产学合作的演化博弈分析》，《情报杂志》2012 年第 9 期。

殷媛媛：《"高智发明"进入中国：是机会还是威胁》，《专利情报》2009 年第 10 期。

余文斌、华鹰：《技术联盟"前端控制"型专利池构建与运作模式研究》，《科技与法律》2009 年第 6 期。

袁晓东：《沉睡专利形成机理及其防治》，《科研管理》2009 年第 4 期。

袁晓东：《论法律变革的内在动力》，《政治与法律》2005 年第 5 期。

张古鹏、陈向东：《基于专利存续期的企业和研究机构专利价值比较研究》，《经济学》（季刊）2012 年第 3 期。

张华胜、薛澜：《技术创新管理新范式：集成创新》，《中国软科学》2002 年第 12 期。

张久春、张柏春：《中国的制度与任务对工程科学的塑造：1895—1960 年》，《自然辩证法通讯》2014 年第 12 期。

张军、王祺：《权威、企业绩效与国有企业改革》，《中国社会科学》2004 年第 5 期。

张力：《产学研协同创新的战略意义和政策走向》，《教育研究》2011 年第 7 期。

张米尔、胡素雅、国伟：《低质量专利的识别方法及应用研究》，《科研管理》2013 年第 3 期。

张平、黄贤涛：《我国高校专利技术转化现状、问题及发展研究》，《中国高教研究》2011 年第 12 期。

张胜、郭英远：《破解国有科研事业单位科技成果转化体制机制障碍》，《中国科技论坛》2014 年第 8 期。

张曙光：《论制度均衡和制度变革》，《经济研究》1992 年第 6 期。

张炜、杨选留：《国家创新体系中高校与研发机构的作用与定位研究》，《研究与发展管理》2006 年第 4 期。

张文显、于宁：《当代中国法哲学研究范式的转换——从阶级斗争范式到权利本位范式》,《中国法学》2001 年第 1 期。

张莹、陈国宏:《跨国公司在中国的技术转移问题及对策分析》,《科技进步与对策》2001 年第 3 期。

张泽一:《制度创新视野下的中国模式》,《江西社会科学》2013 年第 1 期。

张震宇、陈劲:《开放式创新环境下中小企业创新特征与实践》,《科学学研究》2008 年第 S2 期。

郑刚、梁欣如:《全面协同:创新致胜之道——技术与非技术要素全面协同机制研究》,《科学学研究》2006 年第 1 期。

中国科学院"国家创新体系"课题组:《世界主要国家国立科研机构的基本情况》,《世界科技研究与发展》1999 年第 5 期。

周大亚:《科技社团在国家创新体系中的地位与作用研究述评》,《社会科学管理与评论》2013 年第 4 期。

周岱、刘红玉、叶彩凤、黄继红:《美国国家实验室的管理体制和运行机制剖析》,《科研管理》2007 年第 6 期。

周雪光、艾云:《多重逻辑下的制度变迁:一个分析框架》,《中国社会科学》2010 年第 4 期。

周业安:《中国制度变迁的演进论解释》,《经济研究》2000 年第 5 期。

周志田、张丽华:《我国公益类科研机构改革方向研究》,《科研管理》2002 年第 2 期。

朱海就:《关于哈耶克自发秩序思想的三大误解》,《新政治经济学评论》2008 年第 2 期。

朱雪忠:《辩证看待中国专利的数量与质量》,《中国科学院院刊》2013 年第 4 期。

朱雪忠、陈荣秋、柳福东:《专利权的闲置及其对策》,《研究与发展管理》2000 年第 3 期。

朱雪忠、万小丽:《竞争力视角下的专利质量界定》,《知识产权》2009 年第 4 期。

朱勇、吴易风:《技术进步与经济的内生增长——新增长理论发展述评》,《中国社会科学》1999 年第 1 期。

宗晓华、唐阳:《大学——产业知识转移政策及其有效实施条件——基于美、日、中三版〈拜杜法案〉的比较分析》,《科技与经济》2012 年第 5 期。

后　记

中南民族大学法学院自 2012 年起开始设立知识产权专业，我承担了知识产权管理、知识产权交易等课程的教学工作，并主持了湖北省软科学项目"开放式创新下的高校专利交易效率与对策"等项目。在中南民族大学的资助下，我与骆严同志合作，结合教学期间的探索，对博士在读期间共同关注的"拜杜规则"这一主题进行深入研究。在我们的共同努力下，《中国"拜杜规则"的二元审视》一书终于问世了。

本书对国家财政资助完成的技术成果相关制度及其实效进行了实证分析，对政策协同效果进行了评价，为我国财政资助完成的技术成果相关制度的完善提出了一些建议，希望对我国科技强国之路提供有益的借鉴。

感谢中南民族大学法学院副院长孙光焰教授，在他的领导和大力支持下，我在本领域的研究才得以开展，《中国"拜杜规则"的二元审视》一书才得以出版。感谢同济大学朱雪忠教授和华中科技大学袁晓东教授，他们为本书的写作提出了非常宝贵的修改意见。感谢本书的编辑老师，他们踏实认真的工作作风、细致严谨的治学态度，令人十分钦佩。

本书约 28 万余字，具体分工如下：下篇主要由骆严著述完成，合计约 11 万余字；其余内容由张军荣著述完成，合计约 17 万余字。由于作者精力和水平有限，而中国"拜杜规则"所涉及的我国的科研制度内容庞大，本书的不足之处一定很多，恳请各位读者批评指正。

张军荣

2017 年 12 月